基于 C# 的
桌面端开发技术

主编　张永财

沈阳出版发行集团

沈阳出版社

图书在版编目（CIP）数据

基于 C# 的桌面端开发技术 / 张永财主编 . —— 沈阳：
沈阳出版社 , 2018.7
ISBN 978-7-5441-9588-1

Ⅰ . ①基… Ⅱ . ①张… Ⅲ . ①C 语言 – 程序设计
Ⅳ . ① TP312.8

中国版本图书馆 CIP 数据核字 (2018) 第 153508 号

出版发行：沈阳出版发行集团 | 沈阳出版社
　　　　　（地址：沈阳市沈河区南翰林路 10 号　邮编：110011）
网　　　址：http://www.sycbs.com
印　　　刷：定州启航印刷有限公司
幅面尺寸：185mm × 260mm
印　　　张：21.25
字　　　数：480 千字
出版时间：2019 年 1 月第 1 版
印刷时间：2019 年 1 月第 1 次印刷
责任编辑：丁　昊
封面设计：优盛文化
版式设计：优盛文化
责任校对：王冬梅
责任监印：杨　旭

书　　　号：ISBN 978-7-5441-9588-1
定　　　价：79.00 元

联系电话：024-24112447
E - mail：sy24112447@163.com

本书若有印装质量问题，影响阅读，请与出版社联系调换。

前　言

随着信息技术的广泛应用和互联网的迅猛发展，以信息产业发展水平为主要特征的综合国力竞争日趋激烈，软件产业作为信息产业的核心和国民经济信息化的基础，越来越受到世界各国的高度重视。中国加入世贸组织后，必须以积极的姿态，在更大范围和更深程度上参与国际合作和竞争。

C# 是微软公司发布的一种面向对象的、运行在 .NET Framework 上的高级程序设计语言。C# 几乎集中了所有关于软件开发和软件工程研究的最新成果：面向对象、类型安全、组件技术、自动内存管理、跨平台异常处理、版本控制、代码安全管理……是一种安全、稳定、简单、优雅、由 C 和 C++ 衍生而来的面向对象的编程语言，综合了 VB 简单的可视化操作和 C++ 的高运行效率优点，以其强大的操作能力、优雅的语法风格、创新的语言特性和便捷的对面向组件编程的支持成为 .NET 开发的首选语言。Visual Studio（简称 VS）是美国微软公司的开发工具包系列产品，是目前最流行的 Windows 平台应用程序的集成开发环境，它包括了整个软件生命周期中所需的大部分工具，如 UML 工具、代码管控工具、集成开发环境（IDE）等。

本书共分 15 章，全面地介绍了基于 C# 的桌面端开发技术，从该语言本身一直到桌面编程和云编程，再到数据源的使用等。主要内容包括：C# 的基础知识、.NET 平台与框架、C# 与 .NET 的关系、Windows 编程基础、WinForm 实训与高级控件、WPF 基础与控件、资源及样式控制、文件系统的功能结构及其操作实现、GDI+ 应用编程、三维图像、多媒体音频、流媒体技术、数据库与 LINQ 技术与应用。

本书文笔优美流畅，阐述清晰，内容全面详细，采用理论与实际相结合的方式，既包括传统和现代理论，又紧跟发展形势，研究最新的开发应用技术。

由于编者水平有限，时间又很紧，书中难免存在不妥甚至错误之处，恳请广大读者批评指正。

编者
2018.3

目 录

第 1 章　C# 概述 / 001

1.1　.NET Framework 的含义 / 001

1.2　C# 的含义 / 005

1.3　编写 C# 程序 / 006

第 2 章　C# 基础 / 012

2.1　变量和表达式 / 012

2.2　流程控制 / 021

2.3　变量的更多内容 / 026

2.4　函数 / 034

2.5　面向对象编程简介 / 045

2.6　定义类 / 054

2.7　集合、比较和转换 / 059

第 3 章　.NET 平台与 .NET 框架 / 069

3.1　框架的概述 / 069

3.2　.NET 平台的概述 / 074

3.3　.NET 框架结构 / 075

3.4　.NET 框架下的 CTS、CLS、CLR / 083

3.5　.NET 框架的生命周期 / 089

第 4 章　Windows 编程基础 / 095

4.1　Windows 和窗体的基本概念 / 095

4.2　WinForm 中的常用控件 / 100

4.3　多文档界面 (MDI) 处理 / 107

4.4 菜单和菜单组件 / 112

4.5 窗体界面的美化 / 115

第 5 章 高级控件及 WinForm 实训 / 118

5.1 Windows 高级控件 / 118

5.2 WinForm 打包和部署 / 127

5.3 WinForm 课程实训 / 136

第 6 章 WPF 入门 / 145

6.1 WPF 是什么 / 145

6.2 WPF 的特点 / 146

6.3 WPF 的组成结构 / 146

6.4 WPF 和 Silverlight 的关系 / 147

第 7 章 WPF 控件 / 149

7.1 什么是控件 / 149

7.2 控件的类型 / 149

7.3 WPF 菜单控件（Menu） / 156

7.4 WPF 工具栏和状态栏控件 / 161

7.5 WPF 范围控件 / 163

7.6 用户自定义控件 / 165

第 8 章 WPF 资源、样式控制 / 169

8.1 资源的定义及 XAML 中的引用 / 169

8.2 静态资源和动态资源 / 172

8.3 Style 元素及模板 / 177

8.4 触发器的类型 / 180

8.5 自定义 DataCrid 控件的模板 / 185

第 9 章 文件系统 / 186

9.1 文件的概述 / 186

9.2 文件系统的功能和结构 / 194

9.3 目录结构和目录查询 / 196

9.4 文件和目录操作 / 204

9.5 文件系统的实现 / 207

9.6 管道文件 / 218

9.7 文件系统的可靠性 / 219

第 10 章 GDI+ 编程 / 224

10.1 GDI+ 绘图基本知识 / 224

10.2 绘图工具类 / 226

10.3 GDI+ 绘制图形 / 231

第 11 章 三维图像处理 / 235

11.1 三维图形基础 / 235

11.2 Unity3D：适合大众使用的游戏引擎 / 239

11.3 虚拟现实示例程序的创建 / 240

第 12 章 多媒体音频处理技术 / 245

12.1 声音的概念 / 245

12.2 音频基础 / 246

12.3 音频处理技术的应用 / 252

第 13 章 流媒体技术 / 273

13.1 流媒体及流媒体技术的概念 / 273

13.2 流媒体的处理方法 / 274

13.3 流媒体传输技术实现 / 275

13.4 流媒体的播送技术 / 277

13.5 流媒体技术的应用 / 278

第 14 章 数据库应用 / 293

14.1 使用数据库 / 293

14.2 Entity Framework / 293

14.3 Code First 数据库 / 294

14.4 ADO.NET 数据服务 / 297

14.5 数据库的位置 / 311

14.6 导航数据库关系 / 312

14.7 处理迁移 / 317

14.8 在已有的数据库中创建和查询 XML / 318

第 15 章　LINQ 技术　/　322

　　15.1　使用 LINQ to XML　/　322

　　15.2　LINQ 提供程序　/　326

　　15.3　LINQ 查询语法　/　327

　　15.4　LINQ 方法语法　/　329

　　15.5　排序查询结果　/　330

参考文献　/　332

第 1 章 C# 概述

1.1　.NET Framework 的含义

　　.NET Framework 是 Microsoft 为开发应用程序而创建的一个具有革命意义的平台。这句话最有趣的地方在于它的广义性，但这是有原因的。首先，注意这句话没有说"在 Windows 操作系统上开发应用程序"，尽管 .Net Framework 的 Microsoft 版本运行在 Windows 操作系统和 Windows Phone 操作系统上，但它也有运行在其他操作系统上的版本，例如 Mono，它是 .NET Framework 的开源版本（包含 C# 编译器），该版本可以运行在几个操作系统上，包括各种 Linux 版本和 Mac OS 。另外，Mono 还有一些版本可以运行在 iPhone（MonoTouch）和 Android（Mono for Android，也称为 MonoDroid）智能手机上。我们使用 .NET Framework 的一个重要原因是它可以作为集成各种操作系统的方式。

　　另外，上面给出的 .NET Framework 定义并未限制应用程序的类型，这是因为本来就没有限制。我们可以使用 .NET Framework 创建桌面应用程序、Windows Store 应用程序、云 / Web 应用程序、WebAPI 和其他各种类型的应用程序。另外注意，对于 Web、云和 Web API 应用程序，按照定义，它们是多平台的应用程序，因为任何带有 Web 浏览器的系统都可以访问它们。

　　.NET Framework 的设计方式确保它可以用于各种语言，包括本书介绍的 C# 语言，以及 C++、Visual Basic、JScript，甚至一些旧语言，如 COBOL。为此，还推出了这些语言的 .NET 版本，目前还在不断推出更多版本。所有这些语言都可以访问 .NET Framework，它们彼此之间还可以通信。C# 开发人员可以使用 Visual Basic 程序员编写的代码，反之亦然。

　　以上这些提供了意想不到的多样性，这也是 .NET Framework 具有诱人前景的部分原因。

1.1.1　.NET Framework 的内容

　　.NET Framework 主要包含一个庞大的代码库，可以在客户语言（如 C#）中通过面向对象编程技术（OOP）来使用这些代码。这个库分为多个不同的模块，这样就可以根据希望得到的结果来选择使用其中的各个部分。例如，一个模块包含 Windows 应用程序的构件，另一个模块包含网络编程的代码块，还有一个模块包含 Web 开发的代码块。一些模块还分为更具体的子模块，例如，在 Web 开发模块中，有用于建立 Web 服务的子模块。

其目的是，不同操作系统可以根据各自的特性，支持其中的部分或全部模块。例如，智能手机支持所有的核心 .NET 功能，但不需要某些更高级的模块。

部分 .NET Framework 库定义了一些基本类型。类型是数据的一种表达方式，指定最基本类型（如 32 位带符号的整数）有助于使用 .NET Framework 的各种语言之间进行交互操作，这称为通用类型系统（Common Type System, CTS）。

除提供这个库外，.NET Framework 还包含 .NET 公共语言运行库（Common Language Runtime,CLR），它负责管理用 .NET 库开发的所有应用程序的执行。

1.1.2 使用 .NET Framework 编写应用程序

使用 .NET Framework 编写应用程序，就是使用 .NET 代码库编写代码（使用支持 Framework 的任何一种语言）。本书用 VS 进行开发，VS 是一种强大的集成开发环境，支持 C#（以及托管和非托管 C++、Visual Basic 和其他一些语言）。这个环境的优点是便于把 NET 功能集成到代码中。我们创建的代码完全是 C# 代码，但使用了 .NET Framework，并在需要时利用了 VS 中的其他工具。

为执行 C 制代码，必须把它们转换为目标操作系统能理解的语言，即本机代码（native code）。这种转换称为编译代码，由编译器执行。但在 .NET Framework 下，此过程包括两个阶段。

（1）CIL 和 JIT

在编译使用 .NET Framework 库的代码时，不是立即创建专用于操作系统的本机代码，而是把代码编译为通用中间语言（Common Intermediate Language,CIL）代码，这些代码并非专门用于任何一种操作系统，也非专门用于 C#。其他 .NET 语言（如 Visual Basic .NET）也会在第一阶段编译为这种语言。开发 C# 应用程序时，这个编译步骤由 VS 完成。

显然，要执行应用程序，必须完成更多工作，这是 Just-In-Time（JIT 编译器）的任务，它把 CIL 编译为专用于 OS 和目标机器结构的本机代码，这样 OS 才能执行应用程序。这里编译器的名称 Just-In-Time 反映了 CIL 代码仅在需要时才编译的事实。这种编译可以在应用程序的运行过程中动态发生，不过开发人员一般不需要关心这个过程。除非要编写性能十分关键的代码，否则只需知道这个编译过程会在后台自动进行，并不需要人工干预就可以了。

过去，常需要把代码编译为几个应用程序，每个应用程序都用于特定的操作系统和 CPU 结构。这通常是一种优化形式（例如，为了让代码在 AMD 芯片组上运行得更快），有时则是非常重要的（例如，使应用程序可以同时工作在 Win9x 和 WinNT/2000 环境下）。现在就没必要了，因为 JIT 编译器使用 CIL 代码，而 CIL 代码是独立于计算机、操作系统和

CPU 的。目前有几种 JIT 编译器，每种编译器都用于不同的结构，CIL 会使用合适的编译器创建所需的本机代码。

这样，开发人员需要做的工作就比较少了。实际上，可以忽略与系统相关的细节，将注意力集中在代码的功能上就够了。

（2）程序集

编译应用程序时，所创建的 CIL 代码存储在一个程序集中。程序集包括可执行的应用程序文件（这些文件可以直接在 Windows 上运行，不需要其他程序，其扩展名是 .exe）和其他应用程序使用的库（其扩展名是 .dll）。

除包含 CIL 外，程序集还包含元信息（即程序集中包含的数据的信息，也称为元数据）和可选的资源（CIL 使用的其他数据，例如，声音文件和图片）。元信息允许程序集是完全自描述的，不需要其他信息就可以使用程序集，也就是说，我们不会遇到没有把需要的数据添加到系统注册表中这样的问题，而在使用其他平台进行开发时这个问题常常出现。

因此，部署应用程序就非常简单了，只需把文件复制到远程计算机上的目录下即可。因为不需要目标系统上的其他信息，所以只需从该目录中运行可执行文件即可（假定安装了 .NET CLR）。当然，不必把运行应用程序需要的所有信息都安装到一个地方。可以编写一些代码来执行多个应用程序所要求的任务。此时，通常把这些可重用的代码放在所有应用程序都可以访问的地方。

在 .NET Framework 中，这个地方是全局程序集缓存（Global Assembly Cache, GAC），把代码放在这个缓存中是很简单的，只需把包含代码的程序集放在包含该缓存的目录中即可。

（3）托管代码

在将代码编译为 CIL，再用 JIT 编译器将它编译为本机代码后，CLR 的任务尚未全部完成，还需要管理正在执行的用 .NET Framework 编写的代码 [这个执行代码的阶段通常称为运行时（runtime）]。即 CLR 管理着应用程序，其方式是管理内存、处理安全性以及允许进行跨语言调试等。

相反，不受 CLR 控制运行的应用程序属于非托管类型，某些语言（如 C++）可以用于编写此类应用程序，例如，访问操作系统的底层功能。但是在 C# 中，只能编写在托管环境下运行的代码。我们将使用 CLR 的托管功能，让 .NET 处理与操作系统进行任何交互。

（4）垃圾回收

托管代码最重要的一个功能是垃圾回收（garbage collection）。这种 .NET 方法可确保应用程序不再使用某些内存时，就会完全释放这些内存。在 .NET 推出以前，这项工作主要由程序员负责，代码中的几个简单错误会把大块内存分配到错误的地方，使这些内存神秘失踪。这通常意味着计算机的速度逐渐减慢，最终导致系统崩溃。

.NET 垃圾回收会定期检查计算机内存，从中删除不再需要的内容。执行垃圾回收的时间并不固定，可能一秒钟内会进行数千次的检查，也可能几秒钟才检查一次，不过一定会进行检查。

这里要给程序员一些提示。因为在不可预知的时间执行这项工作，所以在设计应用程序时，必须留意这一点。需要许多内存才能运行的代码应自行完成清理工作，而不是坐等垃圾回收，但这不像听起来那样难。

（5）把它们组合在一起

在继续学习之前，先总结一下上述创建 .NET 应用程序所需的步骤：

① 使用某种 .NET 兼容语言（如 C#）编写应用程序代码，如图 1-1 所示。

② 把代码编译为 CIL，存储在程序集中，如图 1-2 所示。

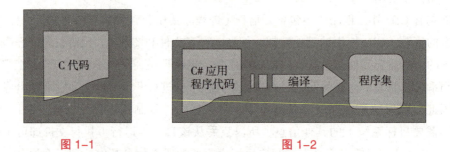

图 1-1   图 1-2

③ 在执行代码时（如果这是一个可执行文件，就自动运行，或者在其他代码使用它时运行），首先必须使用 JIT 编译器将代码编译为本机代码，如图 1-3 所示。

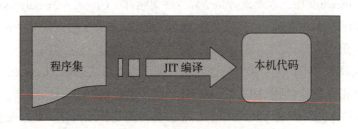

图 1-3

④ 在托管的 CLR 环境下运行本机代码，以及其他应用程序或进程，如图 1-4 所示。

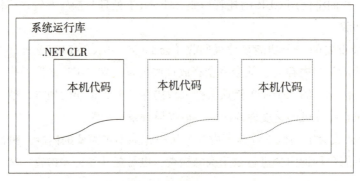

图 1-4

（6）链接

在上述过程中还有一点要注意。在第（2）步中编译为 CIL 的 C# 代码未必包含在单独文件中，可以把应用程序代码放在多个源代码文件中，再把它们编译到一个程序集中。这个过程称为链接（linking），是非常有用的。原因是处理几个较小的文件比处理一个大文件要简单得多。可以把逻辑上相关的代码分解到一个文件中，以便单独进行处理，这也更便于在需要时找到特定的代码块，让开发小组把编程工作分解为一些可管理的块，让每个人编写一小块代码，而不会破坏已编写好的代码部分或其他人正在处理的部分。

1.2　C# 的含义

如上所述，C# 是可用于创建要运行在 .NET CLR 上的应用程序的语言之一，它从 C 和 C++ 语言演化而来，是 Microsoft 专门为使用 .NET 平台而创建的。C# 吸取了以往语言失败的教训，考虑了其他语言的许多优点，并解决了它们存在的问题。

使用 C# 开发应用程序比使用 C++ 简单，因为其语法更简单。但是，C# 是一种强大的语言，在 C++ 中能完成的任务几乎都能利用 C# 完成。虽然如此，C# 中与 C++ 高级功能等价的功能（例如，直接访问和处理系统内码），只能在标记为 "unsafe" 的代码中使用。顾名思义，这个高级编程技术存在潜在威胁，因为它可能覆盖系统中重要的内存块，导致严重后果。因此，本书不讨论这个问题。C# 代码常比 C++ 略长一些，这是因为 C# 是一种安全类型的语言（与 C++ 不同）。在外行人看来，这表示一旦为某个数据指定了类型，就不能转换为另一个不相关的类型。所以，在类型之间转换时，必须遵守严格的规则。执行相同的任务时，用 C# 编写的代码通常比用 C++ 编写的代码长。但 C# 代码更健壮，调试起来也比较简单，.NET 始终可以随时跟踪数据的类型。在 C# 中，不能完成诸如把 4 字节的内存分配给这个数据后，我们使其有 10 个字节长，并把它解释为 "X" 等任务，但这并不是一件坏事。

C# 只是用于 .NET 开发的一种语言，但它是最好的一种语言。C# 的优点是，它是唯一彻头彻尾为 .NET Framework 设计的语言，是在移植到其他操作系统上的 .NET 版本中使用的主要语言。要使诸如 VB.NET 的语言尽可能类似于其以前的语言，且仍遵循 CLR，就不能完全支持 .NET 代码库的某些功能，至少需要不常见的语法。

但 C# 能使用 .NET Framework 代码库提供的每种功能。而且，.NET 的每个新版本都在 C# 语言中添加了新功能，满足了开发人员的要求，使之更强大。

如前所述，.NET Framework 没有限制应用程序的类型。C# 使用的是 .NET Framework，所以也没有限制应用程序的类型。这里仅讨论几种常见的应用程序类型。

• 桌面应用程序　这些应用程序（如 Microsoft Office）具有我们很熟悉的 Windows 外观和操作方式，使用 .NET Framework 的 Windows Presentation Foundation（WPF）模块就

可以简便地生成这种应用程序。WPF 模块是一个控件库，其中的控件（例如按钮、工具栏和菜单等）可用于建立 Windows 用户界面（UI）。

• Windows Store 应用程序　这是 Windows 8 引入的一类新的应用程序。此类应用程序主要针对触摸设备设计，通常全屏运行，侧重点在于简洁清晰。创建这类应用程序的方式有多种，包括使用 WPF。

• 云 /Web 应用程序　.NET Framework 包括一个动态生成 Web 内容的强大系统——ASP#.NET，允许进行个性化和实现安全性等。另外，这些应用程序可以在云中驻留和访问，例如 Microsoft Azure 平台。

• Web API　这是建立 REST 风格的 HTTP 服务的理想框架，支持许多客户端，包括移动设备和浏览器。

• WCF 服务　这是一种灵活创建各种分布式应用程序的方式。使用 WCF 服务可以通过局域网或 Internet 交换几乎各种数据。无论使用什么语言创建 WCF 服务，也无论 WCF 服务驻留在什么系统上，都使用一样简单的语法。

这些类型的应用程序也可能需要某种形式的数据库访问，这可以通过 .NET Framework 的 Active Data Objects .NET（ADO#.NET）部分、ADO#.NET Entity Framework 或 C# 的 LINQ（Language Integrated Query）功能来实现。也可以使用许多其他资源，例如，创建联网组件、输出图形、执行复杂数学任务的工具。

1.3　编写 C# 程序

在了解了 C# 与 .NET Framework 后，接下来就是编写代码了。本书编写代码所使用的工具是 Visual Studio 2015（VS 2015），所以首先介绍这个开发环境的一些基础知识。VS 是一个庞大的复杂产品，可能会使初学者望而生畏，但使用它创建简单的应用程序是非常容易的。在本章开始使用 VS 时，不需要了解许多知识，就可以编写 C# 代码。

1.3.1　Visual Studio 2015 开发环境

在首次加载 VS 时，会立即显示选项 Sign in to Visual Studio using your Microsoft Account（用 Microsoft 账户注册 Visual Studio）。注册后，Visual Studio 设置就会在设备上同步，在多个工作站上使用 IDE 时，就不必配置它。如果没有 Microsoft 账户，可以创建一个，再使用它注册。如果不希望注册，就单击 Not now，maybe later 链接，继续 Visual Studio 的初始配置。有时建议注册，再得一个开发人员许可证。

如果是首次运行 VS，则屏幕上会显示一个首选项列表。如果用户使用过这个开发环境的旧版本，则可以在这里做出选择，这些选择会影响到很多方面，例如窗口的布局、控制台窗口运行的方式等。所以应选择 Visual C# Development Settings，否则会发现一些地方和本书的描述不一样。注意，可用选项会随着安装 VS 时选择的选项而变化，但只要选择安装 C#，这个选项就是可用的。

如果不是第一次运行 VS，但以前选择了另一个选项，也不必惊慌。为把设置重置为 Visual C# Development Settings，只需导入它们即可。为此，单击 Tools 菜单上的 Import and Export Settings 选项，再选中 Reset all settings 选项。

单击 Next 按钮，选择是否要在继续之前保存已有的设置。如果对设置进行了定制，就保存设置，否则选择 No 按钮，再次单击 Next 按钮。在下个对话框中，选择 Visual C# 选项，用的选项可能会变化。最后单击 Finish 按钮，应用设置。VS 环境布局是完全可定制的，但默认设置更适合我们。

所有代码都显示在主窗口中。在 VS 启动时，主窗口会默认显示一个提供帮助信息的 Start Page。主窗口可以包含许多文档，每个文档都有一个选项卡，单击文件名，就可以在文件之间切换。这个窗口也具有其他功能：它可以显示为项目设计的 GUI、纯文本文件、HTML 以及各种内置于 VS 的工具。

在主窗口的上面，有工具栏和 VS 菜单。这里有几个不同的工具栏，其功能包括：保存和加载文件、生成和运行项目，以及调试控件等。在需要使用这些工具栏时我将会讨论它们。

下面简要描述 VS 的最常用功能：

• 单击 Toolbox 选项卡时，就会显示 Toolbox 工具栏，它提供了桌面应用程序的用户界面构件等条目。另一个选项卡 Server Explorer 也可以在这里显示（通过 View I Server Explorer 菜单项选择），它包含其他许多功能，例如 Azure 订阅细节、访问数据源、服务器设置和服务等。

• Solution Explorer 窗口显示当前加载的解决方案的信息。如前所述，解决方案是一个 VS 术语，表示一个或多个项目及其配置。Solution Explorer 窗口显示了解决方案中项目的各种视图，例如项目中包含了哪些文件，这些文件中又包含了什么内容。

• Team Explorer 窗口显示了关于当前的 Team Foundation Server 或 Team Foundation Service 连接的信息，可用于使用源代码管理、bug 跟踪、自动生成等功能。但是，这是一个高级主题，本书不予介绍。

• Solution Explorer 窗口之下可以显示 Properties 窗口。稍后会看到这个窗口，因为它只在处理项目时才出现（也可以使用 View I Properties Window 菜单项切换它）。这个窗口提供了更详细的项目内容视图，允许另外配置单独元素。例如，使用这个窗口可以改变桌面应用程序中按钮的外观。

• Error List 窗口。可以使用 View I Error List 菜单项打开这个窗口，它显示了错误、警告和其他与项目有关的信息。这个窗口会持续不断地更新，但其中一些信息只有在编译项目时才出现。

这似乎需要理解很多东西，但不必担心，过不了多久就习惯了。下面首先建立第一个示例项目，它将使用上面介绍的许多 VS 元素。

1.3.2　控制台应用程序

下面分步演示如何创建一个简单的控制台应用程序。

① 选择 File|New|Project 菜单项，创建一个新的控制台应用程序项目。

② 在显示窗口的左侧选择 Visual C# 节点，在中间窗格中选择 Console Application 项目类型。把 Location 文本框改为 C:\BegVCSharp\ Chapter02（如果该目录不存在，会自动创建）。Name 文本框中的默认文本（Console Application 1）和其他设置不变。

③ 单击 OK 按钮。

④ 初始化项目后，在主窗口显示的文件中添加如下代码行：

```
Namespace Console Application1
{
    Class program
    {
    Static void Main(string[] args)
    {
        //Output text to the screen.
        Console.WriteLine ( { "The first app in Beginning Visual C# 2015!" } );
        Console.Readkey();
    }
    }
}
```

⑤ 选择 Debug|Start Debugging 菜单项。

⑥ 按下任意键，退出应用程序（可能需要首先单击控制台窗口，以激活它）。例如，若应用了 Visual Basic Developer Settings ，就会显示一个空的控制台窗口，应用程序的输出结果显示在 Immediate 窗口中。这种情况下，Console.ReadKey() 代码也会失败，显示一个错误。

🏛 示例说明

现在不仔细研究这个项目中使用的代码，而是关心如何使用开发工具来启动和运行代码。显然，VS 自动完成了许多工作，简化了编译和执行代码的过程。执行这些简单的步骤还有多种方式。例如，创建一个新项目可以像前面那样使用菜单项，也可以按下 Ctrl+Shift+N 组合键，还可以单击工具栏上的相应图标。

同样，也可以采用多种方式编译和执行代码。上面使用的方法是选择 Debug I Start Debugging 菜单项，也可以按下快捷键（F5），或者使用工具栏中的图标。使用 Debug|Start Without Debugging 菜单项（也可以按下 Ctrl+F5 组合键），还可以采用非调试模式运行代

码，使用 Build | Build Solution 菜单项或快捷键可以编译项目但不运行它（打开或关闭调试功能）。注意，执行项目但不调试，或者使用工具栏中的图标生成项目，只是这些图标在默认情况下没有显示在工具栏中。编译好代码后，在 Windows 资源管理器中运行生成的 .exe 文件，就可以执行代码。也可以在命令提示窗口中执行，为此，应打开一个命令提示窗口，把目录改为 C:\BegVCSharp\Chaptert>2\ConsoleApplicationl\ConsoleApplicationl\bin\Debug\，键入 ConsoleApplication 1，并按下回车键。

控制台应用程序会在执行完毕后立即终止，如果直接通过 IDE 运行它们，就无法看到运行结果。为解决上例中的这个问题，使用 Console.ReadKey(); 告诉代码在结束前等待按键。

（1）Solution Explorer 窗口

Solution Explorer 窗口默认位于屏幕右上角。与其他窗口一样，可把它移到任何位置，或者单击其图钉图标将它设为自动隐藏。Solution Explorer 窗口与另一个有用的窗口 Class View 位于相同的位置，使用 View|Class View 菜单项就可以显示 Class View 窗口。

Solution Explorer 窗口显示了组成 Console Application 1 项目的文件，包括我们在其中添加代码的文件 Program.cs、另一个代码文件 AssemblyInfo.cs 和多个引用。

此时不需要考虑 Assemblylnfo.cs 文件，它包含的项目是目前我们不必关心的其他信息。

使用这个窗口可以改变主窗口中显示的代码，方法是双击 .cs 文件，或右击这些文件并选择 ViewCode，或选中它们，单击窗口顶部的工具栏按钮。还可以对这些文件执行其他操作，例如，重命名它们，或从项目中删除它们等。在该窗口中还可以显示其他类型的文件，例如，项目资源（资源是项目使用的文件，这些文件可能不是 C# 文件，如位图图像和声音文件等），可以通过同一界面处理它们。

展开代码项（例如 Program.cs）可以查看其中包含的内容。这个代码结构概览是一个很有帮助的工具，可用来直接定位到代码文件中的特定部分，而不必打开该代码文件并滚动到想要处理的部分。

References 项包含项目中使用的一个 .NET 库列表，这个列表在后面介绍，因为标准引用很适于初学者使用。Class View 窗口显示了项目的另一种视图，可以用于查看刚才创建的代码结构。单击这些窗口中的文件或其他图标，Properties 窗口的内容就会发生相应变化。

（2）Properties 窗口

使用 View I Properties Window 菜单项就可以打开 Properties 窗口。这个窗口显示了在其上面的窗口中所选的项的其他信息。例如，选择项目中的 Program.cs 文件，就会显示窗口。这个窗口还显示了其他选中项的信息，例如用户界面组件。

通常在 Properties 窗口中对项目的改变会直接影响代码，添加代码行，或改变文件中的内容。对于一些项目来说，通过这个窗口来操作与手动修改代码所用的时间是相同的。

（3）Error List 窗口

当前 Error List 窗口 (View I Error List) 没有显示什么有趣的信息，这是因为应用程序没有错误，但这的确是一个非常有用的窗口。下面进行测试，从上一节添加的代码中删除某一行的分号。

这个窗口有助于根除代码中的错误，因为它会跟踪我们的工作，编译项目。如果双击该窗口中显示的错误，光标就会跳到源代码中出错的地方（如果包含错误的源文件没有打开，它将被打开），这样就可以快速更正错误。代码中有错误的一行会出现红色的波浪线，以便我们快速浏览源代码，找出错误。

注意错误位置用一个行号来指定。默认情况下，行号不会显示在 VS 文本编辑器中，但其实有必要显示它。为此，需要单击 Tools I Options 菜单项，选中 Options 对话框中的 Line numbers 复选框。该复选框位于 Text Editor I All Languages I General 类别中。

也可以在这个对话框中与各个语言对应的设置页面中针对具体语言单独修改此设置。这个对话框中还包含许多其他有用的选项，本书将使用其中几个选项。

1.3.3 桌面应用程序

通常，在演示代码时，将其当作桌面 Windows 应用程序的一部分来运行，要比通过控制台窗口或命令提示符来运行更便于说明。下面用用户界面构件来组合一个用户界面。

下面的示例介绍建立用户界面的基础知识，说明如何启动和运行桌面应用程序，但并不详细讨论应用程序实际完成的工作。Microsoft 推荐使用 WPF 技术创建桌面应用程序，所以本例中使用了 WPF。本书后面会详细研究桌面应用程序，以及 WPF 到底是什么，它到底可以做些什么。

（1）在与之前相同的位置（C:\BegVCSharp\Chapter02）创建一个类型为 WPF Application 的新项目，其默认名称是 WpfApplicationl。如果第一个项目仍处于打开状态，就应选择 Create New Solution 选项来启动一个新解决方案。

（2）单击 OK 按钮，创建项目后，应该会看到一个新的分成两个窗格的选项卡。上面的窗格显示了一个空窗口，称为 MainWindow，下面的窗格显示了一些文本。这些文本实际上就是用来生成窗口的代码，在修改 UI 时，会看到这些文本也发生了变化。

（3）单击屏幕左上方的 Toolbox 选项卡，然后双击 Common WPF Controls 区域中的 Button，在窗口中添加一个按钮。

（4）双击刚才添加到窗口中的按钮。

（5）现在应显示 Main Window.xaml.cs 中的 C# 代码。执行如下修改（为简短起见，这里只显示了文件中的部分代码）：

```
private void Button_Click(Object sender , Routed  EventArgs e)
{
MessageBox .Show ({ "The first desktop app in the book !" });
}
```

（6）运行应用程序。

（7）单击显示出来的按钮，打开消息对话框。

（8）单击 OK。像每个标准桌面应用程序那样，单击右上角的 X 图标，退出应用程序。

🏛 示例说明

IDE 又一次自动完成了许多工作，使我们不费吹灰之力就能完成一个实用的桌面应用程序的创建。刚才创建的应用程序与其他窗口的行为方式相同，可以移动、重新设置其大小、最小化等。我们不必编写任何代码来实现这种功能，我们添加的按钮也是这样。双击按钮，IDE 就知道我们想添加一些代码，当运行应用程序时，用户单击该按钮，就执行我们已经编写好的代码。只要提供了这段代码，就可以得到按钮单击的所有功能。

当然，桌面应用程序不仅限于带有按钮的普通窗口。如果看看从中选择 Button 选项的工具箱，就会看到一整套用户界面构件（称为控件），其中一些用户可能很熟悉。本书在其他地方将使用其中的大多数用户界面构件，它们使用起来都非常简单，可以节省许多时间和精力。

应用程序的代码在 MainWindow.xaml.cs 中，看起来并不比上一节提供的代码复杂多少，Solution Explorer 窗口中其他文件的代码也不太复杂。MainWindow.xaml.cs 中的代码（可在添加按钮的拆分窗格视图中看到）看上去也很简单。

这是一段 XAML 代码。XAML 是在 WPF 应用程序中定义用户界面的语言。

下面仔细分析一下在窗口中添加的按钮。在 MainWindow.xaml.cs 的顶部窗格中，单击按钮一次选中它。此时屏幕右下角的 Properties 窗口显示了按钮控件的属性（控件也有属性，就像上一个示例中的文件一样）。确保应用程序当前没有运行，然后向下滚动到 Content 属性，该属性现在被设为 Button。将它设为 Click Me，设计器中按钮上的文本以及 XAML 代码也会反映这种变化。

这个按钮具有许多属性，从按钮颜色和大小的简单格式，到某些模糊设置（如数据绑定设置，它可以建立与数据的联系），应有尽有。如上例所述，改变属性通常会直接改变代码，这也不例外，从 XAML 代码的改变中可以看到这一点。但如果切换回 MainWindow.xaml.cs 的代码视图，是看不到代码发生变化的。这是因为 WPF 应用程序能够保持应用程序的设计（如按钮上的文本）与功能（如单击按钮后发生的操作）的分离。

第 2 章　C# 基础

2.1　变量和表达式

2.1.1　C# 的基本语法

C# 代码的外观和操作方式与 C++ 和 Java 非常类似。初看起来，其语法可能比较混乱，不像某些语言那样与书面英语十分接近。但实际上，在 C# 编程中，使用这种风格是很合理的，而且不用花太多力气就可以编写出便于阅读的代码。

与其他语言（如 Python）的编译器不同，C# 编译器不考虑代码中的空格、回车符或制表符（这些字符统称为空白字符）。这样格式化代码时就有很大的自由度，但遵循某些规则将有助于提高代码的可读性。

C# 代码由一系列语句组成，每条语句都用一个分号结束。因为空白被忽略，所以一行可以有多条语句，但从可读性的角度看，通常在分号的后面加上回车符，不在一行中放置多条语句，但一条语句放在多行是可以的（也比较常见）。

C# 是一种块结构的语言，所有语句都是代码块的一部分。这些块用花括号来界定（"{" 和 "}"），代码块可以包含任意多行语句，或者根本不包含语句。注意花括号字符不需要附带分号。

例如，简单的 C# 代码块如下所示：

```
{
    <code line 1, statement 1>;
    <code line 2, statement 2>
        <code line 3 , statement 2>;
}
```

其中 <code line *x*, statement *y*> 部分并非真正的 C# 代码，而是用这个文本作为 C# 语句的占位符。在这段代码中，第 2、第 3 行代码是同一条语句的一部分，因为在第 2 行的末尾没有分号。缩进第 3 行代码，就更容易确定这是第 2 行代码的继续。

下面的简单示例还使用了缩进格式，提高了 C# 代码的可读性。这是标准做法，实际上在默认情况下 VS 会自动缩进代码。一般情况下，每个代码块都有自己的缩进级别，即它向右缩进了多少。代码块可以互相嵌套（即块中可以包含其他块），而被嵌套的块要缩进得多一些。

```
{
    <code line 1>;
    <code line 2> ;
    <code line 3>;
    <code line 4>;
```

前面代码行的续行通常也要缩进得多一些，如上面第一个示例中的第 3 行代码所示。

当然，这种样式并不是强制的。但如果不使用它，读者在阅读本书时会很快陷入迷茫之中。

在 C# 代码中，另一种常见的语句是注释。注释并非严格意义上的 C# 代码，但代码最好有注释。注释的作用不言自明：给代码添加描述性文本（用英语、法语、德语、蒙古语等），编译器会忽略这些内容。在开始处理冗长的代码段时，注释可用于为正在进行的工作添加提示，例如"这行代码要求用户输入一个数字"或"这段代码由 Bob 编写"。

C# 添加注释的方式有两种。可以在注释的开头和结尾放置标记，也可以使用一个标记，其含义是"这行代码的其余部分是注释"。在 C# 编译器忽略回车符的规则中，后者是一个例外，但这是一种特殊情况。

要使用第一种方式标记注释，可在注释开头加上"/*"字符，在末尾加上"*/"字符。这些注释符号可以在单独一行上，也可以在不同的行上，注释符号之间的所有内容都是注释。注释中唯一不能输入的是"*/"，因为它会被看成注释结束标记。所以下面的语句是正确的：

/* This is a comment */

/* And so . . .

　　　　. . .is this! */

但以下语句会产生错误：

/* Comments often end with " */" characters */

注释结束符号后的内容（" */"后面的字节会被当作 C# 代码，因此产生错误。

另一种添加注释的方式是用"//"开始一个注释，在其后可以编写任何内容，只要这些内容在一行上即可。下面的语句是正确的：

// This is a different sort of comment.

但下面的语句会失败，因为第 2 行代码会被解释为时代码：

// So is this,

But this bit isn't.

这类注释可用于语句的说明，因为它们都放在一行上：

<A statement>;   // Explanation of statement

前面讲过，有两种给 C# 代码添加注释的方式。但在 C# 中，还有第三类注释，严格地说，这是 // 语法的扩展。它们都是单行注释，用 3 个"/"符号来开头，而不是两个。

/// A special comment

正常情况下，编译器会忽略它们，就像其他注释一样，但可以通过配置 VS，在编译项目时，提取这些注释后面的文本，创建一个特殊格式的文本文件，该文件可用于创建文档。

特别要注意的一点是，C# 代码是区分大小写的。与其他语言不同，必须使用正确的大小写形式输入代码，因为简单地用大写字母代替小写字母会中断项目的编译。

2.1.2　变量

尽管计算机中的所有数据事实上都是相同的东西（一组 0 和 1），但变量有不同的内涵，称为类型。下面再用盒子来类比，盒子有不同的形状和尺寸，某些东西只适合放在特定的盒子中。建立这个类型系统的原因是，不同类型的数据需要用不同的方法来处理。将变量限定为不同的类型可以避免混淆。例如，组成数字图片的 0 和 1 序列与组成声音文件的 0 和 1 序列，其处理方式是不同的。要使用变量，需要声明它们，即给变量指定名称和类型。声明变量后，就可以把它们用作存储单元，存储所声明的数据类型的数据。

声明变量的 C# 语法是指定类型和变量名，如下所示：

<type> <name>;

如果使用未声明的变量，代码将无法编译，但此时编译器会告诉我们出现了什么问题，所以这不是一个灾难性错误。另外，使用未赋值的变量也会产生一个错误，编译器会检测出这个错误。

1. 简单类型

简单类型就是组成应用程序中基本构件的类型，例如，数值和布尔值（true 或 false）。与复杂类型不同，简单类型没有子类型或特性。大多数简单类型都是存储数值的，初看起来有点奇怪，使用一种类型来存储数值不可以吗？

有很多数值类型是因为在计算机内存中，把数字作为一系列的 0 和 1 来存储。对于整数值，用一定的位（单个数字，可以是 0 或 1）来存储，用二进制格式来表示。以 N 位来存储的变量可以表示可介于 0 到（2^N-1）之间的数。大于这个值的数因为太大，所以无法存储在这个变量中。

例如，有一个变量存储了两位，在整数和表示该整数的位之间的映射应如下所示：

0 = 00

1 = 01

2 = 10

3 = 11

如果要存储更多数字，就需要更多的位（例如，3 位可以存储 0 到 7 的数）。

这样得到的结论是要存储每个可以想象得到的数，就需要非常多的位，这并不适合 PC。即使可以用足够多的位来表示每一个数，但用这么多的位存储一个表示范围很小的变量（例如 0 到 10）的效率非常低下，因为存储器被浪费了。其实表示 0 到 10 之间的数，4 位就足够了，这样就可以用相同的内存空间存储这个范围内的更多数值。

相反，许多不同的整数类型可用于存储不同范围的数值，占用不同的内存空间（至多64 位），这些类型如表 2-1 所示。

表 2-1　整数类型

类型	别名	允许的值
sbyte	System.SByte	介于 −128 和 127 之间的整数
byte	System.Byte	介于 0 和 255 之间的整数
short	System.Int16	介于 −32 768 和 32 767 之间的整数
ushort	System.UInt16	介于 0 和 65 535 之间的整数
int	System. Int32	介于 −2 147 483 648 和 2 147 483 647 之间的整数
uint	System.UInt32	介于 0 和 4 294 967 295 之间的整数
long	System. Int64	介于 −9 223 372 036 854 775 808 和 9 223 372 036 854 775 807 之间的整数
ulong	System.UInt64	介于 0 和 18 446 744 073 709 551 615 之间的整数

一些变量名称前面的 "u" 是 unsigned 的缩写，表示不能在这些类型的变量中存储负数，参见表 2-1 中的 "允许的值" 一列。

当然，还需要存储浮点数，它们不是整数。可以使用的浮点数变量类型有 3 种：float、double 和 decimal 。前两种可以用 $+/- m \times 2^e$ 的形式存储浮点数，m 和 e 的值因类型而异。decimal 使用另一种形式：$+/- m \times 10^e$。这 3 种类型、m 和 e 的值，以及它们在实数中的上下限如表 2-2 所示。

表 2-2　浮点类型

类型	别名	m 的 最小值	m 的 最大值	e 的 最小值	e 的 最大值	近似的 最小值	近似的 最大值
float	System Single	0	2^{24}	−149	104	1.5×10^{-45}	3.4×10^{38}
double	System.Double	0	2^{53}	−1075	970	5.0×10^{-324}	1.7×10^{308}
decimal	System.Decimal	0	2^{96}	−28	0	1.0×10^{-28}	7.9×10^{28}

除数值类型外，另外还有 3 种简单类型，如表 2-3 所示。

表 2-3　文本和布尔类型

类型	别名	允许的值
char	System.Char	一个 Unicode 字符，存储 0 和 65 535 之间的整数
bool	System.Boolean	布尔值：true 或 false
string	System.String	一组字符

注意组成 string 的字符数量没有上限，因为它可以使用可变大小的内存。

布尔类型 bool 是 C# 中最常用的一种变量类型，类似的类型在其他语言的代码中非常丰富。当编写应用程序的逻辑流程时，一个可以是 true 或 false 的变量有非常重要的分支作用。例如，考虑一下有多少问题可以用 true 或 false（或 yes 和 no）来回答。

2. 变量的命名

基本的变量命名规则如下：

• 变量名的第一个字符必须是字母、下划线（ _ ）或 @。

• 其后的字符可以是字母、下划线或数字。

另外，有一些关键字对于 C# 编译器而言具有特定的含义，例如前面出现的 using 和 namespace 关键字。如果错误地使用其中一个关键字，编译器会产生一个错误，我们马上就会知道出错了，所以不必担心。

例如，下面的变量名是正确的：

myBigVar

Var1

_test

下列变量名有误：

99BottlesOfBeer

namespace

It's – All – Over

3. 字面值

变量类型相关的字面值，如表 2-4 所示。其中有许多涉及后缀，即在字面值的后面添加一些字符来指定想要的类型。一些字面值有多种类型，在编译时由编译器根据它们的上下文确定其类型（同样见表 2-4）。

表2-4 字面值

类型	类别	后缀	示例/允许的值
bool	布尔	无	true 或 false
int、uint、long、ulong	整数	无	100
uint、ulong	整数	u 或 U	100U
long、ulong	整数	l 或 L	100L
ulong	整数	ul 、uL、Ul、UL、lu 、IU 、Lu 或 LU	100U L
float	实数	f 或 F	1.5F
double	实数	无、d 或 D	1.5
decimal	实数	m 或 M	1.5M
char	字符	无	"a" 或转义序列
string	字符串	无	"a … a"，可以包含转义序列

2.1.3 表达式

C# 包含许多执行这类处理的运算符。把变量和字面值（在使用运算符时，他们都称为操作数）与运算符组合起来，就可以创建表达式，它是计算的基本构件。

运算符范围广泛，有简单的，也有非常复杂的，其中一些可能只在数学应用程序中使用。简单的操作包括所有的基本数学操作，例如 + 运算符是把两个操作数加在一起，而复杂的操作包括通过变量内容的二进制表示来处理它们。还有专门用于处理布尔值的逻辑运算符，以及赋值运算符，如 "=" 运算符。

运算符大致分为如下三类：

· 一元运算符，处理一个操作数
· 二元运算符，处理两个操作数
· 三元运算符，处理三个操作数

大多数运算符都是二元运算符，只有几个一元运算符和一个三元运算符，即条件运算符（条件运算符是一个逻辑运算符）。下面首先介绍数学运算符，它包括一元运算符和二元运算符。

（1）数学运算符

有 5 个简单的数学运算符，其中 2 个（+ 和 −）有二元和一元两种形式。表 2-5 列出了这些运算符，并用一个简短示例来说明它们的用法，以及使用简单的数值类型（整数和浮点数）时它们的结果。

表 2-5　简单的数学运算符

运算符	类别	示例表达式	结果
+	二元	var1 =var2+var3;	Var1 的值是 var2 与 var3 的和
–	二元	var1 =var2–var3;	Var1 的值是从 var2 减去 var3 所得的值
*	二元	var1 =var2*var3;	Var1 的值是 var2 与 var3 的乘积
/	二元	var1 =var2/var3;	Var1 的值是 var2 除以 var3 所得的值
%	二元	var1 =var2%var3;	Var1 的值是 var2 除以 var3 所得的余数
+	一元	var1 =+var2;	Var1 的值等于 var2 的值
–	一元	var1 =–var2;	Var1 的值等于 var2 的值乘以 –1

上面的示例都使用简单的数值类型，因为使用其他简单类型，结果可能不太清晰。例如，把两个布尔值加在一起，会得到什么结果？因此，如果对 bool 变量使用 +（或其他数学运算符），编译器会报错。char 变量的相加也会有点让人摸不着头脑。记住，char 变量实际上存储的是数字，所以把两个 char 变量加在一起也会得到一个数字（其类型为 int）。这是一个隐式转换示例，稍后将详细介绍这个主题和显式转换，因为它也可以应用到 var1、var2 和 var3 是混合类型的情况。

二元运算符"+"在用于字符串类型变量时也是有意义的。此时，它的作用如表 2-6 所示。

表 2-6　字符串连接运算符

运算符	类别	示例表达式	结果
+	二元	var1 =var2+var3;	var1 的值是存储在 var2 和 var3 中的两个字符串的连接值

但其他数学运算符不能用于处理字符串。

这里应介绍的另两个运算符是递增和递减运算符，它们都是一元运算符，可通过两种方式加以使用：放在操作数的前面或后面。简单表达式的结果如表 2-7 所示。

表 2-7　简单表达式的结果

运算符	类别	示例表达式	结果
++	一元	var1 =++var2;	var1 的值是 var2 + 1，var2 递增 1
––	一元	var1 =––var2;	var1 的值是 var2 – 1，var2 递减 1
++	一元	var1 =var2++;	var1 的值是 var2，var2 递增 1
––	一元	var1 =var2––;	var1 的值是 var2，var2 递减 1

这些运算符改变存储在操作数中的值。

- ＋＋总是使操作数加1
- －－总是使操作数减1

var1 中存储的结果有区别，其原因是运算符的位置决定了它什么时候发挥作用。把运算符放在操作数的前面，则操作数是在进行任何其他计算前受到运算符的影响；而如果把运算符放在操作数的后面，则操作数是在完成表达式的计算后受到运算符的影响。

（2）赋值运算符

我们迄今一直在使用简单的"＝"赋值运算符，其实还有其他赋值运算符，而且它们都很有用。除了"＝"运算符外，其他赋值运算符都以类似的方式工作。与"＝"一样，它们都是根据运算符和右边的操作数，把一个值赋给左边的变量。

表 2-8 列出了这些运算符及其说明。

表 2-8　赋值运算符

运算符	类别	示例表达式	结果
＝	二元	var1 =var2;	var1 被赋予 var2 的值
+=	二元	var1 +=var2;	var1 被赋予 var1 与 var2 的和
-=	二元	var1 -=var2;	var1 被赋予 var1 与 var2 的差
*=	二元	var1*=var2;	var1 被赋予 var1 与 var2 的乘积
/=	二元	var1/=var2;	var1 被赋予 var1 与 var2 相除所得的结果
%=	二元	var1%=var2;	var1 被赋予 var1 与 var2 相除所得的余数

可以看出，这些运算符把 var1 也包括在计算过程中，下面的代码：

var1 += var2;

与下面的代码结果相同。

var1= var1 + var2;

使用这些运算符，特别是在使用长变量名时，可使代码更便于阅读。

（3）运算符的优先级

在计算表达式时，会按顺序处理每个运算符。但这并不意味着必须从左至右地运用这些运算符。例如，考虑下面的代码：

var1 = var2 + var3;

其中"＋"运算符就是在"＝"运算符之前进行计算的。在其他一些情况下，运算符的优先级并没有这么明显，例如：

var1 = var2 + var3 * var4;

其中"*"运算符首先计算，其后是"+"运算符，最后是"="运算符，这是标准的数学运算顺序，其结果与我们在纸上进行算术运算的结果相同。

像这样的计算，可以使用括号控制运算符的优先级，例如：

var1 = (var2 + var3) * var4;

首先计算括号中的内容，即"+"运算符在"*"运算符之前计算。

对于前面介绍的运算符，其优先级如表 2-9 所示，优先级相同的运算符（如 * 和 /）按照从左至右的顺序计算。

表 2-9　运算符的优先级

优先级	运算符
优先级由高到低	++、--（用作前缀）、+、-（一元）
	*、/、%
	+、-
	=、*=、/=、%=、+=、-=
	++、--（用作后缀）

（4）名称空间

名称空间是 .NET 中提供应用程序代码容器的方式，这样就可以唯一地标识代码及其内容。名称空间也用作 .NET Framework 中给项分类的一种方式。大多数项都是类型定义，例如，本章描述的简单类型（System.Int32）。默认情况下，C# 代码也含在全局名称空间中。这意味着对于包含在这段代码中的项，全局名称空间中的其他代码只要通过名称进行引用，就可以访问它们。可使用 namespace 关键字为花括号中的代码块显式定义名称空间。如果在该名称空间代码的外部使用名称空间中的名称，就必须写出该名称空间中的限定名称。

限定名称包括它所有的分层信息。这意味着，如果一个名称空间中的代码需要使用在另一个名称空间中定义的名称，就必须包括对该名称空间的引用。限定名称在不同的名称空间级别之间使用句点字符（.），如下所示：

namespace Level One

{

// code in Level One namespace

// name "Name One" defined

}

// code in global namespace

这段代码定义了一个名称空间 Level One，以及该名称空间中的一个名称 Name One（注意这里在应该定义名称空间的地方添加了一个注释，而没有列出实际代码，这是为了使我们的讨论更具普遍性）。在名称空间 Level One 中编写的代码可以直接使用 Name One 来引用该名称，但全局名称空间中的代码必须使用限定名称 Level One.Name One 来引用这个名称。

需要注意特别重要的一点：using 语句本身不能访问另一个名称空间中的名称。除非名称空间中的代码以某种方式链接到项目上，或者代码是在该项目的源文件中定义的，或者是在链接到该项目的其他代码中定义的，否则就不能访问其中包含的名称。另外，如果包含名称空间的代码链接到项目上，那么无论是否使用 using，都可以访问其中包含的名称。using 语句便于我们访问这些名称，减少代码量，以及提高可读性。

2.2　流程控制

2.2.1　布尔逻辑

第 2.1 节介绍的 bool 类型可以有两个值：true 或 false。这种类型常用于记录某些操作的结果，以便操作这些结果。特别是，bool 类型可用于存储比较的结果。

考虑下述情形：要根据变量 myVal 是否小于 10 来确定是否执行代码。为此，需要确定语句"myVal 小于 10"的真假，即需要了解比较布尔结果。

布尔比较需要使用布尔比较运算符（也称为关系运算符），如表 2-10 所示。

表 2-10　布尔比较运算符

运算符	类别	示例表达式	结果
==	二元	var1 =var2==var3;	如果 var2 等于 var3, var1 的值就是 true，否则为 false
!=	二元	var1 =var2!=var3;	如果 var2 不等于 var3, var1 的值就是 true，否则为 false
<	二元	var1 =var2<var3;	如果 var2 小于 var3, var1 的值就是 true，否则为 false
>	二元	var1 =var2>var3;	如果 var2 大于 var3, var1 的值就是 true，否则为 false
<=	二元	var1 =var2<=var3;	如果 var2 小于等于 var3, var1 的值就是 true，否则为 false
>=	二元	var1 =var2>=var3;	如果 var2 大于等于 var3, var1 的值就是 true，否则为 false

在表 2-10 中，Var1 都是 bool 类型的变量，var2 和 var3 则可以是不同类型。在代码中，可以对数值使用这些运算符：

```
bool  isLessThan10;
isLessThan10 = myVal < 10;
```

如果 myVal 存储的值小于 10 ，这段代码就给 isLessThan10 赋予 true 值，否则赋予 false 值。也可以对其他类型使用这些比较运算符，例如字符串：

bool isBenjamin;

isBenjamin = myString =="Benjamin";

如果 myString 存储的字符串是 Benjamin, isBenjamin 的值就为 true。也可以对布尔值使用这些运算符：

bool isTrue;

isTrue = myBool == true;

但只能使用 "＝" 和 "！＝" 运算符。

"＆" 和 "｜" 运算符也有两个类似的运算符，称为条件布尔运算符（见表 2-11 ）。

表 2-11   条件布尔运算符

运算符	类别	示例表达式	结果
&&	二元	var1 =var2&&var3;	如果 var2 和 var3 都是 true , var1 的值就是 true，否则为 false（逻辑与）
‖	二元	var1 =var2‖var3;	如果 var2 或 var3 是 true（或两者都是），var1 的值就是 true，否则为 false（逻辑或）

这些运算符的结果与 "＆" 和 "｜" 完全相同，但得到结果的方式有一个重要区别：其性能比较好。两者都是检查第一个操作数的值（表 2-11 中的 var2），如果已经能判断结果，就根本不处理第二个操作数（表 2-11 中的 var3）。

如果 "&&" 运算符的第一个操作数是 false，就不需要考虑第二个操作数的值了，因为无论第二个操作数的值是什么，其结果都是 false。同样，如果第一个操作数是 true，"‖" 运算符就返回 true，不必考虑第二个操作数的值。

1.布尔按位运算符和赋值运算符

使用布尔赋值运算符可以把布尔比较与赋值组合起来，其方式与数学赋值运算符（+=、*= 等）相同。布尔赋值运算符如表 2-12 所示。当表达式使用赋值（ = ）和按位运算符（ &、｜、^ ）时，就使用所比较数值的二进制表示来计算结果，而不是使用整数、字符串或相似的值。

表 2-12   布尔赋值运算符

运算符	类别	示例表达式	结果
&=	二元	var1 &=var2;	Var1 的值是 var1 & var2 的结果

运算符	类别	示例表达式	结果
|=	二元	var1 |=var2;	Var1 的值是 var1 | var2 的结果
^ =	二元	var1 ^ =var2;	Var1 的值是 var1 ^ var2 的结果

2. 运算符优先级的更新

现在要考虑更多的运算符，所以应更新 2.1 节中的运算符优先级表，把它们包括在内，如表 2-13 所示。

表 2-13　运算符优先级（更新后）

优先级	运算符
优先级由高到低	++, --（用作前缀）; (), +, -（一元), !, ~ *, /, % +, /, % +, - «, » <, >, <=, >= =, != & ∧ | && || =, *=, /=, %=, +=, -=, «=, »=, &=, ∧ =, |=
	++, --（用作后缀）

该表增加了好几个级别，但它明确定义了下述表达式该如何计算：

var1 = var2 <= 4 && var2 >= 2;

其中 "&&" 运算符在和运算符之后执行（在这行代码中，var2 是一个 int 值）。

这里要注意的是，添加括号可以使这样的表达式看起来更清晰。编译器知道用什么顺序执行运算符，但人们常会忘记这个顺序（有时可能想改变这个顺序）。上述表达式也可以写为：

var1= (var2 <= 4) && (var2 >= 2);

通过明确指定计算的顺序就解决了这个问题。

2.2.2　分支

分支是控制下一步要执行哪行代码的过程。要跳转到的代码行由某个条件语句来控制。

这个条件语句使用布尔逻辑，对测试值和一个或多个可能的值进行比较。C# 中包括三种分支技术：三元运算符；if 语句；switch 语句。

（1）三元运算符

最简单的比较方式是使用第 3 章介绍的三元（或条件）运算符。一元运算符有一个操作数，二元运算符有两个操作数，所以三元运算符有 3 个操作数。其语法如下：

<test> ? <resultIfTrue>: <resultIfFalse>

其中，计算 <test> 可得到一个布尔值，运算符的结果根据这个值来确定是 <resultIftrue> 还是 <resultlfFalse>；

使用三元运算符可以测试 int 变量 myInteger 的值：

string resultString = (myinteger < 10) ?"Less than 10"

: "Greater than or equal to 10";

三元运算符的结果是两个字符串中的一个，这两个字符串都可能赋给 resultString。把哪个字符串赋给 resultString，取决于 myInteger 的值与 10 的比较结果。如果 mylnteger 的值小于 10，就把第一个字符串赋给 resultString；如果 myInteger 的值大于或等于 10，就把第二个字符串赋给 resultString。例如，如果 mylnteger 的值是 4，则 resultString 的值就是字符串 "Less than 10"。

（2）if 语句

if 语句的功能比较多，是有效的决策方式。与 Swith 语句不同的是，if 语句没有结果（所以不在赋值语句中使用它），使用该语句是为了根据条件执行其他语句。

if 语句最简单的语法如下：

if (<test>)

{

<code executed if <test> is true>;

}

先执行 <test>（其计算结果必须是一个布尔值，这样代码才能编译），如果 <test> 的计算结果是 true。

就执行该语句之后的代码。这段代码执行完毕后，或者因为 <test> 的计算结果是 false，而没有执行这段代码，将继续执行后面的代码行。

也可将 else 语句和 if 语句合并使用，指定其他代码。如果 <test> 的计算结果是 false，就执行 else 语句：

if (<test>)

<code executed if <test> is true>;

else

<code executed if <test> is false> ;

可使用成对的花括号将这两段代码放在多个代码行上：

```
if (<test>)
{
<code executed if <test> is true>;
}
else
<code executed if <test> is false>;
```

例如，重新编写上一节使用三元运算符的代码：

```
string resultString = (mylnteger < 10) ?"Less than 10"
                                        :"Greater than or equal to 1.";
```

因为 if 语句的结果不能赋给一个变量，所以要单独将值赋给变量：

```
string  resultString;
if (mylnteger < 10)
    resultString ="Less  than  10";
else
resultString = "Greater than or equal to 10.";
```

这样的代码尽管比较冗余，但与三元运算符相比，更便于阅读和理解，也更加灵活。

（3）switch 语句

switch 语句非常类似于 if 语句，因为它也是根据测试的值来有条件地执行代码。但是，switch 语句可以一次将测试变量与多个值进行比较，而不是仅测试一个条件。这种测试仅限于离散的值，而不是像"大于 X"这样的子句，所以它的用法有点不同，但它仍是一种强大的技术。

switch 语句的基本结构如下：

```
switch (<testVar>)
{
    case <comparisonVall>:
      <code to execute if <testVar> = <comparisonVall>
      break;
    case <comparisonVal2> :
    <code to execute if <testVar> = <comparisonVal2>
    break;
……
case <comparisonValN>:
  <code to execute if <testVar> == <comparisonValN>
  break;
default:
```

```
    <code to execute if <testVar> != comparisonVals>
    break;
}
```

<test Var> 中的值与每个 <comparison ValX> 值（在 case 语句中指定）进行比较，如果有一个匹配，就执行为该匹配提供的语句。如果没有匹配，但有 default 语句，就执行 default 部分的代码。执行完每个部分的代码后，还需要有另一个语句 break。在执行完一个 case 块后，再执行第二个 case 语句是非法的。

这里的 break 语句将中断 switch 语句的执行，而执行该结构后面的语句。在 C# 代码中，还有其他方法可以防止程序流程从一个 case 语句转到下一个 case 语句。可以使用 return 语句，中断当前函数的运行，而不是仅中断 switch 结构的执行。也可以使用 goto 语句，因为 case 语句实际上是在 C# 代码中定义的标签。

2.3 变量的更多内容

2.3.1 类型转换

本书前面说过，无论是什么类型，所有数据都是一系列的位，即一系列 0 和 1。变量的含义是通过解释这些数据的方式来确定的。最简单的示例是 char 类型，这种类型用一个数字表示 Unicode 字符集中的一个字符。实际上，这个数字与 ushort 的存储方式完全相同，它们都存储 0 和 65 535 之间的数字。

但一般情况下，不同类型的变量使用不同的模式来表示数据。这意味着，即使可以把一系列的位从一种类型的变量移动到另一种类型的变量中（也许它们占用的存储空间相同，也许目标类型有足够的存储空间包含所有的源数据位），结果也可能与期望的不同。

因此，需要对数据进行类型转换，而不是将数据位从一个变量一对一映射到另一个变量。类型转换采用以下两种形式：

• 隐式转换：从类型 A 到类型 B 的转换可在所有情况下进行，执行转换的规则非常简单，可以让编译器执行转换。

• 显式转换：从类型 A 到类型 B 的转换只能在某些情况下进行，转换规则比较复杂，应进行某种类型的额外处理。

1. 隐式转换

隐式转换不需要做任何工作，也不需要另外编写代码。考虑下面的代码：

var1 = var2 ;

如果 var2 的类型可以隐式地转换为 var1 的类型，那么这条赋值语句就涉及隐式转换。这两个变量的类型也可能相同，此时就不需要隐式转换。例如，ushort 和 char 的值是可以互换的，因为它们都可以存储 0 和 65 535 之间的数字，在这两种类型之间可以进行隐式转换，如下面的代码所示：

ushort destinationVar;

char sourceVar = ' a ';

destinationVar = sourceVar;

WriteLine ($"sourceVar val : {sourceVar } ") ;

WriteLine($ "destinationVar val: (destinationVar)");

这里存储在 sourceVar 中的值放在 destinationVar 中。在用两个 WriteLine() 命令输出变量时，得到如下结果：

sourceVar val : a

destinationVar val: 97

即使两个变量存储的信息相同，使用不同的类型解释它们时，方式也是不同的。

简单类型有许多隐式转换：bool 和 string 没有隐式转换，但数值类型有一些隐式转换。表 2-14 列出了编译器可以隐式执行的数值转换。

表 2-14　隐式数值转换

类型	可以安全地转换为
byte	short，ushort，int，uint，long，ulong，float，double，decimal
sbyte	short，int，long，float，double，decimal
short	int，long，float，double，decimal
ushort	int，uint，long，ulong，float，double，decimal
int	long，float，double，decimal
uint	long，ulong，float，double，decimal
long	float，double，decimal
ulong	float，double，decimal
float	double
char	ushort，int，uint，long，ulong，float，double，decimal

2. 显式转换

顾名思义，在明确要求编译器把数值从一种数据类型转换为另一种数据类型时，就是在执行显式转换。因此，这需要另外编写代码，代码的格式因转换方法而异。在学习显式转换代码前，首先分析如果不添加任何显式转换代码，会发生什么情况。

例如，下面对上一节的代码进行修改，试着把 short 值转换为 byte 类型：

```
byte destinationVar;
short sourceVar = 7;
destinationVar = sourceVar;
WriteLine ($"sourceVar val : {sourceVar)"};
WriteLine（$"destinationVar val: (destinationVar }");
```

如果编译这段代码，就会产生如下错误：

Cannot implicitly convert type 'short' to 'byte'. An explicit conversion exists (are you missing a cast?)

为成功编译这段代码，需要添加代码，进行显式转换。最简单的方式是把 short 变量强制转换为 byte 类型（由上述错误字符串提出）。强制转换就是强迫数据从一种类型转换为另一种类型，其语法比较简单：

(<destinationType>) <sourceVar>

这将把 <sourceVar> 中的值转换为 <destinationType〉类型。

因此可以使用这个语法修改示例，把 short 变量强制转换为 byte 类型：

```
byte destinationVar;
short sourceVar = 7 ;
destinationVar = (byte) sourceVar;
WriteLine(S" sourceVar val : {sourceVar }") ;
WriteLine($ "destinationVar val : {destinationVar }");
```

得到如下结果：

```
sourceVar val : 7
destinationVar val: 7
```

在试图把一个值转换为不兼容的变量类型时，会发生什么呢？以整数为例，不能把一个大整数放到一个太小的数值类型中。按如下所示修改代码就能证明这一点：

```
byte destinatioVar;
short sourceVar = 281 ;
destinationVar = (byte)sourceVar ;
WriteLine ($"sourceVar val: {sourceVar) " );
WriteLine($"destinationVar val: (destinationVar }");
```

结果如下：

```
sourceVar val: 281
destinationVar val: 25
```

发生了什么？看着这两个数字的二进制表示，以及可以存储在 byte 中的最大值 255：

281 = 100011001

25 = 000011001

255 = 011111111

可以看出，源数据的最左边一位丢失了。这会引发一个问题：如何确定数据是何时丢失的？显然，当需要显式地把一种数据类型转换为另一种数据类型时，最好能够了解是否有数据丢失了。如果不知道这些，就会发生严重问题。例如，财务应用手里字或确定火箭飞往月球的轨道的应用程序。一种方式是检查源变量的值，将它与同标变量的取值范围进行比较。还有另一个技术，就是迫使系统特别注意运行期间的转换。在将一个值放在一个变量中时，如果该值过大，不能放在该类型的变量中，就会导致溢出，这就需要检查。

对于为表达式设置所谓的溢出检查上下文，需要用到两个关键字—— checked 和 unchecked 。按下述方式使用这两个关键字：

checked (<expression>)

unchecked(<expression>)

下面对上一个示例进行溢出检查：

byte destinationVar;

short sourceVar = 281 ;

destinationVar = checked((byte) sourceVar) ;

WriteLine ($"sourceVar val: {sourceVar } ") ;

WriteLine ($ "destinationVar val: {destinationVar} ") ;

执行这段代码时，程序会崩溃，并显示错误信息。

但在这段代码中，如果用 unchecked 替代 checked ，就会得到与以前相同的结果，不会出现错误。这与前面的默认做法是一样的。

也可以配置应用程序，让这种类型的表达式都和包含 checked 关键字一样，除非表达式明确使用 unchecked 关键字（换言之，可以改变溢出检查的默认设置）。为此，应修改项目的属性：右击 SolutionExplorer 窗口中的项目，选择 Properties 选项。单击窗口左边的 Build ，打开 Build 设置。

要修改的属性是一个 Advanced 设置，所以单击 Advanced 按钮。在打开的对话框中，选中 Check for arithmetic overflow/underflow 选项。默认情况下禁用这个设置、激活它可以提供上述 checked 行为。

3. 使用 Convert 命令进行显式转换

前面使用 ToDouble() 等命令把字符串值转换为数值，显然，这种方式并不适用于所有字符串。例如，如果使用 ToDouble() 把 Number 字符串转换为 double 值，在执行代码时，会导致执行失败。为成功执行此类转换，所提供的字符串必须是数值的有效表达方式，该数还必须是不会溢出的数。数值的有效表达方式是：首先是一个可选符号（加号或减号），然后是 0 位或多位数字，一个可选的句点后跟一位或多位数字，接着是一个可选的 e 或 E，后跟一个可选符号和一位或多位数字，除了还可能有空格（在这个序列之前或之后），不能有其他字符。利用这些可选的额外数据，可将 –1.2451e – 24 这样复杂的字符串识别为数值。

对于这些转换要注意的一个问题是，它们总是要进行溢出检查，checked 和 unchecked 关键字以及项目属性设置不起作用。

2.3.2 复杂的变量类型

除了这些简单的变量类型外，C# 还提供了 3 个较复杂（但非常有用）的变量：枚举、结构和数组。

（1）枚举

每种类型（除 string 外）都有明确的取值范围。诚然，有些类型（如 double）的取值范围非常大，可以看成是连续的，但它们仍是一个固定集合。最简单的示例是 bool 类型，它只能取两个值：true 或 false，有时希望变量取的是一个固定集合中的值。例如，让 orientation 类型可以存储 north、south、east 或 west 中的一个值。

此时可以使用枚举类型。枚举可以完成这个 orientation 类型的任务：它们允许定义一个类型，其取值范围是用户提供的值的有限集合。所以，需要创建自己的枚举类型 orientation，它可以从上述四个值中取一个值。

注意有一个附加步骤——不是仅声明一个给定类型的变量，而是声明和描述一个用户定义的类型，再声明这个新类型的变量。

可以用 enum 关键字定义枚举，如下所示：

```
enum <typeName>
{
    <value1>,
    <value2>,
    <value3>,
    ……
    <valueN>
}
```

接着声明这个新类型的变量：

```
<typeName> <varName>;
```

并赋值：

```
<varName> = <typeName>.<value>;
```

枚举使用一个基本类型来存储。枚举类型可取的每个值都存储为该基本类型的一个值，默认情况下该类型为 int。在枚举声明中添加类型，就可以指定其他基本类型：

```
enum <typeName> : <underlyingType>
{
    <valuel>,
```

```
        <value2>,
        <value3>,
        ……
        <valueN>
}
```

枚举的基本类型可以是 byte 、sbyte、short、ushort、int、uint、long 和 ulong 。默认情况下，每个值都会根据定义的顺序（从 0 开始），被自动赋予对应的基本类型值。这意味着 <value / > 的值是 0, <valuel> 的值是 1, <value3> 的值是 2，等等。可以重写这个赋值过程：使用"="运算符，指定每个枚举的实际值：

```
enum <typeName> : <underlyingType>
{
        <value1> = <actualVal1>,
        <value2> = <actualVal2>,
        <value3> = <actualVal3>,
        ……
        <valueN> = <actualValN>
}
```

还可以使用一个值作为另一个枚举的基础值，为多个枚举指定相同的值：

```
enum <typeName> : <underlyingType>
{
        <valuel> = <actualVall>,
        <value2> = <valuel>,
        <value3> ,
        ……
        <valueN> = <actualValN>
}
```

未赋值的任何值都会自动获得一个初始值，这里使用的值是从比上一个明确声明的值大 1 开始的序列。例如，在上面的代码中，<value3> 的值是 <valuel>+1 。

注意这可能会产生预料不到的问题，在一个定义（如 <valuel> = <actualvall >）后指定的值可能与其他值相同。例如，在下面的代码中，<value1> 的值与 <value2> 的值相同：

```
enum <typeName> : <underlyingType>
{
<valuel> = <actualVall>,
<value2>,
<value3> = <valuel>,
```

<value4>,

……

<valueN> = <actualValN>

当然，如果这正是希望的结果，代码就是正确的。还要注意，以循环方式赋值可能会产生错误，例如：

enum <typeName> : <underlyingType>

{

    <value1> = <value2>,

    <value2> = <value1>

}

（2）结构

下一个要介绍的变量类型是结构 struct（structure 的简写）。结构就是由几个数据组成的数据结构，这些数据可能具有不同的类型。根据这个结构，可以定义自己的变量类型。例如，假定要存储从起点开始到某一位置的路径，路径由方向和距离值（英里）组成。为简单起见，假定该方向是指南针上的一点（这样，方向就可以用上一节的 orientation 枚举来表示），距离值可以用 double 类型来表示。

通过前面的代码，可用两个不同的变量来表示路径：

orientation myDirection;

double   myDistance;

像这样使用两个变量，是没有错误的，但在一个地方存储这些信息更加简单（在需要多个路径时，就尤为简单）。

使用 struct 关键字定义结构，如下所示：

struct <typeName>

{

  <memberDeclarations>

}

<memberDeclarations> 部分包含变量的声明（称为结构的数据成员），其格式与前面的变量声明一样。每个成员的声明都采用如下形式：

<accessibility> <type> <name>;

要让调用结构的代码访问该结构的数据成员，可以对 <accessibility> 使用关键字 public，例如：

struct route

{

  public orientation   direction;

  public double   distance;

```
}
```

定义结构类型后，就可以定义该结构类型的变量：

```
route myRoute;
```

还可以通过句点字符访问这个组合变量中的数据成员：

```
myRoute.direction = orientation.north;
```

```
myRoute.distance = 2.5;
```

（3）数组

前面的所有类型有一个共同点：它们都只存储一个值（结构中存储一组值）。有时，需要存储许多数据，这样就会带来不便。有时需要同时存储几个类型相同的值，而不想为每个值使用不同的变量。

例如，假定要对所有朋友的姓名执行一些操作。可以使用简单的字符串变量，如下所示：

```
string  friend.Name1 ="Todd Anthony" ;
```

```
string  friend.Name2 ="Kevin Holton" ;
```

```
string  friend.Name3 ="Shane Laigle" ;
```

但这看起来需要做很多工作，特别是需要编写不同的代码来处理每个变量。例如，不能在循环中迭代这个字符串列表。

另一种方式是使用数组。数组是一个变量的索引列表，存储在数组类型的变量中。例如，有一个数组 friend.Names 存储上述三个名字。在方括号中指定索引，即可访问该数组中的各个成员，如下所示：

```
friend.Names [<index>]
```

这个索引是一个整数，第一个条目的索引是 0，第二个条目的索引是 1 ，依此类推。这样就可以使用循环遍历所有条目，例如：

```
int i;
for ( i = 0; i < 3; i ++)
{
    WriteLine($"Name with index of {i}: (friendNames[i] ) ");
}
```

数组有一个基本类型，数组中的各个条目都是这种类型。合 friend、Names 数组的基本类型是字符串，因为它要存储 string 变量。数组的条目通常称为元素。

2.3.3　字符串的处理

到目前为止，对字符串的使用还仅限于把字符串写到控制台，从控制台读取字符串，以及使用运算符连接字符串

首先要注意，string 类型的变量可以看成 char 变量的只读数组。这样，就可以使用下面

的语法访问每个字符：

string myString ="A string";

char myChar = myString[1];

但不能采用这种方式为各个字符赋值。为获得一个可写的 char 数组，可以使用下面的代码，其中使用了数组变量的 ToCharArray() 命令：

string myString ="A string";

char[] myChars .= myString.ToCharArray();

接着就可以采用标准方式处理 char 数组了。也可在 foreach 循环中使用字符串，例如：

foreach (char character in myString)

{

       WriteLine ($" {character }") ;

}

与数组一样，还可以使用 myString.Length 获取元素个数，这将给出字符串中的字符数，例如：

string myString = ReadLine () ;

WriteLine ($ " You typed {myString.Length} characters .") ;

其他基本字符串处理技巧采用与这个 <string>.ToCharArray() 命令类似的格式使用命令。两个简单却有效的命令是 <string>.ToLower() 和 l <string>.ToUpper()。它们可以分别把字符串转换为小写或大写形式。为理解它们的重要作用，可以考虑下面的情形：要检查用户的某个响应，例如字符串 yes。

如果可以把用户输入的字符串转换为小写形式，就也能检查字符串 YES 、Yes 、yeS 等。

2.4　函数

2.4.1　定义和使用函数

函数定义由以下几部分组成：

• 两个关键字：static 和 void。

• 函数名后跟圆括号，如 Write()。

• 一个要执行的代码块，放在花括号中。

定义 Write() 函数的代码非常类似于应用程序中的其他代码：

static void Main (string [] args)

{

  …

```
}
```

这是因为，到目前为止我们编写的所有代码（类型定义除外）都是函数的一部分。函数Main()是控制台应用程序的入口点函数。当执行 C# 应用程序时，就会调用它包含的入口点函数，这个函数执行完毕后，应用程序就终止了。所有 C# 可执行代码都必须有一个入口点。

Main() 函数和 Write() 函数的唯一区别（除了它们包含的代码）是函数名 Main 后面的圆括号中还有一些代码，这是指定参数的方式。

如上所述，Main() 函数和 Write() 函数都是使用关键字 static 和 void 定义的。关键字 static 与面向对象的概念相关，void 更容易解释，这个关键字表明函数没有返回值。

调用函数的代码如下所示：

```
Write();
```

键入函数名，后跟空括号即可。当程序执行到这行代码时，就会运行 Write() 函数中的代码。

（1）返回值

通过函数进行数据交换的最简单方式是利用返回值。有返回值的函数会最终计算得到这个值，就像在表达式中使用变量时，会计算得到变量包含的值一样。与变量一样，返回值也有数据类型。

当函数返回一个值时，可以采用以下两种方式修改函数：

• 在函数声明中指定返回值的类型，但不使用关键字 void。

• 使用 return 关键字结束函数的执行，把返回值传送给调用代码。

从代码角度看，对于我们讨论的控制台应用程序函数，其使用返回值的形式如下所示：

```
static <return Type> <FunctionName> ()
{
    ......
    return <returnValue>;
}
```

这里唯一的限制是 <returnValue> 必须是 <returnType> 类型的值，或者可以隐式转换为该类型。但是，<returnType> 可以是任何类型，包括前面介绍的较复杂类型。这段代码可以很简单：

```
static double GetVa1()
{
return 3.2;
}
```

但是，返回值通常是函数执行的一些处理的结果。上面的结果使用 const 变量也可以简单地实现。当执行到 return 语句时，程序会立即返回调用代码。这条语句后面的代码都不会执行。但这并不意味着 return 语句只能放在函数体的最后一行。可以在前边的代码里使用

return，语句放在分支逻辑之后。把 return 语句放在 for 循环、if 块或其他结构中会使该结构立即终止，函数也立即终止。

（2）参数

当函数接受参数时，必须指定以下内容：

· 函数在其定义中指定接受的参数列表，以及这些参数的类型。

· 在每个函数调用中提供匹配的实参列表。

示例代码如下所示，其中可以有任意数量的参数，每个参数都有类型和名称：

static <returnType> <FunctionName> (<paramType> <paramName>, ...)

{

　……

　return <returnValue>;

}

参数之间用逗号隔开。每个参数都在函数的代码中用作一个变量。例如，下面是一个简单的函数，带有两个 double 参数，并返回它们的乘积：

static double Product(double paraml, double param2) =>param1 * param2;

① 参数匹配

在调用函数时，必须使提供的参数与函数定义中指定的参数完全匹配，这意味着要匹配参数的类型、个数和顺序。例如，下面的函数：

static void MyFunction(string myString, double myDouble)

{

　……

}

不能使用下面的代码调用：

MyFunction(2.6,"Hello");

这里试图把一个 double 值作为第一个参数传递，把 string 值作为第二个参数传递，参数顺序与函数声明中定义的顺序不匹配。这段代码不能编译，因为参数类型是错误的。

② 参数数组

C# 允许为函数指定一个（只能指定一个）特殊参数，这个参数必须是函数定义中的最后一个参数，称为参数数组。参数数组允许使用个数不定的参数调用函数，可使用 params 关键字定义它们。

参数数组可以简化代码，因为在调用代码中不必传递数组，而是传递同类型的几个参数，这些参数会放在函数中使用的一个数组中。

定义使用参数数组的函数时，需要使用下列代码：

static <returnType> <FunctionName> (<p1Type> <p1Name>,…,

　　　　　　　　　params <type>[ ] <name>)

```
{
    …
    return <returnValue>;
}
```

使用下面的代码可以调用该函数：

`<FunctionName> (<pl>, ... , <val1> , <val2> , ... )`

其中 <val1> 和 <val2> 等都是 <type> 类型的值，用于初始化 <name> 数组。可以指定的参数个数几乎不受限制，但它们都必须是 <type> 类型，甚至根本不必指定参数。

③ 引用参数和值参数

其含义是：在使用参数时，是把一个值传递给函数使用的一个变量。在函数中对此变量的任何修改都不影响函数调用中指定的参数。例如，下面的函数使传递过来的参数值加倍，并显示出来：

```
static void ShowDouble(int val)
{
    val *= 2 ;
    WriteLine ($"val doubled = {0}", val) ;
}
```

参数 val 在这个函数中被加倍，如果按以下方式调用它：

```
int myNumber = 5;
WriteLine ($"myNumber = {myNumber}" ) ;
ShowDouble(myNumber);
WriteLine ($"myNumber = {myNumber }");
```

输出到控制台的文本如下所示：

```
myNumber = 5
val doubled = 10
myNumber = 5
```

把 myNumber 作为一个参数，调用 ShowDouble() 并不影响 Main() 中 myNumber 的值，即使把 myNumber 赋值给 val 后将 val 加倍，myNumber 的值也不变。

若要改变 myNumber 的值，就会有问题。可以使用一个为 myNumber 返回新值的函数：

```
static int DoubleNum (int val)
{
    val *= 2;
    return val;
}
```

并使用下面的代码调用它：

```
int myNumber = 5;
WriteLine（$"myNumber = { myNumber} "）；
myNumber = DoubleNum(myNumber)；
WriteLine ($"myNumber = (myNumber)");
```

但这段代码不够直观，且不能改变用作参数的多个变量值（因为函数只有一个返回值）。

此时可以通过"引用"传递参数。即函数处理的变量与函数调用中使用的变量相同，而不仅仅是值相同的变量。因此，对这个变量进行的任何改变都会影响用作参数的变量值。为此，只需使用 ref 关键字指定参数：

```
static void ShowDouble(ref int val)
{
val *= 2;
WriteLine（$"val doubled = {val}"）；
```

在函数调用中再次指定它（这是必需的）：

```
int myNumber = 5;
WriteLine（$"myNumber = {myNumber }"，）；
ShowDouble(ref myNumber);
WriteLine ($ " myNumber = {myNumber }"），
```

输出到控制台的文本如下所示：

```
myNumber = 5
val doubled = 10
myNumber = 10
```

用作 ref 参数的变量有两个限制。首先，函数可能会改变引用参数的值，所以必须在函数调用中使用"非常量"变量。所以，下面的代码是非法的：

```
const int myNumber = 5 ;
WriteLine ($"myNumber = {myNumber}");
ShowDouble (ref myNumber);
WriteLine{$"myNumber = {myNumber}") ;
```

其次，必须使用初始化过的变量。C# 不允许假定 ref 参数在使用它的函数中初始化，下面的代码也是非法的：

```
int myNumber ;
ShowDouble(ref myNumber);
WriteLine( "myNumber = {myNumber } " )；
```

④ 输出参数

除了按引用传递值外，还可以使用 out 关键字，指定所给的参数是一个输出参数。out 关键字的使用方式与 ref 关键字相同（在函数定义和函数调用中用作参数的修饰符）。实际上，它的执行方式与引用参数几乎完全一样，因为在函数执行完毕后，该参数的值将返回给函数调用中使用的变量。但是，二者存在一些重要区别：

- 把未赋值的变量用作 ref 参数是非法的，但可以把未赋值的变量用作 out 参数。
- 另外，在函数使用 out 参数时，必须把它看成尚未赋值。

即调用代码可以把已赋值的变量用作 out 参数，但可以在该变量中的值会在函数执行时丢失。

例如，考虑前面返回数组中最大值的 MaxValue() 函数，略微修改该函数，获取数组中最大值的元素索引。为简单起见，如果数组中有多个元素的值都是这个最大值，只提取第一个最大值的索引。为此，修改函数，添加一个 out 参数，如下所示：

```
static int MaxValue(int[] intArray , out int maxIndex)
{
  int maxVal = intArray[0];
  maxIndex = 0;
  for (int i = 1; i < intArray.Length; i++)
  {
    if (intArray[i] > maxVal)
    {
      maxVal = intArray[i];
      maxIndex = i;
    }
  }
  return maxVa1;
}
```

可采用以下方式使用该函数：

```
int[] myArray = { 1, 8, 3, 6, 2, 5, 9, 3, 0, 2 };
int maxIndex;
WriteLine ($"The maximum value in myArray is
        {MaxValue(myArray, out maxlndex)}"};
WriteLine ($"The first occurrence of this value is at element
        {maxrndex + 1}");
```

结果如下：

The maximum value in myArray is 9

The first occurrence of this value is at element 7

注意，必须在函数调用中使用 out 关键字，就像 ref 关键字一样。

2.4.2　变量的作用域

变量的作用域是一个重要主题，最好用一个示例加以说明。下面的示例将演示在一个作用域中定义变量，但试图在另一个作用域中使用该变量的情形。

① 对 Program.cs 进行如下修改：

```
class Program
{
    static void Write()
    {
        WriteLine ($ "myString = {myString } " ) ;
    }
    static void Main(string[] args)
    {
        string myString ="String defined in Main ()" ;
        Write();
        ReadKey () ;
    }
}
```

② 编译代码，注意显示在任务列表中的错误和警告：

The name " myString "does not exist in the current context

The variable " myString " is assigned but its value is never used

上例中存在错误。不能在 Write() 函数中访问在应用程序主体。在 [Main() 函数] 中定义的变量 myString。

原因在于变量是有作用域的，在相应作用域中，变量才是有效的。这个作用域包括定义变量的代码块和直接嵌套在其中的代码块。函数中的代码块与调用它们的代码块是不同的。在 Write() 中，没有定义 myString，在 Main() 中定义的 myString 则超出了作用域——它只能在 Main() 中使用。

实际上，在 Write() 中可以布一个完全独立的变量 myString。修改代码，如下所示：

```
class Program
{
    static void Write()
    {
        string myString ="String defined in Write() " ;
        WriteLine ("Now in Write {}") ;
        WriteLine ($"myString ={myString}");
```

```
    }

    static void Main (string[] args)
    {
    string myString = "String defined in Main ()" ;
    Write{);
    WriteLine("\nNow in Main () " ) ;
    WriteLine ($"myString = {myString}") ;
    ReadKey ();
    }
}
```

这段代码就可以编译，其执行的操作如下：

• Main() 定义和初始化字符串变量 myString。

• Main() 把控制权传送给 Write()。

• Write() 定义和初始化字符串变量 myString，它与 Main() 中定义的 myString 变量完全不同。

• Write() 把一个字符串输出到控制台，该字符串包含在 Write() 中定义的 myString 的值。

• Write() 把控制权传送回 Main()。

• Main() 把一个字符串输出到控制台，该字符串包含在 Main() 中定义的 myString 的值。

其作用域以这种方式覆盖一个函数的变量称为局部变量。还有一种全局变量，其作用域可覆盖多个函数。修改代码，如下所示：

```
class Program
{
    static string myString;
    static void Write()
    {
    string myString ="String defined in Write ()" ;
    WriteLine ( "in Nowin Write ()"};
    WriteLine ($"Local myString = {myString}") ,
    WriteLine ($"Global myString = {Program.myString}") ;
    }
    static void Main (string [] args)
    {
    string myString = "String defined in Main ()" ;
    Program.myString = " Global string";
```

```
            Write();
            WriteLine (" \ nNow in Main ()") ;
            WriteLine ($"Local myString = {myString}") ;
            WriteLine ($"Global myString = {Program.myString}") ;
            ReadKey ();
        }
    }
```

这里添加了另一个变量 myString，这次进一步加深了代码中的名称层次。这个变量定义如下：

static string myString;

注意，这里也需要 static 关键字。在此类控制台应用程序中，必须使用 static 或 const 关键字来定义这种形式的全局变量。如果要修改全局变量的值，就需要使用 static，因为 const 禁止修改变量的值。

为区分这个变量和 Main() 与 Write() 中的同名局部变量，必须用一个完整限定的名称为变量名分类。这里把全局变量称为 Program.myString。注意，只有在全局变量和局部变量同名时，才需要这么做。如果没有局部 myString 变量，就可以使用 myString 表示全局变量，而不需要使用 Program. myString。如果局部变量和全局变量同名，会屏蔽全局变量。

全局变量的值在 Main() 中设置如下：

Program.myString = " Global s tring";

全局变量在 Write() 中可以通过如下语句访问：

WriteLine（$"Global myString ={Program.myString}");

为什么不能使用这个技术通过函数交换数据，而要使用前面介绍的参数来交换数据？有时，这确实是一种交换数据的首选方式，例如编写一个对象，用作插件，或者在较大项目中使用短脚本。但许多情况下不应使用这种方式。使用全局变量的最常见问题与并发性的管理相关。例如，可以编写一个全局变量来读取两个类的众多方法或读取不同的线程。如果大量的线程和方法可以写入全局变量，能确定全局变量中的值是有效数据吗？没有额外的同步代码，就不能确定。此外，全局变量的真正意图可能被遗忘，以后因为其他原因再次使用它。因此，是否使用全局变量取决于函数的用途。

使用全局变量的问题在于，它们通常不适合于"常规用途"的函数——这些函数能处理我们所提供的任意数据，而不仅限于处理特定全局变量中的数据。

1.其他结构中变量的作用域

上一节的一个要点不是只与函数之间的变量作用域有关：变量的作用域包含定义它们的代码块和直接嵌套在其中的代码块。这一点也适用于其他代码块，例如分支和循环结构的代码块。考虑下面的代码：

int i;

```
for (i = 0; i < 10; i++)
{
    string text ="Line "+ Convert.ToString(i);
    WriteLine ($"{ text }") ;
}
WriteLine($"Last text output in loop : {text }");
```

字符串变量 text 是 for 循环的局部变量，这段代码不能编译，因为在该循环外部调用的 WriteLine() 试图使用该字符串变量，但是在循环外部该字符串变量会超出作用域。修改代码，如下所示：

```
int i;
string text ;
for (i = 0 ; i < 10 ; i++)
{
    text = " Line "+ Convert .ToString(i);
    WriteLine ($"{ text }") ;
}
WriteLine ($"Last text output in loop: {text } " ) ;
```

这段代码也会失败，原因是必须在使用变量前对其进行声明和初始化，但 text 只在 for 循环中初始化。由于没有在循环外进行初始化，赋给 text 的值在循环块退出时就丢失了。但可以进行如下修改：

```
int i;
string text = "" ;
for (i = 0; i < 10; i++)
{
text ="Line "+ Convert . ToString(i);
WriteLine ($"{ text } ");
}
WriteLine ($ " Last text output in loop: {text }");
```

这次 text 是在循环外部初始化的，可以访问它的值。

在循环中最后赋给 text 的值可以在循环外部访问。可以看出，这个主题的内容需要花一点时间来掌握。在前面的示例中，循环之前将空字符串赋给 text，而在循环之后的代码中，text 就不会是空字符串了，其原因可能一下子看不出来。

这种情况的解释涉及分配给 text 变量的内存空间，实际上任何变量都是这样。只声明一个简单变量类型，并不会引起其他变化。只有在给变量赋值后，这个值才会被分配一块内存空间。如果这种分配内存空间的行为在循环中发生，该值实际上定义为一个局部值，在循环外部会超出其作用域。即使变量本身未局部化到循环上，其包含的值却会局部化到该循环上。但在循环外部赋值可以确保该值是主体代码的局部值，在循环内部它仍处于其作用域中。这意味着变量在退出主体代码块之前是没有超出作用域的，所以可在循环外部访问它的值。

2.参数和返回值与全局数据

本节将详细介绍如何通过全局数据以及参数和返回值与函数交换数据。首先分析下面的代码：

```
class Program
{
  static void ShowDouble (ref int val)
  {
    val *= 2;
    WriteLine ($"val doubled = {val}");
  }
  static void Main(string[] args)
  {
    int val = 5 ;
    WriteLine ($"val = {val }") ;
    ShowDouble(ref val) ;
    WriteLine ($"val = {val}");
  }
}
```

和下面的代码比较：

```
class Program
{
  static int val;
  static void ShowDouble ()
  {
    val *= 2 ;
    WriteLine ($"val doubled = {val}") ;
  }
  static void Main(string[] args)
  {
    val = 5;
    WriteLine ($"val = {val} ") ;
```

```
    ShowDouble();
    WriteLine ($"va1= {val}") ;
    }
}
```

这两个 SbowDouble() 函数的结果是相同的。

使用哪种方法并没有什么硬性规定，这两种方法都十分有效，但需要考虑一些规则。

首先，在第一次讨论这个问题时就提到过，使用全局值的 ShowDouble() 版本只使用全局变量 va1。为使用这个版本，必须使用这个全局变量。这会对该函数的灵活性有轻微的限制，如果要存储结果，就必须总是把这个全局变量值复制到其他变量中。另外，全局数据可能在应用程序的其他地方被代码修改，这会导致预料不到的结果。

当然，也可以说，这种简化实际上使代码更难理解。显式指定参数可以一眼看出发生了什么改变。例如对于 FunctionName(vall , out va12）函数调用，马上就可以知道 val1 和 va12 都是要考虑的重要变量，在函数执行完毕后，会为 val2 赋予一个新值。反之，如果这个函数不带参数，就不能对它处理了什么数据做任何假设。

总之，可以自由选择使用哪种技术来交换数据。一般情况下，最好使用参数，而不使用全局数据，但有时使用全局数据更合适，使用这种技术并没有错。

2.5　面向对象编程简介

2.5.1　面向对象编程的含义

面向对象编程解决了传统编程技巧的许多问题。前面介绍的编程方法称为函数（或过程）化编程，常会导致所谓的单一应用程序，即所有功能都包含在几个代码模块（常常是一个代码模块）中。而使用技术，常常要使用许多代码模块，每个模块都提供特定功能。而且，每个模块都是孤立的，甚至与其他模块完全独立。这种模块化编程方法提供了非常大的多样性，大大增加了重用代码的机会。

为进一步说明这个问题，把计算机上的一个高性能应用程序想象成一辆一流赛车。如果使用传统的编程技巧，这辆赛车就是一个单元。如果要改进这辆车，就必须替换整车，把它送回厂商那里，让汽车专家升级它，或者购买一辆新车。如果使用 OOP 技术，就只需要从厂商处购买新的引擎，自己按照其说明替换它，而不必用钢锯切割车体。

在传统应用程序中，执行通常是简单的、线性的。把应用程序加载到内存中，从 A 点开始执行，在 B 点结束，然后从内存中卸载，在这个过程中可能用到其他各种实体，例如存储介质上的文件或显卡的功能，但处理的主体总是位于一个地方。用到的代码一般与使用各种数学和逻辑方式处理数据相关。处理方法通常比较简单，使用基本的数据类型（例如整型和布尔值）建立比较复杂的数据表达方式。

而使用，事情就不是这么直接了。尽管可以获得相同的效果，但其实现方式是完全不同的。技术以结构、数据的含义以及数据和数据之间的交互操作为基础。这通常意味着要把更多精力放在项目的设计阶段，其好处是项目的可扩展性比较高。一旦对某种类型的数据的表达方式达成一致，这种表达方式就会应用到应用程序以后的版本中，甚至是全新应用程序中。这种一致的表达方式可以极大地缩短开发时间。这就是上述赛车示例的工作原理。这里的一致是指"引擎"的代码是结构化的，这样就可以很容易地替换成新代码（即新引擎），而不需要找厂商帮忙。这也表示，引擎创建出来后可用于其他目的，可以把它安装到另一辆车上，或者用它驱动潜艇。除了数据表达方式的一致性外，OOP 编程还常可以简化任务，因为较抽象实体的结构和用法也是一致的。例如，不仅把输出结果发送给设备（如打印机）所使用的数据格式是一致的，而且与该设备交换数据的方法也是一致的，这包括它理解的指令等。回到赛车示例上，要达成的一致做法包括引擎如何连接到油箱，如何把驱动力传送给车轮等。

顾名思义，技术要使用对象。

（1）对象的含义

对象就是 OOP 应用程序的一个组成部件。这个组成部件封装了部分应用程序，这部分程序可以是一个过程、一些数据或一些更抽象的实体。

简单地说，对象非常类似于本书前面讨论的结构类型，包含变量成员和函数类型。它所包含的变量组成了存储在对象中的数据，其中包含的函数可以访问对象的功能。略为复杂的对象可能不包含任何数据，而只包含函数，表示一个过程。例如，可以使用表示打印机的对象，其中的函数可以控制打印机（允许打印文档、测试页等）。

C# 中的对象是从类型中创建的，就像前面的变量一样。对象的类型在 OOP 中有一个特殊名称：类。可以使用类的定义实例化对象，这表示创建该类的一个命名实例。"类的实例"和对象的含义相同，但"类"和"对象"是完全不同的概念。

本文将使用统一建模语言 (Unified Modeling Language, UML) 语法研究类和对象。UML 是为应用程序建模而设计的，从组成应用程序的对象，到它们执行的操作，应有尽有。

图 2-1 是打印机 Printer 的 UML 表示方法。类名显示在这个框的顶部。

图 2-2 是这个 Printer 类的一个实例 myPrinter 的 UML 表示方法。

图 2-1

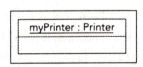

图 2-2

在顶部，首先显示实例名，其后是类名。这两个名称用一个冒号分隔。

① 属性和字段

可以通过属性和字段访问对象中包含的数据。这个对象数据可以用于区分不同的对象，因为同一个类的不同对象在属性和字段中存储了不同的值。

包含在对象中的不同数据构成了对象的状态。假定一个对象类表示一杯咖啡，称为CupOfCoffee。在实例化这个类（即创建这个类的对象）时，必须提供对类有意义的状态。此时可以使用属性和字段，让代码能通过该对象设置要使用的咖啡品牌，咖啡中是否加牛奶或方糖，咖啡是否即溶等。于是，给定的这杯咖啡对象就有了指定的状态，例如，加牛奶和两块方糖的哥伦比亚过滤咖啡。

字段和属性都可以键入，所以可以把信息存储在字段和属性中，作为 string 值、int 值等。但属性与字段是不同的，因为属性不提供对数据的直接访问。对象能让用户不考虑数据的细节，不需要在属性中用一对一的方式表示。如果在 CupOfCoffee 实例中使用一个字段表示方糖的数量，用户就可以在该字段中放置自己喜欢的值，其取值范围仅由存储该信息的类型来限制。例如，如果使用回来存储这个数据，用户就可以使用 –2 147 483 648 至 2 147 483 647 之间的任意值。显然，并不是所有的值都有意义，尤其是负值，一些较大的正值将需要非常大的咖啡杯。但如果使用一个属性来表示，就可以限制这个值，例如介于 0 和 2 之间的一个数字。

一般情况下，在访问状态时最好提供属性而不是字段，因为这样可以更好地控制各种行为，这个选择不会影响使用对象实例的代码，因为使用属性和字段的语法是相同的。

对属性的读写访问也可以由对象来明确定义。某些属性是只读的，只能查看它们的值，而不能改变它们（至少不能直接改变）。这常常是同时读取几个状态的一个有效技巧。CupOfCoffee 类有一个只读属性 Description，在请求它时，就返回一个字符串，表示该类的一个实例的状态（例如前面给出的字符串）。也可以通过查看几个属性，把相同的数据组合起来，但这样的属性可以节省时间和精力。还可以有只写的属性，其操作方式是类似的。

除了对属性的读/写访问外，还可以为字段和属性指定另一种访问权限，称为可访问性。可访问性确定了什么代码可以访问这些成员，它们可用于所有代码（公共）还是只能用于类中的代码（私有），或者使用更复杂的模式（详见本章后面的内容）。常见的情况是把字段设置为私有，通过公共属性访问它们。这样，类中的代码就可以直接访问存储在字段中的数据，而公共属性禁止外部用户访问这些数据，以防他们在其中放置无效的内容。公共成员是类公开的成员。

要更清晰地阐明这个问题，可以把可访问性与变量的作用域等同起来。例如，私有字段和属性可以看成拥有它们的对象的局部成员，而公共字段和属性的作用域也包括对象以外的代码。

在类的 UML 表示方法中，用第二部分显示属性和字段，如图 2-3 所示。

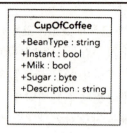

图 2-3

这是 CupOfCoffee 类的表示方式，前面为它定义了 5 个成员（属性或字段，在 UML 中，它们没有区别）。每个成员都包含下述信息：

• 可访问性："＋"号表示公共成员，"－"号表示私有成员。但一般情况下，本章的图中不显示私有成员，因为这些信息是类内部的信息。至于读／写访问，则不提供任何信息。

• 成员名。

• 成员的类型。

冒号用于分隔成员名和类型。

② 方法

"方法"这个术语用于表示对象中的函数。这些函数调用的方式与其他函数相同，使用返回值和参数的方式也相同。

方法用于访问对象的功能。与字段和属性一样，方法也可以是公共的或私有的，按照需要限制外部代码的访问。它们通常使用对象的状态来影响它们的操作，在需要时访问私有成员，如私有字段。例如，CupOfCoffee 类定义了一个方法 AddSugar()，该方法对递增方糖数提供了比设置相应的 Sugar 属性更易读的语法。

在 UML 的类框中，方法显示在第三部分，如图 2-4 所示。

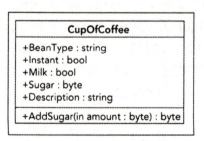

图 2-4

其语法类似于字段和属性，但最后显示的类型是返回类型，在这一部分，还显示了方法的参数。在 UML 中，每个参数都带有下述标识符之一：return、in、out 或 inout。它们用于表示数据流的方向。in 大致对应于 C# 中不使用这两个关键字的情形（默认情形）。return 表示传回调用方法的值。

（2）一切皆对象

本书一直在使用对象、属性和方法。实际上，C# 和 .NET Framework 中的所有东西都是对象。控制台应用程序中的 Main() 函数就是类的一个方法。前面介绍的每个变量类型都是一个类。前面使用的每个命令都是属性或方法，例如 <String>.Length 和 <String> .To Upper() 等。句点字符把对象实例名与属性或方法名分隔开来，方法名后面的 () 把方法与属性区分开来。

对象无处不在，使用它们的语法通常比较简单，至少到现在为止都足够简单，使我们可以集中精力讨论 C# 中一些比较基础的方面。

（3）对象的生命周期

每个对象都有一个明确定义的生命周期，除了"正在使用"的正常状态之外，还有两个重要的阶段：

• 构造阶段：第一次实例化一个对象时，需要初始化该对象。这个初始化过程称为构造阶段，由构造函数完成。

• 析构阶段：在删除一个对象时，常常需要执行一些清理工作，例如释放内存，这由析构函数完成。

① 构造函数

对象的初始化过程是自动完成的。我们不需要自己寻找适于存储新对象的内存空间。但是，在初始化对象的过程中，有时需要执行一些额外工作。例如，需要初始化对象存储的数据。构选函数就是用于初始化数据的函数。

所有的类定义都至少包含一个构造函数。在这些构造函数中，可能有一个默认构造函数，该函数没有参数，与类同名。类定义还可能包含几个带有参数的构造函数，称为非默认的构造函数。代码可以使用它们以许多方式实例化对象，例如给存储在对象中的数据提供初始值。

在 C# 中，用 new 关键字来调用构造函数。例如，可用下面的方式通过其默认的构造函数实例化一个 Cup Of Coffee 对象：

CupOfCoffee myCup = new CupOfCoffee ();

还可以用非默认的构选函数来实例化对象。例如，CupOfCoffee 类有一个非默认的构造函数，它使用一个参数在初始化时设置咖啡豆的品牌：

CupOfCoffee myCup =new CupOfCoffee (" Blue Mountain");

构造函数与字段、属性和方法一样，可以是公共或私有的。在类外部的代码不能使用私有构造函数实例化对象，而必须使用公共构造函数。这样，通过把默认构造函数设置为私有的，就可以强制类的用户使用非默认的构造函数。

一些类没有公共的构造函数，外部的代码就不可能实例化它们，这些类称为不可创建的类，但如稍后所述，这些类并不是完全没有用的。

② 析构函数

.NET Framework 使用析构函数来清理对象。一般情况下，不需要提供析构函数的代码，而由默认的析构函数自动执行操作。但是，如果在删除对象实例前需要完成一些重要操作，就应提供具体的析构函数。

例如，如果变量超出了范围，代码就不能访问它，但该变量仍存在于计算机内部的某个地方。只有在 .NET 运行程序执行其垃圾回收，进行清理时，该实例才被彻底删除。

（4）静态成员和实例类成员

属性、方法和字段等成员是对象实例所特有的，此外，还有静态成员（也称为共享成员，尤其是 Visual Basic 用户常使用这个术语），例如静态方法、静态属性或静态字段。静态成员可以在类的实例之间共享，所以可以将它们看成类的全局对象。静态属性和静态字段可以访问独立于任何对象实例的数据，静态方法可以执行与对象类型相关但与对象实例无关的命令。在使用静态成员时，甚至不需要实例化对象。

例如，前面使用的 Console.WriteLine() 和 Convert.ToString() 方法就是静态的，根本不得要实例化 Console 或 Convert 类。（如果试着进行这样的实例化，操作会失败，因为这些类的构造函数不是可公共访问的，如前所述）

许多情况下，静态属性和静态方法有很好的效果。例如，可以使用静态属性跟踪给类创建了多少个实例。在 UML 语法中，类的静态成员带有下划线，如图 2-5 所示。

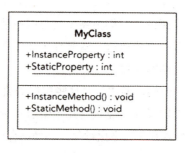

图 2-5

① 静态构造函数

使用类中的静态成员时，需要预先初始化这些成员。在声明时，可以给静态成员提供一个初始值，但有时需要执行更复杂的初始化操作，或者在赋值、执有静态方法之前执行某些操作。

使用静态构造函数可以执行此类初始化任务。一个类只能有一个静态构造函数，该构造函数不能有访问修饰符，也不能带任何参数。静态构造函数不能直接调用，只能在下述情况下执行：

• 创建包含静态构选函数的类实例时。

• 访问包含静态构造函数的类的静态成员时。

在这两种情况下，会首先调用静态构造函数，之后实例化类或访问静态成员。无论创建了多少个类实例，其静态构造函数都只调用一次。为了区分静态构造函数和本章前面介绍的构造函数，也将所有非静态构造函数称为实例构造函数。

②静态类

我们常常希望类只包含静态成员，且不能用于实例化对象（如 Console）。为此，一种简单的方法是使用静态类，而不是把类的构造函数设置为私有。静态类只能包含静态成员，不能包含实例构造函数，因为按照定义，它根本不能实例化。但静态类可以有一个静态构造函数，如上一节所述。

2.5.2　OOP 技术

（1）接口

接口是把公共实例（非静态）方法和属性组合起来，以封装特定功能的一个集合。一旦定义了接口，就可以在类中实现它。这样，类就可以支持接口所指定的所有属性和成员。

注意，接口不能单独存在。不能像实例化一个类那样实例化接口。另外，接口不能包含实现其成员的任何代码，而只能定义成员本身。实现过程必须在实现接口的类中完成。

在前面的咖啡示例中，可以把通用属性和方法，例如 AddSugar()、Milk、Sugar 和 Instant 组合到一个接口中，这个接口可以命名为 IHotDrink（接口名一般以大写字母 I 开头）。然后就可以在其他对象上使用该接口，例如 CupOfTea 类的对象。所以可以采用类似方式处理这些对象，而对象仍保有自己的属性（例如 CupOfCoffee 仍有属性 BeanType, CupOfTea 仍有属性 LeafType）。

在 UML 中，在对象上实现的接口用"棒棒糖"语法来表示。在图 2-6 中，用与类相似的语法把 IHotDrink 的成员放在一个单独的框中。

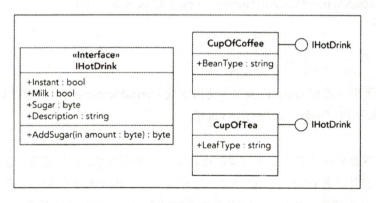

图 2-6

一个类可以支持多个接口，多个类也可以支持相同的接口。所以接口的概念让用户和其他开发人员更容易理解其他人的代码。例如，有一些代码使用一个带某接口的对象。假定不使用这个对象的其他属性和方法，就可以用另一个对象代替这个对象（例如，使用上述 IHotDrink 接口的代码可以处理 CupOfCoffee 和 CupOfTea 实例）。另外，该对象的开发人员可以提供该对象的更新版本，只要它支持已经在用的接口，就可以在代码中使用这个新版本。

发布接口后，即接口用于其他开发人员或终端用户后，最好不要修改它。理解这一点的一种方式是把接口看成类的创建者和使用者之间的协定，即每个支持接口 X 的类都支持这些方法和属性，如果以后修改了接口，也许是升级了底层的代码，该接口的使用者就不能正确运行接口，甚至失败。所以，我们应做的是创建一个新接口，使其扩展旧接口，可自随包含一个版本号，如 X2 。这是创建接口的标准方式，以后我们会常常遇到已编号的接口。

IDisposable 接口特别有趣。支持 IDisposable 接口的对象必须实现 Dispose() 方法，即它们必须提供这个方法的代码。当不再需要某个对象（例如，在对象超出作用域之前）时，就调用这个方法，释放重要资源，否则，等到对垃圾回收调用析构方法时才会释放该资源。这样可以更好地控制对象所用的资源。

C# 允许使用一种可以优化使用这个方法的结构。using 关键字可以在代码块中初始化使用重要资源的对象，在这个代码块的末尾会自动调用 Dispose() 方法，用法如下：

```
<ClassName> <VariableName> = new <ClassName> ();
…
using (<VariableName> )
{
  …
}
```

或者把初始化对象 <VariableName> 作为 using 语句的一部分：

```
using (<ClassName> <VariableName> = new < ClassName> ())
{
  …
}
```

这两种情况下，可在 using 代码块中使用变量 <VariableName>，并在代码块的末尾自动删除 [在代码块执行完毕后，调用 Dispose()]。

（2）继承

继承是最重要的特性之一。任何类都可以从另一个类继承，这就是说，这个类拥有它继承的类的所有成员。在 OOP 中，被继承（也称为派生）的类称为父类（也称为基类）。注意，C# 中的对象仅能直接派生于一个基类，当然基类也可以有自己的基类。

继承性可从一个较一般的基类扩展或创建更多的特定类。例如，考虑一个代表农场家畜的类（由 80 多岁的资深开发人员 MacDonald 在他的家畜应用程序中使用）。这个类名为 Animal，拥有 EatFood() 或 Bread() 等方法，我们可以创建一个派生类 Cow：Cow 支持所有这些方法，也有自己的方法，如 Moo() 和 SupplyMilk()。还可以创建另一个派生类 Chicken，该类有 Cluck() 和 LayEgg() 方法。

在 UML 中，用箭头表示继承，如图 2-7 所示。

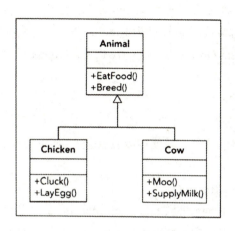

图 2-7

在继承一个基类时，成员的可访问性就成了一个重要问题。派生类不能访问基类的私有成员，但可以访问其公共成员。不过，派生类和外部的代码都可以访问公共成员。这就是说，只使用这两个级别的可访问性，不能让一个成员可由基类和派生类访问，不能由外部的代码访问。

为解决这个问题，C# 提供了第三种可访问性：protected，只有派生类才能访问 protected 成员。对于外部代码来说，这个可访问性与私有成员一样：外部代码不能访问 private 成员和 protected 成员。除了定义成员的保护级别外，我们还可以为成员定义其继承行为。基类的成员可以是虚拟的，也就是说，成员可以由继承它的类重写。派生类可以提供成员的另一种实现代码。这种实现代码不会删除原来的代码，仍可以在类中访问原来的代码，但外部代码不能访问它们。如果没有提供其他实现方式，通过派生类使用成员的外部代码就自动访问基类中成员的实现代码。

2.5.3　桌面应用程序中的 OOP

WPF 桌面应用程序非常依赖 OOP 技术，即使在谈到桌面应用程序时，"一切皆对象"这句话也是正确的。从运行的窗体，到窗体上的控件，都需要使用 OOP 技术。

在应用程序中，首先在 Main Window 窗口中添加一个新按钮，这个按钮是一个对象，它是 Button 类的一个实例。窗口是 Main Window 类的实例，该类从 Window 类派生而来。接着双击按钮，添加一个事件处理程序，监听 Button 类提供的 Click 事件。这个事件处理程序被添加到封装应用程序的 Main Window 对象代码中，是一个私有方法：

```
private void Button_Click_l(Object sender, RoutedEventArgs e)
{
}
```

这段代码使用 C# 关键字 private 作为修饰符。添加的第一行代码改变了所单击按钮上的文本。它利用了多态性。表示按钮的 Button 对象作为一个 Object 参数发送给事件处理相，该事件处理程序把参数强制转换为 Button 类型（这是可能的，因为 Button 对象继承于 System.Object，System.Object 是一个 .NET 类，Object 是其别名）。然后修改对象的 Content 属性，改变显示的文本：

((Button)sender) .Content= "Clicked ! " ;

接着用 new 关键字创建一个新的 Button 对象（注意在这个项目中设置了名称空间，因此可以使用这个简单的语法，否则就需要使用这个对象的完整限定名 System.Windows. Forms.Button):

Button newButton =new Button();

还可以将新建的 Button 对象的 Content 和 Margin 属性设置为合适的值，使按钮显示在合适的地方。注意，Margin 属性的类型是 Thickness，因此使用非默认构造函数创建一个 Thickness 对象，然后将其赋值给 Margin 属性：

newButton.Content ="New Button !";

newButton .Margin =new Thickness(10 , 10 , 200, 200);

在代码的其他地方添加一个新的事件处理程序，以响应新按钮生成的 Click 事件：

private void newButton_Click(Object sender, RoutedEvent:Args e)

{

((Button) sender) . Content = " Clicked ! ! ";

}

接着使用重载运算符语法，把这个事件处理程序注册为 Click 事件的监听程序：

newButton .Click += newButton Click;

最后，把新按钮添加到窗口中。为此，使用已有按钮的 Parent 属性找出其父对象，将其转换为正确类型，即 Grid。然后，通过将新按钮作为参数传递给 Grid.Children 属性的 Add() 方法，将该按钮添加到窗口中：

((Grid) ((Button) sender) . Parent) . Children .Add (newButton);

这些代码实际上没有看起来那样复杂。一旦理解了 WPF 是通过一个控件（包括按钮和容器）的层次结构来显示窗口的内容，使用这类代码就显得再自然不过。

2.6 定义类

2.6.1 C# 中的类定义

C# 使用 class 关键字来定义类：

```
class MyClass
{
    // Class members.
}
```

这段代码定义了一个类 MyClass。定义了一个类后，就可以在项目中能访问该定义的其他位置对该类进行实例化。默认情况下，类声明为内部的，即只有当前项目中的代码才能访问它。可使用 internal 访问修饰符关键字来显示地指定这一点，如下所示：

```
internal class MyClass
{
    // Class members.
}
```

另外，还可以指定类是公共的，可由其他项目中的代码来访问。为此，要使用关键字 public：

```
public class MyClass
{
    // Class members.
}
```

除了这两个访问修饰符关键字外，还可以指定类是抽象的（不能实例化，只能继承，可以有抽象成员）或密封的（sealed，不能继承）。为此，可使用两个互斥的关键字 abstract 或 sealed。所以，必须使用下述方式声明抽象类：

```
public abstract class MyClass
{
    // Class members, may be abstract.
}
```

其中 MyClass 是一个公共抽象类，也可以是内部抽象类。密封类的声明如下所示：

```
public sealed class MyClass
// Class members.
```

与抽象类一样，密封类也可以是公共的或内部的。

还可以在类定义中指定继承。为此，要在类名的后面加上一个冒号，其后是基类名，例如：

```
public class MyClass : MyBase
{
    // Class members.
}
```

注意，在 C# 的类定义中，只能有一个基类。如果继承了一个抽象类，就必须实现所继承的所有抽象成员（除非派生类也是抽象的）。

编译器不允许派生类的可访问性高于基类。也就是说，内部基类可以继承于一个公共基类，但公共类不能继承于一个内部基类。因此，下述代码是合法的：

```
    {
        // Class members.
    }
    internal class MyClass : MyBase
    {
        // Class members .
    }
```

但下述代码不能编译：

```
public class MyBase
{
    // Class members.
}
    internal class MyClass : MyBase
    {
        // Class members .
    }
```

如果没有使用基类，被定义的类就只继承于基类 System.Object（它在 C# 中的别名是 Object）。毕竟，在继承层次结构中，所有类的根都是 System.Object。

除了以这种方式指定基类外，还可在冒号之后指定支持的接口。如果指定了基类，它必须紧跟在冒号的后面，之后才是指定的接口。如果未指定基类，接口就跟在冒号的后面。必须使用逗号来分隔基类名（如果有基类的话）和接口名。

表 2-15 列出了类定义中可以使用的访问修饰符的组合。

表 2-15　类定义中可以使用的访问修饰符

修饰符	含义
无或 internal	只能在当前项目中访问类
public	可以在任何地方访问类
abstract 或 internal abstract	类只能在当前项目中访问，不能实例化，只能被继承
public abstract	类可以在任何地方访问，不能实例化，只能被继承

修饰符	含义
sealed 或 internal sealed	类只能在当前项目中访问，不能被继承，只能实例化
public sealed	类可以在任何地方访问，不能被继承，只能实例化

声明接口的方式与声明类的方式相似，但使用的关键字是 interface 而不是 class，例如：

interface IMyinterface

{

　　// Interface members.

}

访问修饰符关键字 public 和 internal 的使用方式是相同的，与类一样，接口也默认定义为内部接口。所以要使接口可以公开访问，必须使用 public 关键字：

public interface IMy Interface

{

// Interface members.

}

不能在接口中使用关键字 abstract 和 sealed，因为这两个修饰符在接口定义中是没有意义的（它们不包含实现代码，所以不能直接实例化，且必须是可以继承的）。

也可以用与类继承类似的方法来指定接口的继承。主要的区别是可以使用多个基接口，例如：

public interface IMyinterface : IMyBaseinterface, IMyBaseinterface2

{

　　// Interface members.

}

接口不是类，所以没有继承 System.Object。但为了方便起见，System.Object 的成员可以通过接口类型的变量来访问。如上所述，不能用实例化类的方式来实例化接口。下面的示例提供了一些类定义的代码和使用它们的代码。

2.6.2　System.Object

因为所有类都继承于 System.Object，所以这些类都可以访问该类中受保护的成员和公共成员。下面看看可供使用的成员有哪些。System.Object 包含的方法如表 2-16 所示。

表 2-16　System.Object 类的方法

方法	返回类型	虚拟	静态	说明
Object()	N/A	否	否	System.Object 类型的构造函数，由派生类型的构造函数自动词用
~Object()	N/A	否	否	System.Object 类型的析构函数，由派生类型的析构函数自动调用，不能手动调用
Equals（Object）	bool	是	否	把调用该方法的对象与另一个对象相比，如果它们相等，就返回 true。默认的实现代码会查看其对象参数是否引用了同一个对象（因为对象是引用类型）。如果想以不同方式来比较对象，则可以重写该方法，例如，比较两个对象的状态
Equals（Object，Object）	bool	否	是	这个方法比较传送给它的两个对象，看看它们是否相等。检查时使用了 Equals（Object）方法。注意，如果两个对象都是空引用，这个方法就返回 true
Reference Equals(Object, Object)	bool	否	是	这个方法比较传送给它的两个对象，看看它们是不是同一个实例的引用
ToString()	String	是	否	返回一个对应于对象实例的字符串。默认情况下，这是一个类类型的限定名称，但可以重写它，给类类型提供合适的实现方式
MemberwiseClone()	Object	否	否	通过创建一个新对象实例并复制成员，以复制该对象。成员复制不会得到这些成员的新实例。新对象的任何引用类型成员都将引用与源类相同的对象，这个方法是受保护的，所以只能在类或派生的类中使用
GetType()	System,Type	否	否	以 System.Type 对象的形式返问对象的类型
GetHashCode()	int	是	否	在需要此参数的地方，用作对象的散列函数，它返回一个以压缩形式标识对象状态的值

这些方法是 .NET Framework 中对象类型必须支持的基本方法，但我们可能不使用其中某些类型 [或者只在特殊情况下使用，如 GetHashCode()]。

在利用多态性时，GetType() 是一个有用的方法，允许根据对象的类型来执行不同的操作，而不是像通常那样，对所有对象都执行相同的操作。例如，如果函数接受一个 Object 类型的参数（表示可以给该函数传送任何信息），就可以在遇到某些对象时执行额外任务。结合使用 GetType() 和 typeof（这是一个 C# 运算符，可以把类名转换为 System.Type 对象），就可以进行比较，如下所示：

```
if (myObj. GetType () == typeof (MyComplexClass) )
{
// myObj is an instance of the class MyComplexClass.
}
```

重写 ToString() 方法也是非常有效的，在对象的内容可以用一个人们能理解的字符串表示时，尤其如此。

2.7 集合、比较和转换

2.7.1 集合

C# 中的数组实现为 System.Array 类的实例，它们只是集合类（Collection Class）中的一种类型。集合类一般用于处理对象列表，其功能比简单数组要多，功能大多是通过实现 System.Collections 名称空间中的接口而获得的，因此集合的语法已经标准化了。这个名称空间还包含其他一些有趣的东西，例如，以不同于 System.Array 的方式实现这些接口的类。

集合的功能（包括基本功能，例如，用 [index] 语法访问集合中的项）可以通过接口来实现，所以不仅可以使用基本集合类，例如写 System.Array，还可以创建自己的定制集合类。这些集合可以专用于要枚举的对象（即要从中建立集合的对象）。这么做的一个优点是定制的集合类可以是强类型化的。也就是说，从集合中提取项时，不需要把它们转换为正确类型。另一个优点是提供专用的方法，例如，可以提供获得项子集的快捷方法。在扑克牌示例中，可以添加一个方法，来获得特定花色中的所有 Card 项。

System.Collections 名称空间中的几个接口提供了基本的集合功能：

• IEnumerable 可以法代集合中的项。

• ICollection（继承于 IEnumerable）可以获取集合中项的个数，并能把项复制到一个简单的数组类型中。

• IList（继承于 IEnumerable 和 ICollection）提供了集合的项列表，允许访问这些项，并提供其他一些与项列表相关的基本功能。

• IDictionary（继承于 IEnumerable 和 ICollection）类似于 IList，但提供了可通过键值（而不是索引）访问的项列表。

System.Array 类实现了 IList、ICollection 和 IEnumerable，但不支持 IList 的一些更高级功能，它表示大小固定的项列表。

（1）使用集合

Systems.Collections 名称空间中的类 System.Collections.ArrayList 也实现了 IList、ICollection 和 IEnumerable 接口，但实现方式比 System.Array 更复杂。数组的大小是固定不

变的（不能添加或删除元素），而这个类可以用于表示大小可变的项列表。

比较 System.Array 类（这是一个简单数组）和 System.Collections.Array List 类。这两类集合都是 Animal 对象，在 Animal.cs 中定义。Animal 类是抽象类，所以不能进行实例化。但通过多态性，可使集合中的项成为派生于 Animal 类的 Cow 和 Chicken 类实例。

在 Classl.cs 的 Main() 方法中创建好这些数组后，就可以显示其特性和功能。有几个处理操作可以应用到 Array animal ArrayList 集合上，但它们的语法略有区别。也有一些操作只能使用更高级的 ArrayList 类型。

下面首先通过比较这两种集合类型的代码和结果，讨论一下类似操作。首先是集合的创建。对于简单数组而言，只有用固定的大小来初始化数组，才能使用它。下面使用第 5 章介绍的标准语法来创建数组 animalArray：

Animal [] animal.Array= new Animal (2) ;

而 ArrayList 集合不需要初始化其大小，所以可使用以下代码创建 animalArrayList 列表：

ArrayList animalArrayList = new ArrayList ();

这个类还有另外两个构造函数。第一个构造函数把现有的集合作为一个参数，将其内容复制到新实例中；而另一个构造函数通过一个参数设置集合的容量（pacity）。这个容量用一个 int 值指定，设置集合中可以包含的初始项数。但这并不是绝对容量，因为如果集合中的项数超过了这个值，容量就会自动增加一倍。

因为数组是引用类型（例如，Animal 和 Animal 派生的对象），所以用一个长度初始化数组并没有切始化它所包含的项。要使用一个指定的项，该项还需要初始化，即需要给这个项赋予初始化了的对象：

Cow myCowl = new Cow ("Lea ");

animalArray[0] = myCowl;

animalArray[1] = new Chicken ("Noa ") ;

这段代码以两种方式完成该初始化任务：用现有的 Cow 对象来赋值，或者通过创建一个新的 Chicken 对象来赋值。主要区别在于前者引用了数组中的对象，我们在代码的后面就使用了这种方式。

对于 ArrayList 集合，它没有现成的项，也没有 null 引用的项。这样就不能以相同的方式给索引赋予新实例。我们使用 ArrayList 对象的 Add() 方法添加新项：

Cow myCow2 = new Cow("Rual ") ;

animalArrayList . Add(mycow2);

animalArrayList.Add(new Chicken {"Andrea"));

除语法稍有不同外，还可以采用相同的方式把新对象或现有对象添加到集合中。以这种方式添加完项后，就可以使用与数组相同的语法来改写它们，例如：

animalArrayList[()] = new Cow ("Alma");

（2）定义集合

CollectionBase 类有接口 IEnumerable、ICollection 和 IList，但只提供了一些必要的实现代码，主要是 IList 的 Clear() 和 Remove() 方法，以及 ICollection 的 Count 属性。如果要使用提供的功能，就需要自己实现其他代码。

为便于完成任务，CollectionBase 提供了两个受保护的属性，它们可以访问存储的对象本身。我们可以使用 List 和 InnerList，List 可以通过 IList 接口访问项，InnerList 则是用于存储项的 ArrayList 对象。

例如，存储 Animal 对象的集合类可以定义如下：

```
public class Animals : CollectionBase
{
  public void Add(Animal newAnimal)
  {
    List.Add(newAnirnal);
  }
  public void Remove(Animal oldAnimal)
  {
    List.Remove(oldAnimal);
  }
  public Animals () {}
}
```

其中，Add() 和 Remove() 方法实现为强类型化的方法，使用 IList 接口中用于访问项的标准 Add() 方法。这些方法现在只用于处理 Animal 类或派生于 Animal 的类，而前面介绍的 ArrayList 实现代码可处理任何对象。

CollectionBase 类可以对派生的集合使用 foreach 语法。例如，可使用下面的代码：

```
WriteLine ("Using custom collection class Animals :") ;
Animals animalCollection = new Animals ();
animalCollection.Add(new Cow ("Lea"));
foreach (Animal myAnimal in animalCollection)
WriteLine ($"New { myAnimal. ToString ()} Object added to custom " +
        $"collection, Name = {myAnimal. Name }");
```

但不能使用下面的代码：

```
animalCollection[0]. Feed () ;
```

要以这种方式通过索引来访问项，就需要使用索引符。

（3）索引符

索引符（indexer）是一种特殊类型的属性，可以把它添加到一个类中，以提供类似于数组的访问。实际上，可通过索引符提供更复杂的访问，因为我们可以用方括号语法定义和使用复杂的参数类型。它最常见的一个用法是对项实现简单的数字索引。

在 Animal 对象的 Animals 集合中添加一个索引符，如下所示：

```
public class Animals : CollectionBase
{
    …
        public Animal. this [int animalIndex]
        {
            get { return (Animal)List[animalindex] ; }
            Set { List[animalIndex] = value; }
        }
}
```

this 关键字需要与方括号中的参数一起使用，除此以外，索引符与其他属性十分类似。这个语法是合理的，因为在访问索引符时，将使用对象名，后跟放在方括号中的索引参数（例如 MyAnimals[0]）。

这段代码对 List 属性使用一个索引符（即在 IList 接口上，可以访问 CollectionBase 中的 ArrayList，Array List 存储了项）：

```
return (Animal)List[animalindex];
```

这里需要进行显式数据类型转换，因为 IList.List 属性返回一个 System.Object 对象。注意，我们为这个索引符定义了一个类型。使用该索引符访问某项时，就可以得到这个类型。这种强类型化功能意味着，可以编写下述代码：

```
animalCollection [0] . Feed () ;
```

而不是：

```
((Animal) animalCollection [0]). Feed();
```

这是强类型化的定制集合的另一个方便特性。

2.7.2 比较

（1）类型比较

在比较对象时，常需要了解它们的类型，才能确定是否可以进行值的比较。之前已介绍 GetType() 方法，所有的类都从 System.Object 中继承了这个方法，这个方法和 typeof() 运算符一起使用，就可以确定对象的类型（并据此执行操作）：

```
if (myObj . GetType () = typeof (MyComplexClass) )
{
    // myObj is an instance of the class MyComplexClass.
}
```

前面还提到 ToString() 的默认实现方式，ToString() 也是从 System.Object 继承来的，该方法可以提供对象类型的字符串表示。也可以比较这些字符串，但这是比较杂乱的方式。

① 封箱和拆箱

封箱（boxing）是把值类型转换为 System.Object 类型，或者转换为由值类型实现的接口类型。拆箱（unboxing）是相反的转换过程。

例如，下面的结构类型：

struct MyStruct

{

　　public int Val;

}

可以把这种类型的结构放在 Object 类型的变量中，对其封箱：

MyStruct valType1 =new MyStruct();

valTypel .Val = 5;

Object refType = valType1;

其中创建了一个类型为 MyStruct 的新变量 valTypel，并把一个值赋予这个结构的 val 成员，然后把它封箱在 Object 类型的变量 refType 中。

以这种方式封箱变量而创建的对象，会包含值类型变量的一个副本的引用，而不包含源值类型变量的引用。要选行验证，可以修改源结构的内容，把对象中包含的结构拆箱到新变量中，检查其内容：

valTypel.Val = 6;

MyStruct valType2 = (MyStruct)refType;

WriteLine ($"va1Type2 . Val = {va1Type2.Val}");

执行这段代码将得到如下输出结果：

valType2.Val = 5

② is 运算符

is 运算符并不是用来说明对象是某种类型，而是用来检查对象是不是给定类型，或者是否可以转换为给定类型，如果是，这个运算符就返回 true。

在前面的示例中，有 Cow 和 Chicken 类，它们都继承于 Animal。使用 is 运算符比较 Animal 类型的对象，如果对象是这 3 种类型中的一种（不仅是 Animal)，is 运算符就返回 true。使用前面介绍的 GetType() 方法和 typeof 运算符很难做到这一点。

is 运算符的语法如下：

<operand> is <type>

这个表达式的结果如下：

• 如果 <type> 是一个类类型，而 <operand> 也是该类型，或者它继承了该类型，或者它可以封箱到该类型中，则结果为 true。

• 如果 <type> 是一个接口类型，而 <operand> 也是该类型，或者它是实现该接口的类型，则结果为 true。

• 如果 <type> 是一个值类型，而 <operand> 也是该类型，或者它可以拆箱到该类型中，则结果为 true。

（2）值比较

考虑两个表示人的 Person 对象，它们都有一个 Age 整型属性。下面要比较它们，看看哪个人年龄较大。为此可以使用以下代码：

```
if (personl.Age > person2.Age)
{
    …
}
```

这是可以的，但还有其他方法，例如，使用下面的语法：

```
if (personl > person2)
{
    …
}
```

可以使用运算符重载。这是一项强大的技术，但应谨慎使用。在上面的代码中，年龄的比较不是非常明显，该段代码还可以比较身高、体重、IQ 等。

另一个方法是使用 IComparable 和 IComparer 接口，它们可采用标准方式定义比较对象的过程。.NET Framework 中的各种集合类支持这种方式，这使得它们成为对集合中的对象进行排序的一种极佳方式。

① 运算符重载

通过运算符重载（operator overloading），可以对我们设计的类使用标准的运算符，例如 "＋" ">" 等。这称为重载，因为在使用特定的参数类型时，我们为这些运算符提供了自己的实现代码，其方式与重载方法相同，也是为同名提供不同的参数。

运算符重载非常有用，因为我们可以在运算符重载的实现中执行需要的任何操作，这并不一定像用 "＋" 表示 "把这两个操作数相加" 这么简单。我们将提供比较运算符的实现代码，比较两张牌，看看在一圈（扑克牌游戏中的一局）中哪张牌会赢。

因为在许多扑克牌游戏中，一圈取决于牌的花色，这并不像比较牌上的数字那样直接。如果第二张牌与第一张牌的花色不同，则无论其点数是什么，第一张牌都会赢。考虑两个操作数的顺序，就可以实现这种比较。也可以考虑 "王牌" 的花色，而王牌可以胜过其他花色，即使该王牌的花色与第一张牌不同，也是如此。也就是说，card1 > card2 是 true（这表示如果 card1 是第一个出牌，则 card1 胜过了 card2），并不意味着 card2 > card1 是 false。如果 card1 和 card2 也都不是王牌，且属于不同的花色，则这两个比较都是 true。

我们先看一下运算符重载的基本语法。要重载运算符，可给类添加运算符类型成员（它们必须是 static)。一些运算符有多种用途(如运算符就有一元和二元两种功能),因此我们还指定了要处理多少个操作数,以及这些操作数的类型。

需要注意的是,如果混合了类型,操作数的顺序必须与运算符重载的参数顺序相同。如果使用了重载的运算符和顺序错误的操作数,操作就会失败。所以不能像下面这样使用运算符:

AddClass3 op3 = op2 + op1;

当然,除非提供了另一个重载运算符和倒序的参数:

```
public static AddClass3 operator +(AddClass2 op1, AddClass1 op2)
{
    AddClass3 returnVal =new AddClass3();
    returnVal.val =op1 .val + op2.val;
    return return Val;
}
```

可以重载下述运算符:

• 一元运算符: +, −, !, ~, ++, --, true, false
• 二元运算符: +, −, *, /, %, &, |, ^, ≪, ≫
• 比较运算符: ==, !=, <, >, <=, >=

不能重载赋值运算符,例如" + "" = ",但这些运算符使用与它们对应的简单运算符,例如" + ",所以不必担心它们。重载" + "意味着" + "" = "如期执行。

② 给 CardLib 添加运算符重载

现在再次升级 ChllCardLib 项目,给 Card 类添加运算符重载。首先给 Card 类添加额外字段,指定某花色比其他花色大,使 A 有更高的级别。把这些字段指定为静态,因为设置它们后,它们就可以应用到所有 Card 对象上:

```
public class Card
{
    /// <summary>
    /// Flag for trump usage . If true, trumps are valued higher
    /// than cards of other suits .
    /// </summary>
    public static bool useTrumps = false ;
    ///<summary>
    ///Trump suit to use if use Trumps is true .
    /// </summary>
    public static Suit trump = Suit . Club ;
    ///<summary>
```

```
///Flag that determines whether aces are higher than kings or lower
///than deuces .
/// </summary>
public static bool isAceHigh = true ;
```

这些规则应用于应用程序中每个 Deck 的所有 Card 对象上。因此，两个 Deck 中的 Card 不可能遵守不同规则。这适用于这个类库，但是确实可以做出这样的假设：如果一个应用程序要使用不同的规则，可以自行维护这些规则。

2.7.3　转换

到目前为止，在需要把一种类型转换为另一种类型时，使用的都是类型转换。但这并非是唯一方式。在计算过程中，int 可以隐式转换为 long 或 double，采用相同的方式还可以定义所创建的类（隐式或显式）转换为其他类的方式。

1. 重载转换运算符

除了重载上述数学运算符外，还可以定义类型之间的隐式和显式转换。如果要在不相关的类型之间转换，例如类型之间没有继承关系，也没有共享接口，就必须这么做。

下面定义 ConvClass1 和 ConvClass2 之间的隐式转换，即编写下列代码：

```
ConvClass1 op1 = new ConvClass1 ();
ConvClass2 op2 = op1;
```

另外，可以定义一个显式转换：

```
ConvClass1 op1 = new ConvClass1 () ;
ConvClass2 op2 = (ConvClass2)op1;
```

例如，考虑下面的代码：

```
public class ConvClass1
{
    public int val;
    public static implicit operator ConvClass2 (ConvClass1 op1)
    {
        ConvClass2 returnVal =new ConvClass2();
        returnVal.val = opl.val;
        return returnVal;
    }
}
public class ConvClass2
{
    public double val;
```

```
public static explicit operator ConvClass1 (ConvClass1 op1)
    {
        ConvClass1 returnVal =new ConvClass1();
        checked {returnVal. val = (int) op1. val;} ;
        return returnVal;
    }
}
```

其中，ConvClass1 包含一个 int 值，ConvClass2 包含一个 double 值。int 值可以隐式转换为 double 值，所以可在 ConvClass1 和 ConvClass2 之间定义一个隐式转换。但反过来就不行了，应把 ConvClass2 和 ConvClass1 之间的转换定义为显式转换。

在代码中，用关键字 implicit 和 explicit 来指定这些转换，如上所示。对于这些类，适用下面的代码：

```
ConvClass1 op1= new ConvClass1 ();
op1.val = 3;
ConvClass2 op2 = op1 ;
```

但反向转换需要进行下述显式数据类型转换：

```
ConvClass2 op1 = new ConvClass2() ;
op1. val = 3el5;
ConvClass1 op2 = (ConvClass1)op1;
```

如果在显式转换中使用了 checked 关键字，则上述代码将产生一个异常，因为 op1 的 val 属性值太大，不能放在 op2 的 val 属性中。

2. as 运算符

as 运算符使用下面的语法，把一种类型转换为指定的引用类型：

<operand> as <type>

这只适用于下列情况：

• <operand> 的类型是 <type>

• <operand> 可以隐式转换为 <type> 类型

• <operand> 可以封箱到 <type> 类型中

如果不能从 <operand> 转换为 <type>，则表达式的结果就是 null。

基类到派生类的转换可以使用显式转换来进行，但这并不总是有效的。考虑前面示例中的两个类 ClassA 和 ClassD，其中 ClassD 派生于 ClassA：

class ClassA : IMyinterface {}

class ClassD: ClassA {}

下面的代码使用 as 运算符把 obj1 中存储的 ClassA 实例转换为 ClassD 类型：

ClassA obj1 = new ClassA () ;

ClassD obj2 = objl as ClassD;

则 obj2 的结果为 null 。

还可以使用多态性把 ClassD 实例存储在 ClassA 类型的变量中。下面的代码演示了这一点，ClassA 类型的变量包含 ClassD 类型的实例，使用自运算符把 ClassA 类型的变量转换为 ClassD 类型。

ClassD obj1=new ClassD() ;

ClassA obj2 = obj1;

ClassD obj3 = obj2 as ClassD;

这次 obj3 最后包含与 obj1 相同的对象引用，而不是 null。

因此，as 运算符非常有用，因为下面使用简单类型转换的代码会抛出一个异常：

ClassA obj1=new ClassA() ;

ClassD obj2 = (ClassD) obj1;

与此代码等价的 as 代码会把 null 值赋予 obj2，不会抛出异常。这表示，下面的代码在 C# 应用程序中是很常见的：

```csharp
public void MilkCow (Animal myAnimal)
{
    Cow myCow = myAnimal as Cow;
    if (myCow != null)
    {
        myCow . Milk() ;
    }
    else
    {
     WriteLine($ " {myAnimal .Name} isn' t a cow , and so can't be milked .");
    }
}
```

第 3 章　.NET 平台与 .NET 框架

3.1　框架的概述

随着计算机技术的发展，软件的规模在不断扩大，复杂度在不断增加，软件危机也愈加明显地暴露出来。软件复用被认为是提高软件生产率、解决软件危机、提高软件质量和增强软件开放性的主要途径。框架是面向对象系统获得最大软件复用的方式之一，目前已有一些成熟的框架技术应用于相应的领域，帮助应用开发人员快速开发各种领域的应用软件，并提高软件的质量和可维护性。它们为企业应用框架的开发提供了借鉴和指导。

3.1.1　框架的定义

目前关于框架的定义较多，其中有以下 4 个比较有代表性的定义。

1. Johnson 和 Foote 早在 20 世纪 80 年代末对框架的定义：框架是表现为解决一类特定问题的抽象设计的一组类。

2. Firesmith 对框架的定义：框架是由一些相互协作的类组成的一个集合，它捕获了实现特定应用领域的公共需求、设计的主要机制以及小尺度的模式。

3. Erich Gamma 等人认为：框架是构成一类特定软件可复用设计的一组相互协作的类。框架规定了应用的体系结构。它定义了整体结构类和对象的分割，各部分的主要责任，类和对象的协作机制以及控制流程。框架预定义了这些设计参数，以便于应用设计者或实现者能集中精力于应用本身的特定细节。框架记录了其应用领域的共同的设计决策，因而框架更强调设计复用，尽管框架常包括具体的立即可用的子类。

4. 北京大学教授从构件的角度认为：框架由一组互相协作的构件组成，通过这些构件及其协作关系定义了应用系统的体系结构。这些成员构件通常是子框架、类树或类，大多以抽象的形式出现，实现细节放在具体子类中，构成了一个抽象设计，不同的具体子类可产生对设计的不同实现。框架作为构件使得用户可以复用设计，用户通过具体子类的嵌入而在框架中加入特殊功能。

综上所述，框架是一种软件重用技术，是一个应用软件系统的部分或整体的可重用设计，具体表现为一组抽象类以及其实例（对象）之间的相互作用方式。

3.1.2　框架的分类

（1）从组成范围分类

框架具有领域性。根据所面向的问题领域不同，框架主要分为三类：应用框架（Application Framework）、领域框架（Domain Framework）、支持框架（Support Framework）。

① 应用框架

应用框架封装了各种专门的技术或功能并可应用于不同领域的应用开发。如 ET++图形用户界面框架、MFC（Microsoft Foundation Classes，微软基本类库）、JFC（Java Foundation Classes，Java 基本类库），其中 JFC 是充分利用了面向对象技术进行设计开发的，并且运用了各种面向对象的设计模式。

② 领域框架

领域框架为某个特定问题域的实现提供了专门的解决方案和功能，如各种生产控制系统框架、银行或报警系统框架、通信服务系统框架等。很多领域应用软件是为某个部门或厂家定制的，开发往往是从头开始，而领域框架的使用将最大限度地复用已有的设计经验与解决方案，降低开发成本，减少开发时间，并且可以提高系统的可靠性和可维护性等。

③ 支持框架

支持框架提供一些与计算机底层相关的特殊服务，如内存与文件系统的管理、设备驱动、分布式计算支持服务等。

这 3 类框架都可以为应用开发者提供相应的设计复用。减少代码的编写与维护工作。通常是开发某个特殊领域的面向对象框架，以致力于提高领域应用的开发效率。

（2）从使用形式分类

为了开发灵活的、可复用的软件系统，面向对象设计方法主要运用两种基本的复用机制，即继承（Inheritance）和组合（Composition）。根据框架实际应用中运用这两种机制的差别，框架一般可分为以下 3 类：白盒（White-box）框架、黑盒（Black-box）框架和两者的混合框架。

白盒框架指的是主要通过类继承机制而应用于具体应用系统开发的那些框架，也称为体系结构驱动框架；那些主要通过框架中已有对象或构件的配置组合而应用于具体系统开发的框架则称为黑盒框架。白盒框架有较好的可扩展性与灵活性，可以方便地改变被复用的实现，但是它破坏了封装性，使用困难，框架用户必须知道框架的所有内部结构细节。黑盒框架使用简单，复用性好，易于实现运行时刻的动态绑定，而框架用户只需要了解框架的基本体系结构和热点，但是由于它隐藏了内部细节，因而缺乏灵活性与可扩展性，并且这种框架的开发难度比较大。因此，框架在大多数情况下是白盒框架和黑盒框架两者的一种混合形式，同时提供类继承与对象组合这两种复用机制，以达到简单易用、灵活可扩展的目的。

Jilles van Gurp 和 Jan Bosch 提出一种混合框架的概念结构，将框架中的元素分为白盒框架元素与黑盒框架元素两类，白盒框架元素表示框架中的抽象部分，包括各种接口与抽象类等元素，黑盒框架元素是各种继承于白盒框架中的元素并提供实现的各种构件和类。

（3）从使用范围分类

根据框架的使用范围可以将其分为系统结构框架（System Infrastructure Frameworks）、中间件集成框架（Middleware Integration Frameworks）和企业应用框架（Enterprise Application Frameworks）。

① 系统结构框架用于简化开发可移植的、高效的系统体系结构，如操作系统框架、通信系统框架以及用户界面设计框架和语言处理工具等。

② 中间件集成框架通常用来集成分布式应用程序和相关组件。它们可以增强软件开发人员开发模块化、可重用软件的能力，并且将软件无缝集成到分布式应用环境中。

③ 企业应用框架用于在某一特定企业应用领域中（如电信、电子设施、制造业和金融等）提供通用的业务控制或特定业务模式，是对该领域进行抽象架构而得出的，有助于减少实现应用的工作量，允许开发人员在涉及的领域开发高质量的软件，同时减少开拓市场的时间。

3.1.3　框架的优点

框架开发的优点体现在 4 个方面：模块性（Modularity）、可重用性（Reusability）、扩展性（Extensibility）和反向控制（Inversion of Control）。

框架使用稳定的接口封装了具体的实现，从而增强了框架的模块性。框架使用这种机制将具体实现的影响和改变局部化，从而提高了软件产品的质量，局部化的好处在于减少了理解和维护具体实现的时间。

通过框架提供的稳定接口增强了软件产品的可重用性。当创建新的应用程序时，可以使用框架中定义的通用组件。这些通用组件由具有丰富领域知识和程序设计经验的程序员设计开发，它们满足一定应用领域的需求。使用通用组件避免了重新设计软件产品中这些部分带来的风险。可重用框架组件的使用也相应提高了程序员开发软件产品的效率，同时又保证了软件产品的质量和性能。

框架通过提供一种"钩子"方法提高它的扩展性，这些方法允许应用程序扩展框架稳定的接口。它们将稳定的接口和特定应用中可变的行为分离开来。框架的这种特性保证了能够方便地为新的应用提供新的服务和特性。

反向控制是框架运行时的一个特点。框架需要采用"注册 / 通知"机制处理应用程序流程，以满足框架能够处理领域中的所有应用的要求。首先，特定的应用应当向它使用的框架注册需要框架处理的程序流程部分；随后，在运行特定的应用程序后，某个已经注册了的程序流程运行条件得到满足时，框架使用它的派发机制通知应用程序执行该程序流程。反向控制保证了应用开发的简单性和扩展性。特定的应用只需要关注它需要实现的商业逻辑和触发商业逻辑的运行条件的开发，而将复杂的底层触发机制交给框架统一处理。

3.1.4　基于框架的应用开发

框架的出现改变了面向对象应用程序的传统开发过程。基于框架的应用开发过程主要包括 3 个阶段：领域分析、框架设计、框架实例化。

领域分析阶段主要利用应用开发经验，典型的领域应用与领域相关的一些标准规范进行需求分析，包括框架的共性抽象和潜在的变化渴求分析。

框架设计阶段主要基于领域分析对框架的核心、公共部分和热点进行设计，并利用设计模式等面向对象技术协助框架设计以达到良好的复用性、灵活性和扩展性。

最后阶段是框架的实例化，这一阶段基于框架创建相应的具体应用程序。

3.1.5　企业应用框架模式

（1）框架模式和设计模式的关系

企业应用按框架来分类，包括 C++ 语言的 QT、MFC、GTK，Java 语言的 SSH、SSI，PHP 语言的 Smarty（ MVC 模式 ），Python 语言的 Django（ MTV 模式 ）等；按设计模式来分类，包括工厂模式、适配器模式、策略模式等；按框架模式来分类，包括 MVC、MTV、MVP、CBD、ORM 等。有很多程序员往往把框架模式和设计模式混淆，认为 MVC 是一种设计模式。实际上它们完全是不同的概念。框架与设计模式一定不同，主要表现以下 3 个方面。

① 设计模式比框架更抽象。框架能够用代码表示，也能直接执行或复用；而设计模式是对在某种环境中反复出现的问题以及解决该问题的方案的描述，只有其实例才能表示为代码。

② 设计模式是比框架更小的体系结构元素。一个典型的框架包括了多个设计模式。

③ 框架比设计模式更加特例化。框架总是针对某一特定的应用领域，一般的设计模式能被用于不同的应用领域。可以说，框架是软件，而设计模式是软件的知识。

设计模式是用来详细协助框架设计与文档编写的一种广为接受的技术，它的使用有利于提高框架的易理解性和可靠性。一个使用设计模式的框架比不使用设计模式的框架更可能获得高层次的设计复用和代码复用，成熟的框架通常使用了多种设计模式。设计模式有助于获得无须重新设计就可适用于多种应用的框架体系结构。

框架主要由一系列设计模式和类（包括抽象类和具体类）组成，设计模式则是由一些类对象的共同参与而实现的，同一个类可以由几种不同的设计模式或框架所共享。框架中的这些重要元素间的关系，同时也说明了软件复用力度按类、设计模式、框架的顺序依次递增。

（2）企业应用框架模式中的设计模式

目前大部分企业应用的框架模式分为标准 MVC 三层架构模式和企业根据项目有关需求结合企业自身情况（人员情况、技术情况、成本情况、进度效率情况等）自行设计的多层架构模式。

MVC全名是Model View Controller，是模型（Model）－视图（View）－控制器（Controller）的缩写，是一种软件设计典范，用一种业务逻辑和数据显示分离的方法组织代码，将业务逻辑聚集到一个部件里面，在界面和用户围绕数据的交互能被改进和个性化定制的同时而不需要新编写的业务逻辑。MVC被独特地发展起来用于将传统的输入、处理和输出功能映射到一个逻辑的图形化用户界面的结构中。

MVC是一个框架模式，它强制性地使应用程序的输入、处理和输出分开。

① 视图

视图是用户看到并与之交互的界面。对老式的Web应用程序来说，视图就是由HTML元素组成的界面，在新式的Web应用程序中，HTML依旧在视图中扮演着重要的角色，但一些新的技术已层出不穷，它们包括Adobe Flash和XHTML、XML/XSL、WML等一些标识语言和Web Services。

MVC的好处是它能为应用程序处理很多不同的视图。在视图中其实没有真正的处理发生，不管这些数据是联机存储的还是一个固定列表，作为视图来讲，它只是一种输出数据并允许用户操纵。

② 模型

模型表示企业数据和业务规则。在MVC的3个部件中，模型拥有最多的处理任务。例如，它可能用EJBS和ColdFusion Components等构件对象来处理数据库，被模型返回的数据是中立的，就是说模型与数据格式无关，这样一个模型能为多个视图提供数据，由于应用于模型的代码只需要写一次就可以被多个视图重用，所以减少了代码的重复性。

③ 控制器

控制器接受用户的输入并调用模型和视图完成用户的需求，所以当单击Web页面中的超链接和发送HTML表单时，控制器本身不输出任何东西和做任何处理。它只是接收请求并决定调用哪个模型构件去处理请求，然后再确定用哪个视图来显示返回的数据。

3.1.6 .NET Framework 最新版重要技术解析

（1）Windows Presentation Foundation

Windows Presentation Foundation（WPF）的核心是一个与分辨率无关的显示引擎，它的主要目的在于充分利用现有硬件显示技术。WPF为开发人员提供下一代显示系统，用于生成能带给用户震撼视觉体验的Windows客户端应用程序。为了更方便地使用WPF核心，微软公司还开发了一些外围扩展功能，这些功能包括可扩展应用程序标记语言（XAML）、控件、数据绑定、布局、二维和三维图形、动画、样式、模板、文档、媒体、文本和版式。

另外，WPF作为.NET框架的一个独立组件发布，使开发人员能够生成融入了.NET框架类库的其他元素的应用程序。WPF开发的客户端应用程序既可以运行在Windows操作系统下，也可以承载在浏览器之上。

（2）Windows Communication Foundation

Windows Communication Foundation（WCF）的目的是为分布式计算提供可管理的方法，提供广泛的互操作性，并为服务定位提供直接的支持。WCF 通过一种面向服务的类型化编程模型简化关联应用程序的开发。通过提供分层的体系结构，WCF 支持多种风格的分布式应用程序开发。WCF 通道体系结构在底层提供了异步的非类型化消息传递基元，而建立在此基础之上的是用于进行安全可靠的事务处理数据交换的各种协议功能，以及广泛的传输协议和编码选择。

类型化编程模型（服务模型）设计用来降低分布式应用程序的开发难度，并为 WCF 开发人员提供熟悉的开发体验。该服务模型的特点在于它将 Web 服务的概念直接映射到 .NET 框架公共语言运行库（CLR）中的对应内容，包括将消息灵活且可扩展地映射到用 Visual C# 或 Visual Basic 等语言实现的服务。该服务模型提供支持松散耦合和版本管理的序列化功能，并提供与消息队列（MSMQ）、COM+、ASP.NET Web 服务、Web 服务增强（WSE）等 .NET 框架分布式系统技术以及其他功能的集成和互操作。

（3）Windows Workflow Foundation

Windows Workflow Foundation（WWF）是一个框架，让开发人员可以在应用程序中创建系统或人工工作流。WWF 集编程模型、引擎、工具为一体，用于在 Windows 上快速生成启用工作流的应用程序。WWF 包括一个命名空间、一个进程内工作流引擎和多个 VisualStudio2010 设计器。WWF 既可用于解决简单方案，如根据用户输入显示 UI 控件，也可用于解决大型企业遇到的复杂方案，如订单处理和库存控制。

WWF 提供了与其他 .NET Framework 技术（如 WCF 和 WPF）一致的熟悉的开发体验。Windows Workflow Foundation API 完全支持 Visual Basic.NET 和 C#、专用工作流编译器、在工作流中调试、图形工作流设计器，并支持完全用代码或标记开发工作流。WWF 还提供了可扩展模型和设计器，用于生成为最终用户或跨多个项目重用封装工作流功能的自定义活动。

（4）语言集成查询

语言集成查询（LINQ）在对象领域和数据领域之间架起了一座桥梁。传统上，针对数据的查询都是以简单的字符串表示，而没有编译时的类型检查或智能感知支持。此外，还必须针对以下各种数据源学习不同的查询语言：SQL 数据库、XML 文档、各种 Web 服务等。LINQ 使查询成为 C# 和 Visual Basic 中的一种语言构造。用户可以使用语言关键字和熟悉的运算符针对强类型化对象集合编写查询。

3.2   .NET 平台的概述

2000 年 6 月，微软发布了 .NET，期望能够做到"让任何人从任何地方，在任何时间使用任何设备访问 Internet 上的服务"。这是一种在软件开发、工程和应用方面广泛地支持

Internet 和 Web 的全新版本。为了更好地理解 .NET 平台，首先说一下 Internet 的发展。

所谓第一代 Internet，是以静态的页面呈现的，将数据或者文件编写成 HTML 页面并放置在 Internet 上共享。用户接口逻辑、业务逻辑与数据都存放在服务器上。应用系统在浏览器和 Web 服务的协助下运行。用户从客户端发出请求，服务器处理用户请求，产生静态 HTML 页面，然后在客户端显示结果。

第一代的 Internet 将应用程序的数据单独存放在后台数据库中，达到了真正的多人数据共享。但是这种结构仍有其固有的缺陷：首先是用户接口逻辑和业务逻辑都集中在一起，这样使业务逻辑与接口绑定，一旦业务逻辑变更，那么将不得不重新编译整个接口程序；其次，这种结构能够支持的客户端人数有限，一旦客户端人数增加，执行效率就会下降。

第二代 Internet 属于 Microsoft DNA（DistributedInter Net Architecture）三层式的应用程序结构。应用程序包括三层：表现层、业务逻辑层和数据层。在表现层，浏览器支持动态的网页和用户接口处理，如身份验证等操作均可以直接在浏览器上处理。业务逻辑层负责针对具体问题的操作，也可以说是对数据层的操作，对数据业务逻辑处理。系统主要功能和业务逻辑都在业务逻辑层进行处理。数据层则负责提供全局的数据存取模型，以存取各种类型的数据。

第二代的 Internet 克服了第一代 Internet 的弊端，似乎达到了理想的阶段，但是随着用户需求的改变，用户已经不能再满足于只使用 PC 上的软件和只能从 PC 上网。人们希望的是一个更加方便、快捷的网络服务。面对这样的趋势，微软提出了其全新构架——Microsoft.NET。

2000 年 6 月，微软推出了 Microsoft.NET 平台，时任微软首席执行官的鲍尔默这样描述了 Microsoft.NET，他说："Microsoft.NET 代表了一个集合、一个环境、一个可以作为平台支持下一代 Internet 的可编程结构。"微软的构想是：不再关注单个网站、单个设备与 Internet 相连的互联网环境，而是要构建让所有的计算机群、相关设备和服务商协同工作的网络计算环境。简而言之，互联网提供的服务，要能够完成更高程度的自动化处理。

未来的互联网，应该以一个整体服务的形式展现在最终用户面前，用户只需要知道自己想要什么，而不需要一步步地在网上搜索、操作来达到自己的目的。Microsoft.NET 谋求的是一种理想的互联网环境。而要搭建这样一种互联网环境，首先需要解决的问题是针对现有 Internet 的缺陷，来设计和创造下一代 Internet 结构。这种结构不是物理网络层次上的拓扑结构，而是面向软件和应用层次的、一种有别于浏览器只能静态浏览的可编程 Internet 软件结构。因此 Microsoft.NET 把自己定位为：作为平台支持下一代 Internet 的可编程结构。

3.3 .NET 框架结构

.NET 框架是一个开发、部署和运行 .NET 应用程序的环境，主要由公共语言运行时

（CLR）以及 .NET 框架类两大部分组成，如图 3–1 所示。

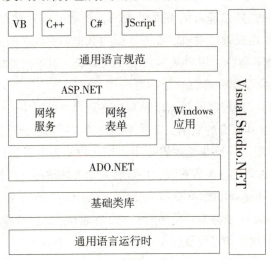

图 3–1　.NET 框架结构

.NET 平台下的所有程序最后都将被编译成微软中间语言（Microsoft Intermediate Language，MSIL），然后由对应平台上的 JIT（Just In Time）编译器解释或实时编译成机器码后执行。中间语言是 .NET 能实现多语言交互的核心。多语言交互需要三个基本的概念，即 3C。它们是：① 公共语言运行时：CLR（Common Language Runtime）；② 公共类型系统：CTS（Common Type System）；③ 公共语言规范：CLS（Common Language Specification）。

要实现多语言的互操作性，需要一组各种语言都认可的基本数据类型，实现对私有语言进行标准化处理。CTS 提供了这个概念及定义定制类的规则；CLS 是确保代码可以在任何语言中访问的最小标准集合，构成了可以在 .NET 和 IL 中使用的功能子集。CLR 处于操作系统和代码之间，是整个 Framework 的核心，负责代码的编译、执行、管理等工作。

3.3.1　中间语言

中间语言（Intermediate Language，IL），也可以叫作 Microsoft 中间语言（Microsoft Intermediate Language，MSIL），是 .NET 的核心。无论源代码是以何种语言编写，只要运行在 .NET Framework 所支持的环境中，必然会被编译为 IL 代码。而且在转化为本地代码之前它本身是不可执行的，需要 JIT 编译器来完成工作。

在 Windows 平台中，CLR 带有 3 个不同的 JIT 编译器：

① 默认的编译器——主编译器，由它进行数据流分析并输出经过优化的本地代码，所有的中间代码指令均可被它处理。

② PREJIT，它建立在主 JIT 编译器之上。其运行方式更像一个传统的编译器：每当一个 .NET 组件被安装时它就运行。

③ ECONOJIT，在并不充分优化的前提下，它能够快速完成 IL 代码到本地码的转换。

IL 本身以二进制格式存在，例如两个数的加法操作 IL 代码是 OX58（十六进制），显然这样的指令难以让人记住，IL 语言采用了文本助记符来解决这个问题，微软提供了一个命令行工具——IL 汇编程序，也称为 ilasm，通过 ilasm.exe 文件就可运行 IL 助记符代码。

在某些方面，对中间语言代码的编译类似于对高级语言的编译，不同之处在于，IL 的汇编过程更加简单，只不过是使用正确的二进制代码来代替每一个助记符代码。此外，还有一个反汇编程序 ildams.exe 来执行相反的过程，把可执行文件 .exe 或者是 .dll 转换为 IL 代码。

3.3.2　.NET 类库

为了增加代码复用率，提高编程效率，.NET 提供了一个丰富的系统基框架类库（FCL）。与一般的 DLL 和 API 不同，这个类库是以面向对象的方式提供的。.NET 框架提供的类库并不是简单的类的罗列，它们都是以命名空间单位组织的。一个命名空间是一系列相关功能类和子命名空间的集合。比如，System.Data 是 .NET 中关于数据操作的命名空间，其中既包含了像 SqlClient（处理 SQLServer 数据）和 OleDb 这样的子命名空间，又包括了 DataSet，DataRow 这样的数据库处理类。下面为 .NET 常用的几种命名空间。

（1）基础命名空间

① System.Collections

这个命名空间包含了一些与集合相关的类型，比如列表、队列、位数组、哈希表和字典等。

② System.IO

这个命名空间包含了一些数据流类型并提供了文件和目录同步、异步读写。

③ System.Text

这个命名空间包含了一些表示字符编码的类型并提供了字符串的操作和格式化。

④ System.Reflection

这个命名空间包括了一些提供加载类型，方法和字段的托管视图以及动态创建和调用类型功能的类型。

⑤ System.Threading

这个命名空间提供启用多线程的类和接口。

2. 图形命名空间

（1）System.Drawing

这个命名空间主要的 GDI + 命名空间定义了许多类型，实现基本的绘图类型（字体，钢笔，基本画笔等）和无所不能的 Graphics 对象。

（2）System.Drawing2D

这个命名空间提供高级的二维和失量图像功能。

（3）System.Drawing.Imaging

这个命名空间定义了一些类型，实现图形图像的操作。

④ System.Drawing.Text

这个命名空间提供了操作字体集合的功能。

⑤ System.Drawing.Printing

这个命名空间定义了一些类型，实现在打印纸上绘制图像，和打印机交互以及格式化某个打印任务的总体外观等功能。

（3）数据命名空间

① System.Data

这个命名空间包含了数据访问使用的一些主要类型。

② System.Data.Common

这个命名空间包含了各种数据库访问共享的一些类型。

③ System.XML

这个命名空间包含了根据标准来支持 XML 处理的类。

④ System.Data.OleDb

这个命名空间包含了一些操作 OLEDB 数据源的类型。

⑤ System.Data.Sql

这个命名空间能使你枚举安装在当前本地网络的 SQL Server 实例。

⑥ System.Data.SqlClient

这个命名空间包含了一些操作 MS SQL Server 数据库的类型，提供了和 System.Data. OleDb 相似的功能，但是针对 SQL 做了优化。

⑦ System.Data.SqlTypes

这个命名空间提供了一些表示 SQL 数据类型的类。

⑧ System.Data.Odbc

这个命名空间包含了操作 Odbc 数据源的类型。

⑨ System.Data.OracleClient

这个命名空间包含了操作 Odbc 数据库的类型。

⑩ System.Transactions

这个命名空间提供了编写事务性应用程序和资源管理器的一些类。

（4）WEB 命名空间

① System.Web

这个命名空间包含启用浏览器 / 服务器通信的类和接口，这些命名空间类用于管理到客户端的 Http 输出和读取 Http 请求，附加的类则提供了一些功能，用于服务器端的应用程序以及进程、Cookie 管理、文件传输、异常信息和输出缓存的控制。

② System.Web.UI

这个命名空间包含 Web 窗体的类，包括 Page 类和用于创建 Web 用户界面的其他标准类。

③ System.Web.UI.HtmlControls

这个命名空间包含用于 HTML 特定控件的类，这些控件可以添加到 Web 窗体中以创建 Web 用户界面。

④ System.Web.UI.WebControls

这个命名空间包含创建 ASP.NET 服务器控件的类，当添加到窗体时，这些控件将呈现浏览器特定的 HTML 和脚本，用于创建和设备无关的 Web 用户界面。

⑤ System.Web.Mobile

这个命名空间包含生成 ASP.NET 移动应用程序所需要的核心功能，包括身份验证和错误处理。

⑥ System.Web.UI.MobileControls

这个命名空间包括一组 ASP.NET 服务器控件，这些控件可以针对不同的移动设备呈现应用程序。

⑦ System.Web.Services

这个命名空间包含能使你使用和生成 XML Web Service 的类，这些服务是驻留在服务器中的可编程实体，并通过标准 Internet 协议公开。

（5）框架服务命名空间

① System.Diagnostics

这个命名空间所提供的类允许你启动系统进程，读取和写入事件日志以及使用性能计数器监视系统性能。

② System.DirectoryServices

这个命名空间所提供的类可便于从托管代码中访问 Active Directory，此命名空间中的类可以与任何 Active Directory 服务提供程序一起使用。

③ System.Media

这个命名空间包含用于播放声音文件和访问系统提供的声音的类。

④ System.Management

这个命名空间提供的类用于管理一些信息和事件，它们关系到系统、设备和 WMI 基础结构所使用的应用程序。

⑤ System.Messaging

这个命名空间提供的类用于连接到网络上的消息队列，向队列发送消息，从队列接收或查看消息。

⑥ System.ServiceProcess

这个命名空间提供的类用于安装和运行服务，服务是长期运行的可执行文件，它们不通过用户界面来运行。

⑦ System.Timers

这个命名空间提供基于服务器的计时器组件，用以按指定的间隔引发事件。

（6）安全性命名空间

① System.Security

这个命名空间提供公共语言运行库安全性系统的基础结构。

② System.Net.Security

这个命名空间提供用于主机间安全通信的网络流。

③ System.Web.Security

这个命名空间包含的类用于在 Web 应用程序中实现 ASP.NET 安全性。

（7）网络命名空间

① System.Net

这个命名空间包含的类可为当前网络上的多种协议提供简单的编程接口。

② System.Net.Cache

这个命名空间定义了一些类和枚举，用于为使用 WebRequest 和 HttpWebRequest 类获取的资源定义缓存策略。

③ System.Net.Configuration

这个命名空间包含了以编程方式访问和更新 System.Net 命名空间的配置设置的类。

④ System.Net.Mime

这个命名空间包含了用于将电子邮件发送到 SMTP 服务器进行传送的类。

⑤ System.Net.Networkinformation

这个命名空间提供对网络流量数据，网络地址信息和本地计算机的地址更改通知的访问，还包含实现 Ping 实用工具的类。你可以使用 Ping 和相关的类来检查是否可通过网络访问某台计算机。

⑥ System.Net.Sockets

这个命名空间为严格控制网络访问的开发人员提供 Windows 套接字接口的托管实现。

（8）配置命名空间

① System.Configuration

这个命名空间包含用于以编程方式访问 .Net Framework 配置设置并处理配置文件中错误的类。

② System.Configuration.Assemblies

这个命名空间包含用于配置程序集的类。

③ System.Configuration.Provider

这个命名空间包含由服务器和客户端应用程序共享，以支持可插接式模型轻松添加或移除功能的基类。

（9）本地化命名空间

① System.Globalization

这个命名空间包含的类定义与区域性相关的信息，其中包括语言、国家 \ 地区、所使用的日历、日期格式的模式、货币与数字以及字符串的排序顺序。

① System.Resources

这个命名空间提供一些类和接口，它们使开发人员得以创建、存储并管理应用程序中使用的各种区域性特定资源。

③ System.Resources.Tools

这个命名空间包含 StronglyTypedResourceBuilder 类，该类提供对强类型资源的支持。这个编译时功能通过创建包含一组静态只读属性的类封装对资源的访问，从而使得使用资源变得更加容易。

3.3.3 .NET 框架特点

.NET 框架包含两个部分：公共语言运行时（CLR）和 .NET 框架类库（FCL）。.NET 框架本身又是 .NET 平台创新的关键部分。.NET 框架具备以下的特点：

① 一致的编程模型：通常操作系统的某些功能是通过动态链接库（DLL）访问的，另一些功能则通过 COM 对象访问，而 CLR 和 FCL 使所有的应用程序服务都是通过一个公用的面向对象的编程模型访问。

② 简化的编程模型：CLR 致力于简化 win32 和 COM 所需的基础结构。尤其是，CLR 使开发人员无须理解一些概念，如注册表、全局唯一标识符（GUID）、IUunkMown、AddRef、Release、HRESULT 等。这些概念不以 CLR 的任何形式存在。当然，如果想编写一个与现有的非 .NET 框架代码交互的应用程序，则必须熟悉这些概念。

③ 可靠的版本机制：所有 Windows 开发人员都知道 "DLL hell" 版本控制问题，当新安装的应用程序组件覆盖旧有的应用程序组件时，导致旧应用程序无法正常远行或停止运行。现在的 .NET 框架结构已与应用程序组件隔离，从而将 "DLL hell" 拒之门外。

④ 简化部署：现在的 Windows 应用程序很难安装和部署。需要创建若干文件、注册表设置和快捷方式。而且，彻底卸载一个应用程序几乎是不可能的。.NET 框架力求消灭这些问题，.NET 框架组件（或称为类型）未被注册表引用。实际上，安装大多数 .NET 框架应用程序只是将文件复制到某个目录，将快捷方式添加到 "开始" 菜单、桌面或快速启动栏中。卸载应用程序与删除文件一样简单。

⑤ 广泛的平台支持：在编译 .NET 框架的源代码时，编译器生成的是公共中间语言（CIL），而不是系统的 CPU 指令。运行时 CLR 将 CIL 翻译成本机 CPU 指令。因为这种转换是在运行时完成的，因此可用于本机 CPU。这意味着可以在任何一台运行与 ECMA 兼容的 CLR 和 FCL 版本的机器上部署 .NET 框架应用程序。这些机器可以是 X86、IA64、Alpha、PowerPC 等。

⑥ 编程语言集成：COM 允许各种编程语言互操作。.NET 框架允许这些语言相互集成，这样，就可以把其他语言的类型当作自己所用语言的类型来使用。例如，CLR 可以在 C++ 中创建一个从 Visual Basic 实现类中派生的类。CLR 之所以能做到这一点，是因为它定义并

提供了一个 CTS，所有针对 CLR 的编程语言都必须使用这个系统。CLS 描述了编译器实现者要将自己的语言很好地与其他语言集成所必须遵守的规则。微软提供了几种编译器，它们生成的代码都是针对运行库的，这些编译器是：C++ 托管扩展、C#、Visual Basic.NET 和 JScrip。另外，除微软之外的一些公司和学术机构都开发了针对 CLR 的其他语言的编译器。

⑦ 简化代码重用：可以使用前面提到的机制创建自己的类，为第三方应用程序提供服务。这使得代码重用极为简单，从而也给组件（类型）供应商提供了巨大的市场。

⑧ 自动内存和管理（垃圾回收）：编程需要大量技巧和规则，在管理诸如文件、内存、屏幕空间、网络连接、数据库和浪费之类的资源时尤为明显。很常见的一个错误就是忘记释放这些资源，最终导致应用程序在某个未知时刻不正常执行。CLR 可自动跟踪资源使用，确保应用程序永远不会泄露和浪费资源。

⑨ 类型安全验证：CLR 可以验证所有代码是否类型安全。类型安全能确保总是以兼容的方式访问被分配对象。所以，如果方法输入参数被声明为接受 4 字节的值，那么 CLR 将会检测并防止此参数被当作 8 字节值访问。同样，如果 1 个对象占有 10 字节的内存空间，应用程序就不可能使该对象出现允许读出 10 个以上字节的形式。这些措施可以消除许多常见的编程错误和常规的系统攻击，例如利用缓存越限运行。

⑩ 丰富的调试功能：因为 OLR 适用于很多编程语言，所以，可以方便地采用某种最适合特定任务的语言来实现应用程序的某一部分。CLR 允许支持跨语言调试应用程序。

⑪ 统一的错误报告：Windows 编程中最让人头痛的一个方面就是报告故障的函数的风格不一致。一些函数返回 Win32 状态码，另一些返回 HRESULT，还有一些则引发异常。在 CLR 中，所有故障都是通过抛出异常报告的，异常允许开发人员将故障修复代码和完成此项工作所需的代码隔离开。这么做大大简化了代码的读 / 写与维护。另外，异常是跨模块和编程语言工作的。而且，与状态码和 HRESULT 不同的是，异常不能被忽略。CLR 还提供内容的穿越堆找的功能，使得查找错误和故障排除更加简单。

⑫ 安全性：传统的操作系统提供了基于用户账户的隔离和访问控制，该模型很有用，但是它的核心是假定所有代码都具有相同的可信任性。这一假设只有当所有代码都是从物理介质（如 CD-ROM）或可信任的公司服务器安装时才有意义。但是，随着对移动代码（如 Web 脚本）、Internet 下载的应用程序、电子邮件附件等的依赖，人们需要以代码更加集中的方式来控制应用程序的行为。代码访问安全提供了这方面的解决途径。

⑬ 互操作性：微软意识到开发人员手头已经拥有大量的代码和组件。为了充分利用 .NET 框架平台的技术优势而更新改写这些代码将影响该平台的普及速度。所以 .NET 框架完全支持开发人员访问现有的 COM 组件，以及调用现有 DLL 中的 Win32 函数。

3.4 .NET 框架下的 CTS、CLS、CLR

3.4.1 CTS——公共类型系统

要开发的新语言相当于 CIL 的高级语言版本，所以实际上要做什么并不是由新语言决定的，而是由 CIL 来决定的。因此，需要一套 CIL 的定义、规则或标准。这套规则定义了我们的语言可以做什么，不可以做什么，具有哪些特性。这套规则就称作 CTS（Common Type System，公共类型系统）。任何满足了这套规则的高级语言就可以称为面向 .NET 框架的语言。C# 和 VB.NET 不过是微软自己开发的一套符合了 CTS 的语言，实际上还有很多的组织或团体，也开发出了这样的语言，比如 Delphi.Net、FORTRAN 等。

对于 CTS 的具体使用，还是通过一段 C# 代码来说明，如下所示：

```
public class Book
{
// 省略实现
}
Book item1 = new Book();
Book item2 = new Book();
```

对于以上代码，定义了一个 Book 类，并且创建了两个 Book 类的实例 item1、item2。实际上这只包含了两层含义，如表 3-1 所示。

表 3-1　类、类的实例

类	Book
类的实例	item1，item2

这就是 Book 这个类的类型，我们称之为类类型（Class Type），因此上表可以改成如表3-2 所示。

表 3-2　类类型、类、类的实例

类类型	class
类	Book
类的实例	item1，item2

类似的，还有枚举类型（Enum Type）、结构类型（Struct Type）等。CTS 规定了可以在语言中定义诸如类、结构、委托等类型，这些规则定义了语言中更高层次的内容。因此，在 C# 这个具体的语言实现中，我们才可以去定义类类型（Class Type）或者结构类型（Struct Type）等。

同样，可以在 Book 类中定义一个字段 name 并提供一个方法 ShowName()。实际上，这些也是 CTS 定义的，它规范了类型中可以包含字段（filed）、属性（property）、方法（method）、事件（event）等。

除了定义各种类型外，CTS 还规定了各种访问性，比如 Private、Public、Family（C# 中为 Protected）、Assembly（C# 中为 internal）、Family and assembly（C# 中没有提供实现）、Family or assembly（C# 中为 protected internal）。

CTS 还定义了一些约束，例如，所有类型都隐式地继承自 System.Object 类型，所有类型都只能继承自一个基类。从 CTS 的名称和公共类型系统可以看出，不仅 C# 语言要满足这些约束，所有面向 .NET 的语言都需要满足这些约束。众所周知，传统 C++ 是可以继承自多个基类的。为了让熟悉 C++ 语言的开发者也能在 .NET 框架上开发应用程序，微软推出了面向 .NET 的 C++/CLI 语言（也叫托管 C++），它就是符合 CTS 的 C++ 改版语言，为了满足 CTS 规范，它被限制，为了只能继承自一个基类。

C# 并没有提供 Family and assembly 的实现，C# 中也没有全局方法（Global Method）。换言之，C# 只实现了 CTS 的一部分功能。也就是说，CTS 规范了语言能够实现的所有能力，但是符合 CTS 规范的具体语言不一定要实现 CTS 规范所定义的全部功能。C++/CLI 又被约束为只能继承自一个基类，换言之，C++ 中的部分功能被删除了。就是说，任何语言要符合 CTS，其中与 CTS 不兼容的部分功能都要被舍弃。

显然，由于 CIL 是 .NET 运行时所能理解的语言，因此它实现了 CTS 的全部功能。虽然它是一种低级语言，但是实际上，它所具有的功能更加完整。

3.4.2　CLS——公共语言规范

既然已经理解了 CTS 是一套语言的规则定义，就可以开发一套语言来符合 CTS 了。假设这个语言叫作 N#，它所实现的 CTS 非常有限，仅实现了其中很少的一部分功能，它与 CTS 和 C# 语言的关系可能如图 3-2 所示。

由 C# 编写的程序集，显然不能够引用由 N# 编写的程序集，虽然 C# 和 N# 同属于 CTS 旗下，但是它们并没有共通之处。因此，虽然单独的 N# 或 C# 程序可

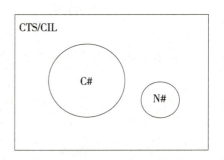

图 3-2　C#、N# 和 CIL 的关系

以完美地在 .NET 框架下运行，但是它们之间却无法相互引用。如果使用 N# 开发项目的开发者本来就不希望其他语言类型的项目来引用他的项目倒也罢了，但是，如果 N# 项目期望

其他语言类型的项目能够对它进行引用，就需要 N# 中公开的类型和功能满足 C# 语言的特性，即它们需要有共通之处。注意，这句话中有一个词很重要，就是"公开的"（public）。N# 中不公开的部分（private、internal、protected）是不受影响的，可以使用独有的语言特性，因为这些不公开的部分本来就不允许外部进行访问。因此，如果 N# 想要被 C# 所理解和引用，它公开的部分就要满足 C# 的一些规范，此时，它与 CTS 和 C# 语言的关系就会变成如图 3-3 所示。

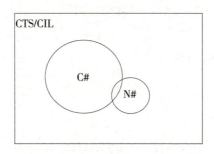

图 3-3　C#、N#、CIL 的关系

如果世界上仅有 C# 和 N# 两种语言就好办了，把它们共同的语言特性提取出来，然后要求所有公开的类型都满足这些语言特性，这样 C# 和 N# 程序集就可以相互引用了。可问题是语言类型有上百种之多，并且 .NET 的设计目标是实现一个开放的平台，不仅现有的语言经过简单修改就可以运行在 .NET 框架上，后续开发的新语言也可以，而新语言此时并不存在，如何提取出它的语言特性？因此又需要一套规范和标准来定义一些常见的、大多数语言都共有的语言特性。对于未来的新语言，只要它公开的部分能够满足这些规范，就能够被其他语言的程序集所使用。这个规范就叫作 CLS（Common Language Specification，公共语言规范）。很明显，CLS 是 CTS 的一个子集。现在引入了 CLS，其关系图如图 3-4 所示。

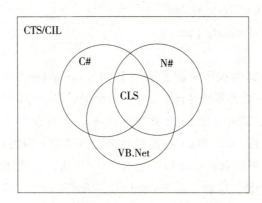

图 3-4　语言、CLS、CIL 的关系

如果利用 C# 开发的一个程序集的公开部分仅采用了 CLS 中的特性，那么这个程序集就叫作 CLS 兼容程序集（CLScompliant assembly）。显然，对于上面提到的 FCL 框架类库，

其中的类型都符合 CLS，仅有极个别类型的成员不符合 CLS，这就保证了所有面向 .NET 的语言都可以使用框架类库中的类型。

对于"语言特性"（language features），满足 CLS 就是要求语言特性要一致。这里给出几个具体的语言特性：是否区分大小写，标识符的命名规则如何，可以使用的基本类型有哪些，构造函数的调用方式（是否会调用基类构造函数），支持的访问修饰符等。

对于如何检验程序集是否符合 CLS，.NET 为我们提供了一个特性 CLS Compliant，便于在编译时检查程序集是否符合 CLS。示例代码如下：

```
using System;
[assembly:CLSCompliant(true)]
public class CLSTest
{
    public string name;
    // 警告 : 仅大小写不同的标识符 "CLSTest.Name()" 不符合 CLS
    public string Name() {
        return "";
    }
    // 警告 : "CLSTest.GetValue()" 的返回类型不符合 CLS
    public uint GetValue() {
        return 0;
    }
    // 警告 : 参数类型 "sbyte" 不符合 CLS
    public void SetValue(sbyte a) { }
    // 警告标识符 "CLSTest._aFiled" 不符合 CLS
    public string _MyProperty { get; set; }
}
```

在 CLS Test 类的前面为程序集加上了一个 CLS Compliant 特性，表明这个程序集是 CLS 兼容的。但是，有三处并不满足这个要求，因此编译器给出了警告信息。这三处是：不能以大小写来区分成员，因此字段 name 和方法 Name() 不符合 CLS。方法的返回类型和参数类型必须是 CLS 兼容的，uint 和 sbyte 类型并非 CLS 兼容，因此 GetValue() 和 SetValue() 方法不符合 CLS。标识符的命名不能以下划线 "_" 开头，因此属性 _MyProperty 不符合 CLS。编译器给出的只是警告信息，而非错误信息，因此可以无视编译器的警告，不过这个程序集只能由其他 C# 语言编写的程序集所使用。

3.4.3　CLR——公共语言运行时

（1）程序集概述

程序集包含了 CIL 语言代码，而 CIL 语言代码是无法直接运行的，需要经过 .NET 运行时进行即时编译才能转换为计算机可以直接执行的机器指令。

.NET 框架的核心部分：CLR（Common Language Runtime）公共语言运行时，有时也会称作 .NET 运行时（.NET runtime）。从直觉上来看，前面以 .exe 为后缀的控制台应用程序就是一个直接的可执行文件，因为在双击它后，它确实会运行起来。这里的情况和面向对象中的继承有一点像：一台轿车首先是一部机动车、一只猫首先是一个动物，而一个 .NET 程序集首先是一个 Windows 可执行程序。

Windows 可执行文件究竟是什么样的格式？这个格式被称作 PE/COFF（Microsoft Windows Portable Executable/Common Object File Format），Windows 可移植可执行 / 通用对象文件格式。Windows 操作系统能够加载并运行 .dll 和 .exe，是因为它能够理解 PE/COFF 文件的格式。显然，所有在 Windows 操作系统上运行的程序都需要符合这个格式，当然也包括 .NET 程序集在内。在这一级，程序的控制权还属于操作系统，PE/COFF 头包含了供操作系统查看和利用的信息。此时，程序集可以表示成如图 3-5 所示。

程序集中包含的 CIL 语言代码并不是计算机可以直接执行的，还需要进行即时编译，那么在对 CIL 语言代码进行编译前，需要先将编译的环境运行起来，因此 PE/COFF 头之后的就是 CLR 头了。CLR 头最重要的作用之一就是告诉操作系统这个 PE/COFF 文件是一个 .NET 程序集，区别于其他类型的可执行程序。

在 CLR 头之后，首先，程序集包含一个清单（manifest），这个清单相当于一个目录，描述了程序集本身的信息，例如程序集标识（名称、版本、文化）、程序集包含的资源（Resources）、组成程序集的文件等。

清单之后就是元数据了。如果说清单描述了程序集自身的信息，那么元数据则描述了程序集所包含的内容。这些内容包括：程序集包含的模块、类型、类型的成员、类型和类型成员的可见性等。需要注意的是，元数据并不包含类型的实现，有点类似于 C++ 中的 .h 头文件。在 .NET 中，查看元数据的过程就叫作反射（Reflection）。

接下来就是已经转换为 CIL 的程序代码了，也就是元数据中类型的实现，包括方法体、字段等，类似于 C++ 中的 .cpp 文件。如图 3-6 所示

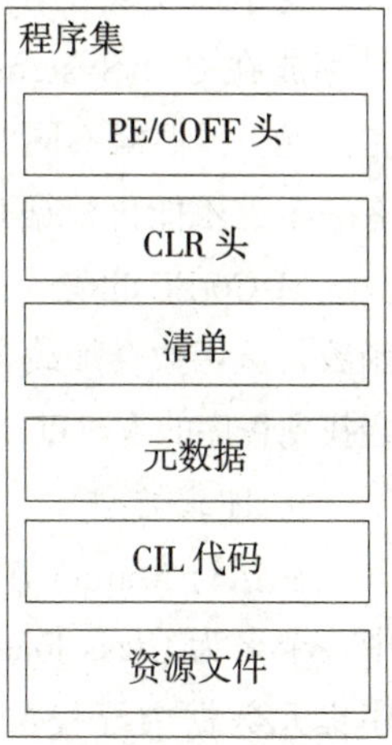

图 3-5　程序集结构

图 3-6　程序集结构

图 3-6 中添加了一个资源文件，例如 .jpg 图片。从这幅图可以看出，程序集是自解释型的（Self-Description），不再需要任何额外的东西，例如注册表，就可以完整地知道程序集的一切信息。

（2）运行程序集

程序集中包含的 CIL 代码并不能直接运行，还需要 CLR 的支持。概括来说，CLR 是一个软件层或代理，它管理了 .NET 程序集的执行，主要包括：管理应用程序域、加载和运行程序集、安全检查、将 CIL 代码即时编译为机器代码、异常处理、对象析构和垃圾回收等。相对于编译时（Compile time），这些过程发生在程序运行的过程中，因此，将这个软件层命名为了运行时，实际上它本身与时间是没有太大关系的。

实际上，CLR 还有一种叫法，即 VES（Virtual Execution System，虚拟执行系统）。这个命名应该更能描述 CLR 的作用，也不容易引起混淆，但是可能为了和 CIL、CTS、CLS 等术语保持一致性，最后将其命名为了 CLR。CLR 不过是一个 .NET 程序集的运行环境而已，有点类似于 Java 虚拟机。VES 这个术语来自于 CLI。

由于 CLR 本身用于管理托管代码，因此它是由非托管代码编写的，并不是一个包含了托管代码的程序集，也不能使用 IL DASM 进行查看。它位于 C:\%SystemRoot%\Microsoft.NET\Framework\ 版本号下，视安装的机器不同有两个版本，一个是工作站版本的 mscorwks.dll，一个是服务器版本的 mscorsvr.dll。wks 和 svr 分别代表 work station 和 server。

虽然从 Windows Server 2003 开始，.NET 框架已经预装在操作系统中，但是它还没有集成为操作系统的一部分。当操作系统尝试打开一个托管程序集（.exe）时，它首先会检查 PE 头，根据 PE 头来创建合适的进程。

接下来会进一步检查是否存在 CLR 头，如果存在，就会立即载入 MsCorEE.dll。这个库文件是 .NET 框架的核心组件之一，注意它也不是一个程序集。MsCorEE.dll 位于 C:\%SystemRoot%\System32\ 系统文件夹下，所有安装了 .NET 框架的计算机都会有这个文件。这个库安装在 System32 系统文件夹下，而没有像其他的核心组件或类库那样按照版本号存放在 C:\%SystemRoot%\Microsoft.NET\Framework\ 文件夹下。这里又存在一个"鸡生蛋问题"：根据不同的程序集信息会加载不同版本的 CLR，因此加载 CLR 的组件就应该只有一个，不能再根据 CLR 的版本去决定加载 CLR 的组件的版本。

MsCorEE.dll 是一个很细的软件层。加载了 MsCorEE.dll 之后，会调用其中的 _CorExeMain() 函数，该函数会加载合适版本的 CLR。在 CLR 运行之后，程序的执行权就交给了 CLR。CLR 会找到程序的入口点，通常是 Main() 方法，然后执行它。这里又包含了以下过程：

① 加载类型

在执行 Main() 方法之前，首先要找到拥有 Main() 方法的类型并且加载这个类型。CLR 中一个名为 Class loader（类加载程序）的组件负责这项工作。它会从 GAC、配置文件、程序集元数据中寻找这个类型，然后将它的类型信息加载到内存中的数据结构中。在 Class loader 找到并加载完这个类型之后，它的类型信息会被缓存起来，这样就无需再次进行相同的过程。在加载这个类以后，还会为它的每个方法插入一个存根（stub）。

② 验证

在 CLR 中，还存在一个验证程序（verifier），该验证程序的工作是在运行时确保代码是类型安全的。它主要校验两个方面，一个是元数据是正确的，一个是 CIL 代码必须是类型安全的，类型的签名必须正确。

③ 即时编译

这一步就是将托管的 CIL 代码编译为可以执行的机器代码的过程，由 CLR 的即时编译器（JIT Complier）完成。即时编译只有在方法的第一次调用时发生。类型加载程序会为每个方法插入一个存根。在调用方法时，CLR 会检查方法的存根，如果存根为空，则执行 JIT 编译过程，并将该方法被编译后的本地机器代码地址写入到方法存根中。当第二次对同一方法进行调用时，会再次检查这个存根，如果发现其保存了本地机器代码的地址，则直接跳转到本地机器代码进行执行，无需再次进行 JIT 编译。

可以看出，采用这种架构的一个好处就是 .NET 程序集可以运行在任何平台上，不管是 Windows、UNIX，还是其他操作系统，只要这个平台拥有针对于该操作系统的 .NET 框架就可以运行 .NET 程序集。

3.5 .NET 框架的生命周期

asp.net 的程序生命周期是网站第一次访问开始，会激发 application_start 事件，到网站 .bin 目录被更改，或 web.config 配置更改，或者 IIS 停止等外部影响时，会激发 application_end 事件。

页面生命周期主要是在一次外部请求，页面 page_init 事件开始，到页面输出完毕。

客户的请求页面由 aspnet_isapi.dll 这个动态连接库来处理，把请求的 aspx 文件发送给 CLR 进行编译执行，然后把 Html 流返回给浏览器。

3.5.1 事件

1. 页面事件

（1）Page_Init：初始化值或连接

（2）Page_Load：主要使用 IsPostBack，该事件主要执行一系列的操作来首次创建 asp.net 页面或响应由投递引起的客户端事件。在此事件之前，已还原页面和控件视图状态。

（3）Page_DataBind：在页面级别上调用，也可在单个控件中调用。

（4）DataBind_PreRender：数据绑定预呈现，恰好在保存视图状态和呈现控件之前激发此事件。

（5）Page_Unload：此事件是执行最终清理工作的。

2.非确定事件

（1）Page_Error：如果在页面处理过程中出现未处理的例外，则激发 error 事件。

（2）Page_AbortTransaction：交易事件，事务处理中如果已终止交易，则激发此事件，购物车常用。

（3）Page_CommitTransaction：如果已成功交易，则激发此事件。

3. Global.asax 中的事件

（1）Application_Start：应用程序启动时激发。

（2）Application_BeginRquest：http 请求开始时激发。

（3）Application_AuthenticateRequest：应用程序批准 http 请求时激发。

（4）Session_Start：会话启动时激发。

（5）Application_EndRequest：Htttp 请求结束时激发。

（6）Session_End：会话结束时激发。

（7）Application_End：应用程序结束时激发。

（8）Application_Error：发生错误时激发。

（9）ISAPI：向 web 服务器插入某些组建，扩展功能，增强 web 服务器功能。

（10）ISAPI：扩展，win32 的动态链接库，譬如 aspnet_isapi.dll，可以把 ISAPI 扩展看作是一个普通的应用程序，它处理的目标是 Http 请求。

（11）ISAPI：过滤器，web 服务器把请求传递给相关的过滤器，接下来过滤器可能修改请求，执行某些操作，等等。

3.5.2 ASP.NET 请求的处理过程：

基于管道模型，在模型中 ASP.NET 把 http 请求传递给管道中所有的模块。每个模块都接收 Http 请求，并有完全的控制权。一旦请求经过了所有的 Http 模块，最终被 Http 处理程序处理。Http 处理程序对请求进行一些处理，并且结果将再次经过模块管道中的 Http 模块。

1. Http Module

ISAPI 过滤器（筛选器）：IIS 本身是不支持动态页面的，也就是说它仅仅支持静态 HTML 页面的内容，对于 .asp、.aspx、.cgi、.php 等，IIS 并不知道如果处理这些后缀标记，它就会把它当作文本，丝毫不做处理发送到客户端。为了解决这个问题，IIS 有一种机制，叫作 ISAPI 的过滤器，它是一个 COM 组件。

ASP.NET 服务在注册到 IIS 的时候，会把每个扩展可以处理的文件扩展名注册到 IIS 里面（如 .ascx .aspx 等）。扩展启动后，就根据定义好的方式来处理 IIS 所不能处理的文件，然后把控制权跳转到专门处理代码的进程中，asp.net 中是 aspnet_isapi.dll。让这个进程开始处理代码，生成标准的 HTML 代码，生成后把这些代码加入到原有的 HTML 中，最后把完整的 HTML 返回给 IIS，IIS 再把内容发送到客户端。

2. Http Module

Http 模块实现了过滤器 (ISAPI filter) 的功能，它是实现了 System.Web.IHttpModule 接口的 .NET 组件。这些组件通过在某些事件中注册自身，把自己插入到 ASP.NET 请求处理管道。当这些事件发生的时候，ASP.NET 调用对请求有兴趣的 Http 模块，这样该模块就能处理请求了。有时候需要过滤一下 Http 请求，注意它不是覆盖其他的包括系统自带的 Http Module，在 Machine.config 中配置完成。

3. Http Handler

它实现了 ISAPI Extention 的功能，它处理请求 (Request) 的信息和发送响应 (Response)。Http Handler 功能的通过必须实现 IHttp Handler 接口。Http 处理程序是实现 System.Web. IHttp Handler 接口的 .NET 组件。任何实现了该接口的类都可以用于处理输入的 Http 请求，它就是 Http 处理程序。

在以前的 ASP 时候，当请求一个 .asp 页面文件的时候，这个 Http 请求首先会被一个名为 inetinfo.exe 进程所截获，这个进程实际上就是 www 服务。截获之后它会将这个请求转交给 ASP.DLL 进程，这个进程就会解释这个 asp 页面，然后将解释后的数据流返回给客户端浏览器。其实 ASP.DLL 是一个依附在 IIS 的 ISAPI 文件，它负责了对诸如 ASP 文件，ASA 等文件的解释执行。

3.5.3 ASP.NET 的 Http 请求处理方法

当客户端向 web 服务器请求一个 .aspx 的页面文件时，同 asp 类似，这个 Http 请求也会被 inetinfo.exe 进程截获（www 服务），它判断文件后缀之后，把这个请求转交给 ASPNET_ISAPI.DLL，而 ASPNET_ISAPI.DLL 则会通过一个 Http PipeLine 的管道，将这个 http 请求发送给 ASPNET_WP.EXE 进程，当这个 Http 请求进入 ASPNET_WP.EXE 进程之后，asp.net framework 就会通过 Http Runtime 来处理这个 Http 请求，处理完毕后将结果返回给客户端。

当一个 Http 请求被送入到 Http Runtime 之后，这个 Http 请求会继续被送入到一个被称之为 Http Application Factory 的一个容器当中，而这个容器会给出一个 Http Application 实例来处理传递进来的 Http 请求，而后这个 Http 请求会依次进入到如下几个容器中：

Http Module --> Http Handler Factory --> Http Handler

当系统内部的 Http Handler 的 ProcessRequest 方法处理完毕之后，整个 Http Request 就被处理完成了，客户端也就得到相应的东西了。

3.5.4 完整的 Http 请求在 ASP.NET Framework 中的处理流程：

HttpRequest-->inetinfo.exe->ASPNET_ISAPI.DLL-->HttpPipeline-->ASPNET_WP.EXE-->HttpRuntime-->HttpApplicationFactory-->HttpApplication-->HttpModule-->HttpHandlerFactory-->Http Handler-->Http Handler.ProcessRequest()

如果想在中途截获一个 Http Request 并做些自己的处理，就应该在 Http Runtime 运行时内部来做到这一点，确切地说是在 Http Module 这个容器中做到这个的。

系统本身的 Http Module 实现一个 I Http Module 的接口，当然我们自己的类也能够实现 I Http Module 接口时，就可以替代系统的 Http Module 对象了。

ASP.NET 系统中默认的 Http Module：

（1）Default Authentication Module：确保上下文中存在 Authentication 对象。无法继承此类。

（2）File Authorization Module：验证远程用户是否具有访问所请求文件的 NT 权限。无法继承此类。

（3）Forms Authentication Module：启用 ASP.NET 应用程序以使用 Forms 身份验证。无法继承此类。

（4）Passport Authentication Module：提供环绕 Passport Authentication 服务的包装。无法继承此类。

（5）Session State Module：为应用程序提供会话状态服务。

（6）Url Authorization Module：提供基于 URL 的授权服务以允许或拒绝对指定资源的访问。无法继承此类。

（7）Windows Authentication Module：启用 ASP.NET 应用程序以使用 Windows/IIS 身份验证。无法继承此类。

这些系统默认的 Http Module 是在文件 machine.config 中配置的，和我们开发时使用到的 web.config 的关系是：在 ASP.NET Framework 启动处理一个 Http Request 的时候，它会依次加载 machine.config 和请求页面所在目录的 web.config 文件，如果在 machine 中配置了一个自己的 Http Module，那么你仍然可以在所在页面的 web.config 文件中 remove 掉这个映射关系。

```
public class HelloWorldModule : IHttpModule
{
    public HelloWorldModule()
    {
    }
    public String ModuleName
    {
        get { return "HelloWorldModule"; }
    }
    // In the Init function, register for HttpApplication
    // events by adding your handlers.
    public void Init(HttpApplication application)
    {
```

```
        application.BeginRequest +=
            (new EventHandler(this.Application_BeginRequest));
        application.EndRequest +=
            (new EventHandler(this.Application_EndRequest));
    }

    private void Application_BeginRequest(Object source,
        EventArgs e)
    {
    // Create HttpApplication and HttpContext Objects to access
    // request and response properties.
        HttpApplication application = (HttpApplication)source;
        HttpContext context = application.Context;
        context.Response.Write("<h1><font color=red> HelloWorldModule: Beginning
ofRequest
                        </font></h1><hr>");
    }

    private void Application_EndRequest(Object source, EventArgs e)
    {
        HttpApplication application = (HttpApplication)source;
        HttpContext context = application.Context;
      context.Response.Write("<hr><h1><font color=red>HelloWorldModule: End of
Request
                        </font></h1>");
    }

    public void Dispose()
    {
    }
}

    <system.web>
    <httpModules>
    <add name="HelloWorldModule" type="HelloWorldModule"/>
```

```
        </httpModules>
        </system.web>
```

3.5.5　深入 Http Module

一个 Http 请求在被 ASP.NET Framework 捕获之后会依次交给 Http Module 以及 Http Handler 来处理。HM 与 HH 之间不是完全独立的，实际上，Http 请求在 HM 传递的过程中会在某个事件内将控制权转交给 HH，而真正的处理是在 Http Handler 中执行完成后，Http Handler 会再次将控制权交还给 Http Module

上面代码中的 Http Module 的 Init() 中的参数是 Http Application 类型，它具有许多事件，包括 Begin Request，End Request，Authentiacte Request 等。

I Http Handler 是 asp.net Framework 提供的一个接口，定义了如果要实现一个 Http 请求的处理所需要必须实现的一些系统约定。也就是说，如果你想要自行处理某些类型的 Http 请求信息流的话，你需要实现这些系统约定才能做到。譬如一个 .aspx 文件，用来处理此类型的 Http 请求，ASP.NET Framework 将会交给一个名为 System.Web.UI.PageHandlerFactory 的 Http Handler 类来处理。

HH 和 HM 一样，系统会在最初始由 ASP.NET Framework 首先加载 machine.config 中的 Http Handler，而后会加载 Web 应用程序所在目录的 web.config 中的用户自定义的 Http Handler 类。但是系统与我们自定义的 HH 之间的关系是"覆盖"的，也就是说如果我们自定义了一个针对".aspx"的 Http Handler 类的话，那么系统会将对此 http 请求的处理权完全交给我们自己定义的这个 Http Handler 类来处理，而我们自己的 Http Handler 类则需要自己完全解析这个 Http 请求，并作出处理。

I Http Handler 接口中最重要的方法 Process Request，这个方法就是 Http Handler 用来处理一个 Http 请求，当一个 Http 请求经过由 Http Module 容器传递到 Http Handler 容器中的时候，Framework 会调用 Http Handler 的 Process Request 方法来对这个 Http 请求做真正的处理。

Framework 实际上并不是直接把相关页面的 Http 请求定位到一个内部默认的 IHttp Handler 容器之上，而是定位到了其内部默认的 I Http Handler Factory 上了。I Http Handler Factory 的作用就是对很多系统已经实现了的 I Http Handler 容器进行调度和管理，这样做的优点是大大增强了系统的负荷性，提升了效率。

第 4 章　Windows 编程基础

4.1　Windows 和窗体的基本概念

4.1.1　Windows Forms 程序的基本结构

在使用 Widows 操作系统时，经常会遇到如图 4-1 所示的窗体操作程序。一般而言，这种操作多是用户在 PC 机上的独立操作。

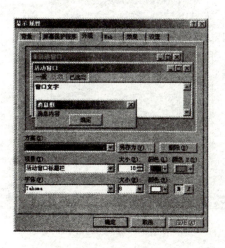

图 4-1　窗体操作程序

下面来建立本书第一个 C# 环境下的 Windows 应用程序。启动 Visual Studio 2005，默认语言为 C# 语言，建立如图 4-2 所示的 Windows 应用程序。一般而言，用 Visual C# 开发应用程序包括建立项目、界面设计、属性设计和代码设计几个阶段。

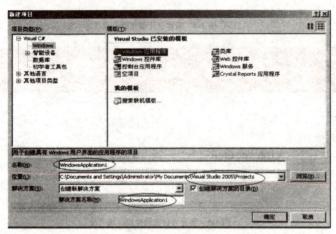

图 4-2　新建 Windows 应用程序

　　在建立新的应用程序时需定义项目的名称及具体的物理路径位置，单击"确定"按钮后Visual C# 将自动创建一个新的默认窗体 Form1，窗体设计器界面如图 4-3 所示。

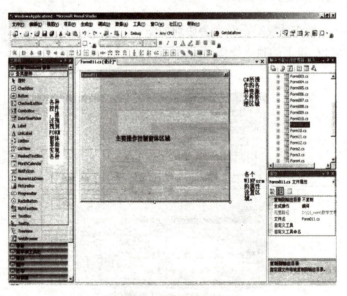

图 4-3　窗体设计器界面

　　在展开的窗体设计器界面中，平时使用较多的操作控制区域包括工具箱、属性和解决方案资源管理器。工具箱面板将为 Windows 窗体提供强有力的工具，属性面板将反映拖曳过来的 Windows 控件的具体属性设置，解决方案资源管理器反应当前开发需要操作的各种文件资源。

　　在首次进行设计时，如果遇到无法找到这些操作控制区域的情况，在窗体设计界面的右上角选择如图 4-4 所示的区域，就可以展开这些控制区。

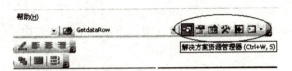

图 4-4 展开各种资源控制区域

4.1.2 了解 WinForm 程序的代码结构

（1）初识 WinForm 代码

在图 4-3 所示的主要窗体控制区域中右击，在弹出的快捷菜单中选择"查看代码"命令，如图 4-5 所示，显示后台的 C# 代码。

图 4-5 查看 WinForm 程序的代码

展开的代码如下，具体意义可参考每行的注释信息。

using System ; // 基础核心命名空间

using System.Collections.Generic;

// 包含了 ArrayList 、BitArray、Hashtable 、Stack、StringCollection 和 StringTable 类

using System.ComponentModel;

using System.Data ; // 数据库访问控制 1

using System.Drawing ; // 绘图类

using System.Text ; // 文本类

using System.Windows.Forms; // 大量窗体和控件

namespace WindowsApplication1 // 当前操作的命名控件是 WindowsApplication1

{

　　public partial class Form011 : Form // 从 System.Windows.Forms.Fo rm 中派生

　　{

　　　　public Form011()

```
        {
            InitializeComponent()；// 注意该方法在下面的介绍
        }
    }
}
```

（2）理解 InitializeComponent() 方法

在每一个窗体生成的时候，都会针对当前的窗体定义 InitializeComponent() 方法，该方法实际上是由系统生成的对于窗体界面的定义方法。

```
// 位于 .cs 文件中的 InitializeComponent () 方法
public Form011()
    {
        InitializeComponent();
    }
```

在每一个 Form 文件建立后，都会同时产生程序代码文件（.cs 文件）以及与之相匹配的 .Designer.cs 文件。业务逻辑以及事件方法等被编写在 .cs 文件中，而界面设计规则被封装在 .Designer.cs 文件里。下面的代码为 .Designer.cs 文件的系统自动生成的脚本代码。

```
namespace WindowsApplication1
{
    partial class Form011
    {
        ///<summary>
        /// 必需的设计器变量。
        ///</summary>
        private System.ComponentModel.IContainer components=null;
        ///<summary>
        /// 清理所有正在使用的资源。
        ///</summary>
        ///<param name="disposing "> 如果应释放托管资源，为 true：否则为 false. </param>
        protected override void Dispose(bool disposing)
        {
            if (disposing && (components !=null))
            {
                components.Dispose();
            }
```

```
    base.Dispose(disposing);
}
#region Windows 窗体设计器生成的代码
///<summary>
/// 设计器支持所需的方法——不要使用代码编辑器修改此方法的内容。
///</summary>
private void InitializeComponent ()
{
    this.button1=new System.Windows.Forms.Button();
    this.label1=new System.Windows.Forms .Label();
    this.SuspendLayout();
    //
    //button1
    //
    this.button1.Location=new System.Drawing.Point(70, 43);
    this.buttonl.Name="button1 " ;
    this.button1.Size=new System.Drawing.Size(75, 23) ;
    this.button1.Tabindex=0;
    this.button1.Text="button1";
    this.button1.UseVisualStyleBackColor=true;
    //
    //label1
    //
    this.label1.AutoSize=true;
    this.label1.Location=new System.Drawing.Point(12, 54);
    this.label1.Name="label 1 ";
    this.label1.Size=new System.Drawing.Size(41, 12);
    this.label1.Tabindex=1;
    this.label1.Text="label1";
    //
    //Form011
    //
    this.AutoScaleDimensions=new System.Drawing.SizeF(6F, 12F);
    this.AutoScaleMode=System.Windows.Forms.AutoScaleMode.Font;
    this.ClientSize=new System.Drawing.Size(458, 326);
```

```
this.Controls.Add(this.label1);
this.Controls.Add(this.button1);
this.FormBorderStyle=System.Windows.Forms.FormBorderStyle.
FixedToolWindow;
this.Name=" Form011";
this.StartPosition=System.Windows.Forms.FormStartPosition.
CenterScreen;
this.Text=" Form011";
this.ResumeLayout(false);
this.PerFormLayout();
}
#endregion
private System.Windows.Forms.Button button1;
private System.Windows.Forms.Label label1;
}
}
```

在代码中，可以很容易发现 lnitializeComponent() 方法和 Dispose() 方法，前者为界面设计的编写内容，后者为表单释放系统资源时的执行编码。

（3）创建 WinForm 应用程序的入口点

在 WinForm 应用程序的开发设计中，一般会通过多窗体协调一致地处理具体业务流程。这种应用必须由程序员决定哪个 WinForm 的窗体第一个被触发执行：在 Windows Forms 开发程序设计中则由位于根目录下的 Program.cs 文件决定。展开 Program.cs 文件，按照下面代码即可决定哪个 WinForm 的表单第一个被触发执行。

4.2 WinForm 中的常用控件

4.2.1 简介

WinForm 中的常用控件来自系统 System.Windows.Forms.Control，该类库来自 System.Windows.Forms 命名空间，该命名空间提供各种控件类，使用这些控件类可以创建丰富的用户界面，具体实现功能由位于该命名空间下的 Control 系统类派生。Control 类将为 Form 中显示的所有控件提供基本功能，Form 类表示应用程序内的窗口，包括对话框、无模式窗口和多文档界面（MDI）客户端窗口及父窗口，同时也可以通过从 UserControl 类派生而创建自己的控件。

上述所有的这些可视化界面组件统一称之为控件，这些控件都源于 System.Windows. Forms 命名空间，该命名空间的结构如图 4-6 所示。

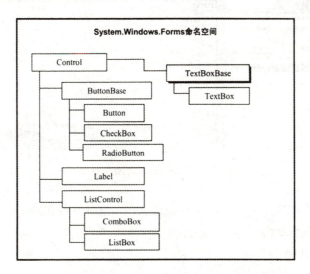

图 4-6 System.Windows.Forms 命名空间

建立第一个 WinForm 应用——员工信息录入功能

本次实验的目标是快速建立如图 4-7 所示的员工信息录入窗体，使读者快速掌握 WinForm 中的常用控件，包括标签控件、文本框控件、按钮控件和组合框、列表框控件。

实验步骤如下：

（1）如图 4-8 所示，从工具箱中拖曳具体的控件到 Form 窗体上，并更改标签对象和按钮的 text 属性为图 4-7 所示内容。将文本框、列表框和组合框的 Enabled 属性设置为 False，即设置这些控件为不可用状态。

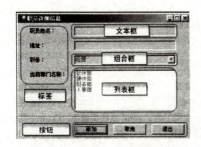

图 4-7 员工信息录入窗体界面

图 4-8 工具箱拖曳控件对象

（2）如图 4-9 所示，分别配置列表框和组合框的 Items 属性，在展开的字符串集合编辑器内输入如图 4-9 所示的具体文本信息。

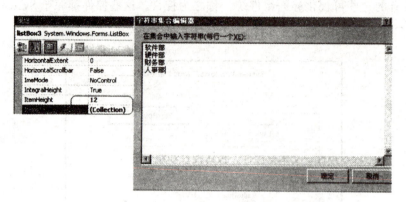

图 4-9　工具箱拖曳控件对象

（3）双击"添加"按钮，进入 .cs 文件编辑状态，准备进行开发。下面是"添加""取消"和"关闭"按钮的鼠标单击事件的详细代码。

"添加"功能源代码：

```
private void button1_Click ( Object send er, Event Args e )
{
      textBox1. Enabled=true ;
      textBox2 . Enabled=true ;
      listBox1 . Enabled=true ;
      combo Box1 . Enabled= true ; // 设置所有代码为可用状态
      comboBox1 . Selectedindex=0; // 设置组合框控件默认为第一个
      textBox11 . Focus() ; // 设置第一个文本框后的焦点
}
```

"取消"功能源代码：

```
private void button 2_Click( Object sender, EventArgs e)
{
      textBox1 . Enabled=false;
      textBox2 . Enabled=false;
      listBox1 . Enabled=false;
      comboBox1. Enabled=false ; // 设置所有代码为不可用状态
}
```

"关闭"功能源代码：

```
private void button 3_ Click( Object sender, EventArgs e)
{
      Appl ication .Exit();
```

// 通知所有消息泵必须终止，并且在处理消息后关闭所有应用程序窗口

}

4.2.2 基本控件的使用

（1）Label 标签控件

Label 标签控件是使用频率最高的控件，主要用于显示窗体文本信息。其基本的属性和方法定义如表 4-1 所示。

表 4-1　Label 标签控件的属性及方法

项目		说明
属性	Text	用于设置或获取与该控件关联的文本
方法	Hide	隐藏控件，调用该方法时，即使 Visible 属性设置为 True，控件也不可见
	Show	相当于将控件的 Visible 属性设置为 True 并显示控件
事件	Click	用户单击控件时将发生该事件

控件的隐藏，窗口的打开与关闭

本次实验的目标是建立两个窗体。当单击图 4-10 所示的登录系统时，可以打开另一个窗体，在单击"文字打开"后显示学校名称，单击"文字隐藏"后隐藏学校名称。通过本案例，读者能快速掌握窗体的打开和关闭技巧，以及标签的隐藏方法。

图 4-10　登录系统界面

实验步骤如下：

① 从工具箱中拖曳标签控件和 linkLabel 超链接文本控件到 Form 窗体上，更改标签文本的颜色、字体和大小属性，填写每个控件的 Text 属性（文字内容），达到图 4-10 所示效果。再建立 Form2 窗体，以便在单击"登录系统"后可以将其打开。

② 双击"登录系统"超链接文本，进入 .cs 文件编辑状态，准备进行开发。下面给出详细代码。

"打开新窗体"源代码：

```
private void linkLabell_LinkClicked(Object sender, LinkLabelLinkClickedEventArgs e)
{
    linkLabel1.LinkVisited=true; // 确认超文本文件链接是按照链接后的样式呈现
    Form2 newForm=new Form2(); // 实例化 Form2 窗体，命名为 newForm
    newForm.Show()；// 将实例化后的窗体打开
    this.Hide()；// 当前的窗体隐藏
}
```

"文字打开"源代码：

```
private void linkLabel2_LinkClicked(Object sender, LinkLabelLinkClickedEventArgs e)
{
    label2 . Hide() ;
}
```

（2）TextBox 文本框控件和 Button 按钮控件

TextBox 文本框控件是使用频度较高的控件，主要用于接收或显示用户文本信息。其基本的属性和方法定义如表 4-2 所示。

表 4-2　TextBox 文本框控件属性及方法

项目		说明
属性	MaxLength	可在文本框中输入的最大字符数
	Multiline	表示是否可在文本框中输入多行文本
	Passwordchar	机密和敏感数据，密码输入字符
	ReadOnly	文本框中的文本为只读
	Text	检索在控件中输入的文本
方法	Clear	删除现有的所有文本
	Show	相当于将控件的 Visible 属性设置为 True 并显示控件
事件	Key Press	用户按一个键结束时将发生该事件

Button 按钮控件主要接收用户功能确认操作，以期执行具体的触发事件。其基本的属性和方法定义如表 4-3 所示。

表4-3 Button 按钮控件属性及方法

项目		说明
属性	Enabled	确认是否可以启用或禁用该控件
方法	PerFormClick	Button 控件的 Click 事件
事件	Click	单击按钮时将触发该事件

用户登录功能设计

实验的目标是通过用户键入名称和密码，判别为非空之后，再判断是否符合系统规定的内容，无论成功或失败都提示用户操作结果。图 4-11 所示为目标界面。

实验步骤如下：

（1）从工具箱中拖曳标签控件、Button 按钮控件以及在工具栏内的容器中的 groupBox 控件到 Form 窗体上，调整各个控件的基本属性以达到图 4-11 所示的效果。特别值得注意的是用户密码文本框的设置工作，其更改属性的办法如图 4-12 所示。

图 4-11 用户登录功能设计目标界面　　图 4-12 改变文本框为密码框

（2）双击"确定"按钮，进入 .cs 文件编辑状态，准备进行开发，下面给出详细代码。

"用户登录"功能源代码：

```
private  void button1_Click(Object sender , EventArgs e)
{
    if (textBoxl. Text==string.Empty  11  textBox2 .Text==string.Empty)
    // 此处复习逻辑或关系的编写，以及如何判别字串为空
    {
        MessageBox . Show（"信息禁止为空！ "，"登录提示"）；
        //WinForm 环境下的弹出对话框
        textBox1.Clear() ;
        textBox2.Clear();
```

```
    textBox2 .Focus() ;
    // 清空名称和密码文本框，并使名称文本框获得焦点
    return;
    }
if(!textBox1 . Text.Equals ("admin") I I !textBox2.Text.Equals ( "admin" ) )
    {
    MessageBox . Show ( " 用户名称或密码为空！ ", " 登录提示 " ) ;
    //WinForm 环境下的弹出对话框
    textBox1.Clear() ; // 清理文本框的内容
    textBox2.Clear ();
    textBox2.Focus() ; // 清空名称和密码文本框，并使得名称文本框获得焦点
    return;
    }
    else
    MessageBox.Show ( " 欢迎您登录本系统！ ", " 消息提示 ' ) ;
    //WinForm 环境下的弹出对话框
    textBox1.Clear() ;
    textBox2.Clear() ;
    textBox2.Focus();
    }
}
```

"取消" 功能源代码:

```
private  void button2_Click(Object sender, EventArgs e)
{
    textBox1.Clear();
    textBox2.Clear() ;
    textBox2.Focus() ; // 清空名称和密码文本框，并使名称文本框获得焦点
}
```

（3）ListBox 列表框控件

ListBox 列表框控件主要用于显示多行文本信息，以提供用户选择。其基本的属性和方法定义如表4-4所示。

表 4-4 ListBox 列表框控件属性及方法

项目		说明
属性	Items	列表框中的具体项目，需要用户自行编辑
	SelectionMode	指示列表框是单项选择、多项选择还是不可选择
	SelectedIndex	被选中的行索引，默认第一行为 0
	SelectedItem	被选中的行文本内容
	SelectedItems	ListBox 的选择列表集合
	Text	默认的文本内容
方法	ClearSelected	清除当前选择
事件	SelectedIndexChanged	一旦改变选择即触发该事件

4.3 多文档界面 (MDI) 处理

4.3.1 多文档界面简介

我们在前面所设计的窗口被称为单文档窗口（SDI），如图 4-13 所示。但很多时候的应用软件是在多文档窗口环境下进行开发设计的，这种多文档界面就是所谓的 MDI，是从 Windows 2.0 下的 Microsoft Excel 电子表格程序引入的，这是因为 Excel 电子表格用户有时需要同时操作多表格，MDI 正好为这种多表格操作提供了很大的方便，于是就产生了 MDI 程序。在 Windows 3.1 版本中，MDI 得到了更大范围的应用，其中系统中的程序管理器和文件管理器都是 MDI 程序。

MDI 编程主要用于在主窗体中新建一个 MDI 窗体，并且能够对主窗体中的所有 MDI 窗体实现层叠、水平平铺和垂直平铺。虽然这些操作比较基本，但却是程序设计中的要点。

图 4-13 一般的单文档（SDI）界面

4.3.2 多文档界面设置及窗体属性

一般生成的窗体都属于单文档窗体（SDI），只有将单文档窗体的 IsMdiContainer 属性设置为 True，才可以将其设置为多文档窗体，如图 4-14 所示。

图 4-14 将单文档（SDI）界面改为多文档（MDI）界面

多文档界面的基本属性其实也就是窗体的属性，其主要属性、方法和事件如表 4-5 所示。

表 4-5 多文档界面属性

	项目	说明
属性	StartPosition	初始窗口位置。一般为了使窗体启动时居中对齐，多设置该属性值为 CenterScreen
	CancelButton	该属性可以自动搜寻当前窗体中的所有 Button 对象，通过列表由用户确认按下 ESC 键后执行哪个 Button 按钮
	ControlBox	确定系统是否有图标和"最大""最小""关闭"按钮。属性值为 true 或 false，为 false 时则无法看到标题栏目图标和"最大""最小""关闭"按钮
	FormBorderStyle	指定边框和标题栏的外观和行为。共有七种效果可供选择，比如选择 FixedToolWindow 时，仅存在"关闭"按钮，没有"最大"和"最小"按钮
	HelpButton	确定窗体的标题栏上是否有"帮助"按钮
	Key Preview	确定窗体键盘事件是否已经向窗体注册
	MainMenuStrip	确定键盘激活和多文档合并
	ShowInTaskbar	确定窗体是否出现在任务栏中
	WindowState	确定窗体的初始可视状态。共有 3 种状态：Normal 为正常态，Maximized 为初始最大化，Minimized 为初始最小化

项目		说明
方法	Activate	当窗体被激活时发生
	MdiChildActivate	当 MDI 子窗体被激活时发生
事件	Activated	当窗体被激活时发生
	Load	当用户加载窗体时发生

建立多文档界面（MDI）

本次实验的目标是建立一个 Form 主窗体，并在该主窗体中建立菜单，通过菜单打开其余的子窗体。最终显示界面如图 4-15 所示。

图 4-15　多文档主界面

实验步骤如下：

① 当前操作的 Form 窗体属性设置如表 4-6 所示。

表 4-6　窗体属性设置

属性名称	属性参数	设置说明
text	父窗口	窗体标签名称
StartPosition	CenterScreen	窗体居中
FormBorderStyle	FixedToolWindow	无"最大""最小"按钮
IsMdiContainer	True	设为 MDI 主窗口

② 为该 MDI 窗体配置 MainMenu 菜单，工具箱默认没有该控件，打开工具箱所有的 Windows 控件部分，右击工具箱界面，在打开的菜单中选择"选择项"命令，并在展开的"选择工具箱项"窗口中寻找 MainMenu 控件，添加后即出现在 Windows 控件部分。具体操作如图 4-16 所示。

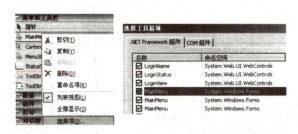

图 4-16 为 MDI 窗体添加 MainMenu 菜单控件

③ 打开解决方案资源管理器，新建一个 Windows 窗体，命名为 Form2，该窗体并非 MDI 窗体，即无须指定其 IsMdiContainer 属性为 True。双击图 4-16 中菜单项内的"子窗口 1"项，进入代码编辑区域，填写"子窗口 1"菜单项鼠标单击事件的源代码如下：

```
private void menuitem3_ Click(Object sender, EventArgs e)
{
    Form2 Mdichild=new Form2();// 首先实例化 Form2 对象，命名为 Mdichild
    Mdichild.MdiParent=this;
    // 其次指定即将打开的 Form2 对象的 MdiParent，即 Form2 对象的 MDI 父窗口，
    // 为当前的主 MDI 窗口
    Mdichild. Show ();// 显示 Form2 对象的 MDI 父窗口
}
```

此时，打开的 Form2 窗体就只能在当前窗体下活动，而不会超出当前窗体的范围。按照此方法，再建立两个窗体，命名为 Form3 和 Form4，并可以通过单击"子窗口 2"和"子窗口 3"菜单项打开它们。

4.3.3 多文档界面的窗体传值技术

一般在一个 Windows 开发项目中多文档窗口 (MDI) 只有一个，而其余的窗口为非 MDI 窗口，在设定窗口的父子关系时，需要指定这些非 MDI 窗口的 MDI 父窗口为当前的 MDI 主窗口，这样打开的子窗口才可以收到父窗口的限制。

在窗口系统开发中，都会或多或少地存在打开的子窗口彼此之间进行数据传接的问题，即多文档界面的窗体传值问题。

利用窗体参数定义进行传值。

本次实验的目标是建立一个 MDI 主窗体和两个子窗体，并实现打开某个窗体并录入信

息后，可以将信息显示在另一个窗体中。

实验步骤如下：

① 在多文档的建立案例的基础上，单击"窗口 1"菜单项打开第一个子窗口，将该窗口命名为 Form2，请读者自行按照图内各个控件进行属性设计工作。将 Form2 的 ComboBox1 下拉列表框填充完毕后，双击窗体界面对 Form2 窗体的 Load 事件进行编辑。

Form2 窗体的初始化源代码如下：

```
private void Form2 Load(Object sender, EventArgs e)
{
    comboBox1. Selectedindex=0;
    textBox3. Text="";
    textBox1.Focus() ;
}
```

② 建立表单窗体 Form3，并按图为该表单建立相应的控件以接收来自 Form2 的数据信息。回到表单窗体 Form2，双击 Button I "发送"按钮，开始将用户填写的信息提交给 Form3 窗体。

Form2 窗体 Button I "发送"按钮的鼠标单击事件源代码如下：

```
public void buttonl Click(Object sender, EventArgs e)
{
    if (textBoxl.Text=="" 11 textBox2 .Text=="")
    {
        MessageBox.Show（"姓名或者邮件信息禁止为空！ "，"信息提示"）;
    }
    else
    {
        this.Hide();
        Form3 childForm3=new  Form3(this.textBox1.Text, this.textBox2.Text,
        this.comboBox1. Selecteditem.ToString()) ;
        childForm3. Show();
    }
}
```

上面代码中的黑体字部分在实例化下一个窗体 Form3 时，将 Form3 窗体进行了参数的配置，即希望在实例化 Form3 窗体的同时将这 3 个参数（姓名、邮件、主题）传递过去。因此，必须在 Form3 窗体的 .cs 文件中对 Form3 窗体进行明确的参数定义。

Form3 窗体的定义及方法事件源代码如下：

```
public partial class Form3 : Form
```

```
{
    private string _name ;
    private string_emailid;
    private string _subject;
    private string _feedBack;
    // 注意：在对 Form3 定义时，明确指定了相关的参数
    public Form3(string varName, string varEmail, string varSubject, string varFeedBack)
    {
        InitializeComponent();
        // 在 private 变量中存储值
        this. name=varName;
        this. emailid=varEmail ;
        this. subject=varSubject;
        this. feedBack=varFeedBack ;
        // 在列表框中放置实例化后传来的参数值
        listBox1.Items.Add（" 姓名：" + this. name);
        listBox1.Items.Add（" 邮件地址：" + this. emailid);
        listBox1.Items.Add（" 信息主题：" + t his. subject);
        listBox1.Items.Add（" 反馈意见：" + this. feedBack);
    }
    // 定义了关闭按钮鼠标单击事件
    private void button1_ Click(Object sender, EventArgs e)
    {
        MessageBox.Show（" 感谢您输入的反馈！ "）；
        this.Close() ;
    }
}
```

4.4 菜单和菜单组件

4.4.1 简介

　　菜单是软件界面设计的一个重要组成部分，它描述了一个软件的大致功能和风格。所以在程序设计中处理好、设计好菜单，对一个软件的开发有着比较重要的意义。菜单的本质就

是提供了将命令分组的一致方法，使得用户易于访问，通过支持使用访问键启用键盘快捷方式，达到快速操纵软件系统的目的。

菜单从分类来说，可以分为菜单栏、主菜单和子菜单 3 个概念，如图 4-17 所示。

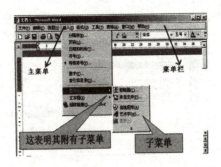

图 4-17　菜单栏、主菜单与子菜单

4.4.2　菜单的实践操作案例

建立简单的菜单

① 建立 WinForm 窗体并从工具箱的菜单和工具栏中拖放一个 MenuStrip 控件到窗体上，如图 4-18 所示。

图 4-18　拖放一个 MenuStrip 控件到窗体上

② 可以直接单击 MenuStrip 控件填写主菜单及子菜单名称，但是需要注意命名菜单时避免直接录入汉字。因为如果直接键入汉字命名菜单，则该菜单项的 Name 属性将出现汉字，不利于 C# 的编程，如图 4-19 所示。

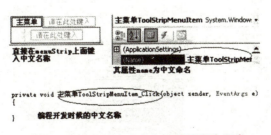

图 4-19　直接的中文命名不利于程序开发

113

虽然上述设计不会出现代码错误，但是建议采用单击 MenuStrip 控件，选择该控件的 Items 属性，在展开的项集合编辑器中直接设置的办法。图 4-20 所示为打开 Items 属性后的项集合编辑器。

图 4-20　打开 Items 属性后的项集合编辑器

③ 如果在命名时在 Text 属性处键入"文件（&N）"，将会产生"文件（N）"的效果，"&"将被认为是快捷键的字符。运行时按 Alt+N 键执行。同理，子菜单在命名时可以产生相同的效果。如图 4-20 中的 Text 属性所示。

④ 设置每个菜单项的 ShortcutKeys 属性。每个菜单项都有一个 ShortcutKeys 属性，该项属性为用户自定义的快捷菜单组合键设置项，如图 4-21 所示。但注意在进行设置时一方面要根据 Windows 操作系统的常用快捷菜单设置，如退出一般是 Alt+E 键，打开一般是 Ctrl +O 键等，另一方面至少需要一项修饰符和键组合，否则将出错。

图 4-21　设置菜单的快捷键

⑤ 在需要进行分割的时候，可以选择 Separator 选项进行功能性的分割，如图 4-22 所示。

图 4-22　为菜单设置分割条

⑥ 最后形成的菜单效果如图 4-23 所示。

图 4-23　菜单最后效果

4.5　窗体界面的美化

我们在进行 WinForm 设计的时候，用户界面的美观度和最后的用户感受是非常重要的。我们通过 Visual Studio 2005 设计的 WinForm 窗体系统界面都是普通窗体界面，并不算美观，大多数美化 WinForm 窗体的工作不是通过 Visual Studio 2005 设计的，而是通过第三方皮肤文件完成的。

找到文件 DotNetSkin.dll 或 lrisSkin2.dll，这两个文件是第三方开发设计的 WinForm 界面美化的主要文件。从本质上说，两个 dll 文件控件最后的作用都是一样的，不同的是 DotNetSkin.dll 使用的皮肤文件是 *.skn，而 IrisSkin2.dll 文件使用的皮肤文件是 *.ssk。

加载皮肤动态链接库文件并美化界面

① 从附件资料中确认有第三方动态链接库文件 DotNetSkin.dll 或者 IrisSkin2.dll，这两个文件是第三方开发设计的 WinForm 界面美化的主要文件，如图 4-24 所示。

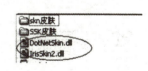

图 4-24　皮肤动态链接库文件

②打开 Visual Studio 2005，展开工具箱，右击，选择"添加选项卡"命令，新建选项卡"皮肤"，如图 4-25 所示。

图 4-25　新建选项卡"皮肤"

③ 在工具箱的新建选项卡"皮肤"中右击右键，选择"选择项"命令，将打开"选择工具箱项"窗口，如图 4-26 所示。

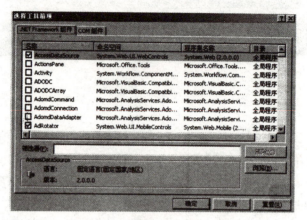

图 4-26　"选择工具箱项"窗口

④ 单击"浏览"按钮，导入文件 DotNetSkin.dll 或 IrisSkin2.dll ，则在工具箱的"皮肤"选项卡内出现皮肤控件，如图 4-27 所示。

图 4-27　皮肤控件

⑤ 皮肤文件的基本用法是：拖曳任意一个皮肤控件到某个窗体上，进行如下编码：

```
namespace WindowsApplicationl
{
  public partial class Forml : Form
  {
    public Form1 ()
    {
        InitializeComponent();
        //string path=Environment.CurrentDirectory + "\\SSK 皮肤 \\MacOS\\MacOS.ssk";
        //this.skinEnginel.SkinFile="* .ssk";
        string path=Environment.CurrentDirectory+"\\skn 皮肤 \\LE4-DEFAULT. skn";
        this.skinUil.SkinFile=path;
    }
```

```
    }
}
```

⑥ 皮肤文件的基本效果如图 4-28 所示。

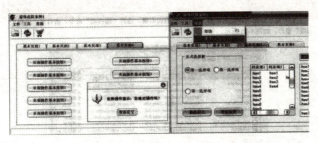

图 4-28　皮肤文件的基本效果

第 5 章 高级控件及 WinForm 实训

5.1 Windows 高级控件

5.1.1 单选按钮（RadioButton）

单选按钮是一种多选一类型的控件，通常情况下用来处理用户从多个选项中选择的唯一信息。基本样式如图 5-1 所示。

Windows 窗体中的 RadioButton 控件为用户提供由两个或多个互斥选项组成的选项集。虽然单选按钮和复选框功能类似，却存在重要差异：当用户选择某单选按钮时，同一组中的其他单选按钮不能同时选定。相反，却可以选择任意数目的复选框。定义单选按钮组将告诉用户："这里有一组选项，您可以从中选择一个且只能选择一个。"RadioButton 单选按钮的使用注意事项如下：

（1）在一个容器（如 Panel 控件、GroupBox 控件或窗体）内绘制单选按钮即可将它们分组。

（2）若要添加不同的组，必须将它们放到面板或分组框中。

图 5-1 单选按钮的基本样式

5.1.2 图片框控件

1.图片框控件的基本属性

Windows 图片框控件表示可用于显示图像，是使用频度较高的控件之一，主要用于显

118

示窗体文本信息。其基本的属性和方法定义如表 5-1 所示。

表 5-1　图片框控件的属性及方法

项目		说明
属性	Image	用于指定图片框显示的图像，该图像可在设计或运行时设置
	SizeMode	用于指定图像的显示方式。可以指定各种大小模式，包括 AutoSize、CenterImage、Normal 和 StretchImage。默认值为 Normal
方法	Show	是否显示控件，设置为 true 时显示图片，为 false 时不显示
事件	Click	用户单击控件时将发生该事件

2. 图片框控件实践操作

按照表 5-2 所示属性项进行配置的属性。

表 5-2　图片框控件的属性及方法

属性	参数设置
Image	WindowsApplication2.Properties.Resources._ 0344CE07
Size Mode	StretchImage：请选择其他方式加载图片信息

配置属性后的区域图片信息如图 5-2 所示。

图 5-2　配置属性后的区域图片

5.1.3　选项卡控件

1. 简介

在 Windows 应用程序中，选项卡用于将相关的控件集中在一起，放在一个页面中以显示多种综合信息。选项卡控件通常用于显示多个选项卡，其中每个选项卡均可包含图片和其他控件。选项卡相当于多窗体控件，可以通过设置多页面方式容纳其他控件。由于该控件的集约性，使得用户在相同操作面积中可以执行更多页面的信息操作，因此被广泛应用于 Windows 的设计开发中，深受程序员喜爱。一般选项卡在 Windows 操作系统中的表现样式如图 5-3 所示。

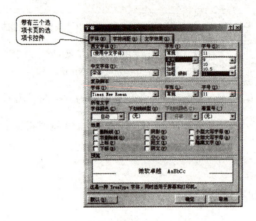

图 5-3　选项卡的基本样式

2.选项卡控件的基本属性

选项卡控件主要用在单个窗体上显示多个不同的操作工作区，增加用户操作的便捷性。其基本的属性和方法定义如表 5-3 所示。

表 5-3　选项卡控件的属性

属性	说明
MultiLine	指定是否可以显示多行选项卡。如果可以显示多行选项卡，该值应为 True，否则为 False。默认值为 False
SelectedIndex	当前所选选项卡页的索引值。该属性的值为当前所选选项卡页的基于 0 的索引。默认值为 –1，如果未选定选项，则为同一值
SelectedTab	当前选定的选项卡页。如果未选定选项，则值为 NULL 引用，返回或设置选中的标签（读者应注意这个属性在 TabPages 的实例上的使用）
ShowToolTips	指定在鼠标移至选项卡时，是否应显示该选项卡的工具提示。如果对带有工具提示的选项卡显示工具提示，该值应为 True，否则为 False（同时必须设置某页的 ToolTipText 内容）
TabCount	检索选项卡控件中选项卡的数目
Alignment	控制标签在标签控件中的显示位置。默认的位置为控件的顶部
Appearance	控制标签的显示方式。标签可以显示为一般的按钮或平面样式

续 表

属性	说明
HotTrack	如果这个属性设置为 True，则当鼠标指针经过控件上的标签时，其外观就会改变
RowCount	返回当前显示的标签行数
TabPages	控件中的 TabPage 对象集合。使用这个集合可以添加或删除 TabPage 对象

3.选项卡控件的实际操作

从工具箱中拖曳一个 tabControl 控件，通过设置其 TabPages 属性打开 TabPages 集合编辑器，单击该编辑器添加按钮，连续添加四个子页面，同时如图 5-4 所示设置每个子页面的 text 名称属性。最终效果如图 5-5 所示。

图 5-4　设置 TabControl 控件的属性

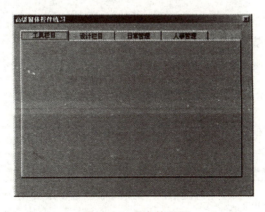

图 5-5　完成效果图

121

接下来，设置选项卡的提示信息，即当鼠标移动到某个页面后，弹出提示信息。设置步骤为：设置 TabControl 控件的 ShowToolTips 属性为 True，打开 TabControl 控件的 TabPages 属性，在打开的 TabPages 集合编辑器中，在某个具体选项卡的 ToolTipText 属性中键入提示信息。基本设计步骤如图 5-6 所示。

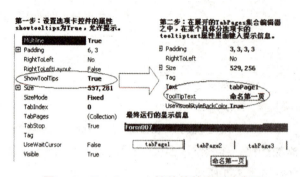

图 5-6　TabControl 控件的基本设计步骤

5.1.4　进度条控件

（1）简介

进度条控件主要用于指示某种操作的进度及完成的百分比，其外观是排列在水平条中的一定数目的矩形。在进行数据库读写操作或者文件的读写复制等操作的时候，该控件经常被用于告之操作进度，如图 5-7 所示。

图 5-7　进度条控件的属性及方法

（2）进度条控件的基本属性

进度条控件是显示用户当前进程的控件，其基本的属性和方法定义如表 5-4 所示。

表 5-4　进度条控件的属性

项目		说明
属性	Maximum	进度条控件的最大值。默认值为100
	Minimum	进度条控件的最小值。进度条从最小值开始递增，直至达到最大值。默认值为0

续　表

项目		说明
属性	Step	Perform Step 方法根据该属性增加进度条的光标位置的值。默认值为 10
	Value	进度条控件中光标的当前位置。默认值为 0
方法	Increment	按指定的递增值移动进度条的光标位置
	PerformStep	按 Step 属性中指定的值移动进度条的光标位置

（3）进度条控件的实际操作

从工具箱中将一个进度条控件（progressBar 1）、一个标签控件（label1，设置其 Visible 属性为 False ，即初始时不可见）和按钮控件（button1）拖到 Form 窗体上，并按照图 5-8 所示进行布局。

图 5-8　Form 窗体布局及演示

双击按钮控件（button1），在其鼠标单击事件中加入如下代码：

```
private void button1_Click(Object sender , EventArgs e)
{
    //本次为 MS SQLServer 数据库本机链接，测试数据库为 NorthWind ，测试的表为 Orders
    //默认链接用户名称 sa ，登录密码为空
    //请在头部引用 MS SQLServer 操作类库：using System.Data.SqlClient;
    string sqlstring=" Data Source=(local) ; Initial Ca talog=NorthWind; User ID=sa";
    //数据库连接字符串
    SqlConnection conn  = new SqlConnection(sqlstring);
    //数据表查询字符串
    string sql="select * from Orders ";
    //定义 SqlCommand 对象，命名为 cmd
    SqlCommand cmd=new SqlCommand(sql , conn );
    //定义 SqlDataAdapter 对象，命名为 adp
    SqlDataAdapter adp=new SqlDataAdapter() ;
    //将 SQL 查询命令结果缓冲至 SqlDataAdapter 对象
```

```
adp . SelectComrnand=cmd ;
// 定义 Dataset 对象，命名为 ds
Dataset ds=new Dataset();
// 将缓冲至 SqlDataAdapter 对象的数据填充至 Dataset 对象，进行离线数据处理
adp. Fill (ds) ;
// 释放数据库连接资源
conn.Dispose() ;
conn.Close();
conn=null ;
labell.Vi sible=true ;
// 设置进度条控件属性
progressBarl.Visible=true ; // 进度条控件可见
progressBar1.Minimum=0 ; // 进度条控件的最小值为 0
progressBar1.Maximum=ds.Tables[0].Rows.Count ; // 进度条控件的最大值为读取表
内容行数
progressBarl.BackColor=Color.Red ; // 进度条控件的背景色为红色
// 循环读取数据表内容，读取次数为表内容行数
for (int i=0 ; i<ds.Tables[0].Rows.Count; i++)
{
progressBarl.Value ++ ; // 每次读取数据表，进度条值加 1
Application.DoEvents() ; // 当前程序处理消息队列内容
this.label1.Text=progressBar1. Value.ToString () ; // 将进度条当前值显示在标签控件
}
}
```

5.1.5　I magelist 控件

（1）简介

位于 Systems.Windows.Forms 命名空间内的 ImageList 控件主要用于缓存用户预定义好的图片列表信息，该控件并不可以单独使用以显示图片内容，必须和其他控件联合使用才可以显示预先存储在其中的图片内容。其在工具箱中的图标样式如图 5-9 所示。

图 5-9　ImageList 控件图标样式

（2）lmageList 控件的基本属性及方法

ImageList控件用于存储用户预定义的图标列表信息，其基本的属性和方法定义如表5-5所示。

表 5-5　进度条控件的属性

项目		说明
属性	Images	该属性表示图像列表中包含的图像的集合
	ImageSize	该属性表示图像的大小，默认高度和宽度为 16 × 16 ，最大大小为 256 × 256
方法	Draw	该方法用于绘制指定图像

（3）lmageList 控件的实际操作

① 从工具箱拖放一个 ImageList 控件到 Form 窗体，选择该控件并打开其属性，配置 Images 属性。同时应特别注意配置 ImageSize 属性，该属性决定今后图片显示的大小。将该属性设置为（25,30），如图 5-10 所示。

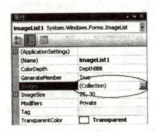

图 5-10　配置 Images ImageSize 属性

② 单击 Images 属性边上的按钮，在打开的配置对话框中单击"添加"按钮，选择具体的一组图片，同时可以单击"移除"按钮，删除无效图片，如图 5-11 所示。

图 5-11　编辑 Images 属性内容

③ 右击工具箱，选择"选择项"命令，在打开的选择工具箱中将 ToolBar 组件勾选后，在当前的 Form 窗体中拖曳该 ToolBar 控件，如图 5-12 所示。

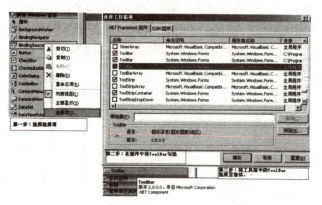

图 5-12　工具箱内的 ToolBar 控件

④ 单击 ToolBar 控件，指定其 ImageList 控件对象为刚添加图片列表的 ImageListl 控件，并选择该 ToolBar 控件的 Buttons 属性，如图 5-13 所示。

图 5-13　工具箱内的 ToolBar 控件

⑤ 在打开的 ToolBarButton 集合编辑器中连续添加 5 个 Button 按钮，并为每个按钮的 Image Index 属性配置来自 ImageList 控件的图片信息，如图 5-14 所示。

图 5-14　在 ToolBarButton 集合编辑器中添加按钮

⑥ 配置完毕后的界面如图 5-15 所示。

图 5-15 ToolBar 与 ImageList 控件联合使用的效果

5.2 WinForm 打包和部署

5.2.1 WinForm 打包和部署介绍

1. 简介

（1）打包模式

为应用程序打包有很多种方法，其中包括：

- 安装程序文件（使用 Microso 位 Windows 安装程序）
- CAB 文件项目
- 合并模块

要将合并模块添加至部署项目，请执行以下步骤：在"解决方案资源管理器"中选择部署项目。单击"项目"→"添加"→"合并模块"命令，使用"添加模块"对话框选择要添加的合并模块。

（2）部署应用程序

可以使用下列方式之一部署 WinForm 应用程序：

- 运行安装程序
- 使用 Internet 下载并部署 CAB 程序包
- 使用 XCOPY 将文件复制到目标文件夹中
- 使用系统管理服务器将应用程序部署到几台目标计算机上

2. 创建部署项目

新建部署项目应遵循如下步骤：

（1）打开现有或新的 WinForm 应用程序。

（2）单击"文件"→"新建"→"项目"命令，打开"新建项目"对话框。

（3）从"项目类型"列表中选择"安装和部署"文件夹，如图 5-16 所示。

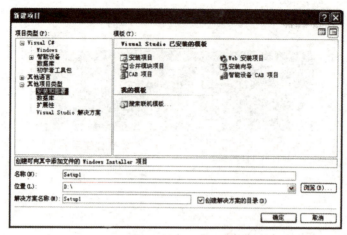

图 5-16　新建项目示例

（4）在对话框右边的"模板"列表中选择所需的部署项目类型，类型包括：

• 安装项目
• Web 安装项目
• 合并模块项目
• 安装向导
• CAB 项目

可用于 WinForm 应用程序的模板的说明如表 5-6 所示。

表 5-6　安装项目类型

项目类型	说明
安装项目	用于为 WinForm 应用程序创建安装程序
Web 安装项目	Visual Studio.NET 还支持在 Web 服务器上部署。使用此方法在 Web 服务器上安装文件，将自动处理与注册和配置相关的问题
合并模块项目	可以由多个应用程序共享的程序包和组件。例如，如果应用程序有五个实用程序文件，则可以将它们打包到一个合并模块项目中，然后合并到任何应用程序中
安装向导	它是一个向导，指导用户快速完成创建安装程序的步骤。可以自定义安装向导，以便在安装期间添加更多文件或练习更多控件
CAB 项目	生成用于下载到 Web 浏览器的 CAB 文件

5.2.2 简单的打包和部署

下面，通过实例学习如何进行简单的 WinForm 应用程序的打包和部署。

（1）新建安装部署项目。

打开 Visual Studio 2005，单击"新建项目"按钮，选择"其他项目类型"→"安装与部署"→"安装向导"（或"安装项目"），然后单击"确定"按钮，如图 5-17 所示。

（2）配置安装系统文件

单击图 5-17 中的"确定"按钮后，将进入安装系统文件的配置界面中，如图 5-18 所示。

① 单击"应用程序文件夹"，在打开的右侧界面中右击，在弹出的快捷菜单中选择"添加"→"文件"命令，如图 5-19 所示。

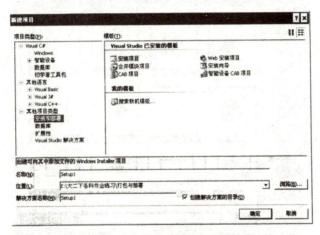

图 5-17 新建安装部署项目

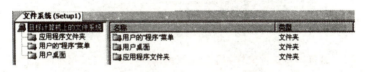

图 5-18 安装系统文件的配置界面

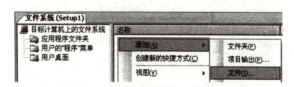

图 5-19 创建可执行文件快捷方式

② 在打开的"添加文件"对话框中，添加某文件夹中具体的文件，这类文件主要包括两种：.Exe 文件或 .dll 文件。一般而言，一个 C# WinForm 应用程序在 Visual Studio 2005 平台下开发的时候，会自动将这两种文件生成在 WinForm 应用程序所在目录下的 bin 文件夹

的 Debug 子文件夹下，其中 .exe 为可执行文件，而 .dll 文件的来源多是用户自定义编辑的
类库文件，或者是第三方的动态链接库文件。如果你的项目中存在上述两种情况，那么请你
务必将这些文件一并作为打包文件放进来。

图 5-20 所示为最终找寻的 .exe 文件或者是 .dll 文件所在之处。其实一个比较简单的办
法就是将 WinForm 应用程序所在目录下的 bin 文件的 Debug 子文件夹下面的所有文件全部
取来即可。这里有一点要提醒读者的是：如果你的项目中有图片或者其他多媒体文件，也应
一并选中放在文件里面。选择后的文件将出现在"应用程序文件夹"中，如图 5-21 所示。

右击"应用程序文件夹"，选择"属性"，在弹出的"属性"窗口中将 defaultlocation
属性路径中的"[manufacturer]"删除，否则安装程序默认安装目录会是" c:\programm
file\ 用户名 \ 安装解决方案名称"，如图 5-22 所示。

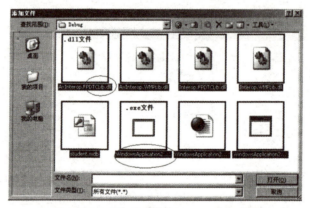

图 5-20　选择动态链接库和可执行文件

图 5-21　选择的可执行文件和动态链接库文件出现在"应用程序文件夹"中

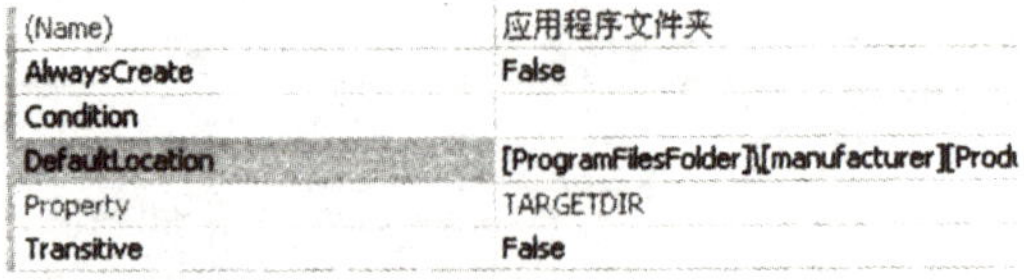

图 5-22　删除属性 [manufacturer]

③ 在图 5-21 的基础上，右击右侧栏目，选择"添加"→"文件夹"命令，如图 5-23
所示并为该文件夹取名为 img 。该 img 文件夹存储系统的所有图片文件，为启动和卸载文
件分别增加快捷图标做前期准备，类型必须为 .ICO 文件（图标文件）。

图 5-23　添加图片文件夹

再单击左侧新建的 img 文件夹，右击右侧栏目，选择"添加"→"文件"命令，选择两个 .ICO 文件（图标文件）放置其中即可，如图 5-24 所示。

图 5-24　添加 ICO 图片文件夹

④ 本步骤对于卸载软件系统至关重要，如果不添加将无法卸载已经安装的文件。再次右击右侧栏目，选择"添加"→"文件"命令，在 C:\windows\system32 文件夹下找寻一个叫 msiexec.exe 的文件，如图 5-25 所示，并将其添加到应用程序文件夹下。该文件将负责卸载安装的软件。

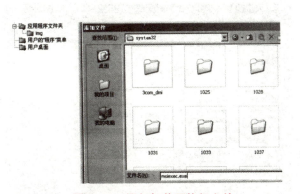

图 5-25　添加卸载可执行文件

⑤ 本步骤将在应用程序文件中增加系统 .NET Framework 组件。对于没有安装 .NET Framework 组件的操作系统来说，如果不进行这一步，即便安装了您的应用软件，该系统也无法运行。

打开解决方案资源管理器，右击解决方案名称，选择"属性"命令，在打开的属性页中，单击"系统必备"按钮，如图 5-26 和图 5-27 所示。

在图 5-27 展开的系统必备内容中，将 .NET Framework 2.0 组件包和 Windows Installer 2.0 组件包一并选中，如图 5-28 所示。

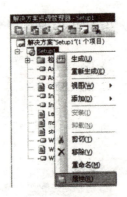

图 5-26　选择安装项目属性

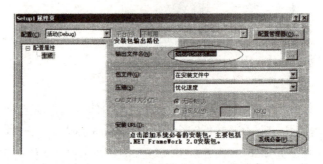

图 5-27　展开后的系统安装包配置

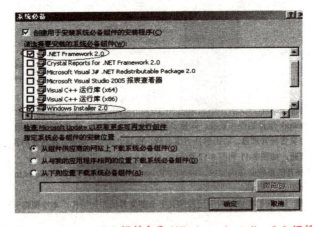

图 5-28　将 .NET Framework 2.0 组件包和 Windows Installer 2.0 组件包一并选中

⑥ 截至步骤⑤，我们完成了对应用程序夹中全部文件的添加工作。本步骤将引导读者开始配置左侧导航条中的"用户的'程序'菜单"。该菜单将出现在操作系统"开始"栏的"程序"文件夹中，因此建议以文件夹形式出现，里面包含执行程序和卸载程序两个可执行文件的快捷方式。

单击"用户的'程序'菜单"选项，在右侧导航栏目中的空白处右击，选择"添加"→"文件夹"命令，此处将这个文件夹取名"警匪争霸"，如图 5-29 所示。

图 5-29　在"用户的'程序'菜单"中建立文件夹

在"警匪争霸"文件夹中右击，选择"创建新的快捷方式"命令，如图 5-30 所示。

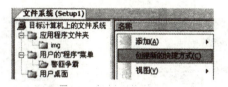

图 5-30　创建新的快捷方式

在打开的"创建新的快捷方式"窗口中，选择"应用程序文件夹"中的可执行文件 (.exe 文件)。这两个文件分别是 WindowsApplication2.exe（项目可执行文件）和 msiexec.exe（卸载软件项目可执行文件），如图 5-31 所示。

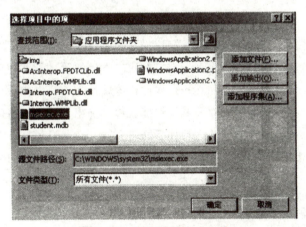

图 5-31　添加快捷方式文件

在"应用程序文件夹"中，名称不太适合安装包的命名。请将这两个快捷方式分别更名为"警匪争霸"和"卸载警匪争霸"，如图 5-32 所示。

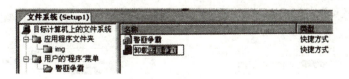

图 5-32

⑦ 截至步骤⑥，我们完成了在"开始"栏的"程序"文件夹中添加执行文件夹的任务。此次步骤将完成快捷方式文件的图标配置工作。

右击快捷方式文件"警匪争霸"，在弹出的菜单中选择"属性"命令，在"属性"窗口中配置快捷文件"警匪争霸"的 icon 属性，选择"浏览"，如图 5-33 所示。

在弹出的"图标"对话框中，单击"浏览"按钮，寻找应用程序文件夹下面的 img 文件夹，选择其中的一个 ico 图标，如图 5-34 所示。"卸载警匪争霸"的快捷方式图标的配置步骤与此相同。

图 5-33　配置快捷文件"警匪争霸"的 icon 属性

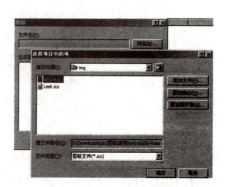

图 5-34　选择图标文件

⑧ 此步骤中我们将完成对卸载文件注册表的配置工作。如图 5-35 所示，将"解决方案资源管理器"和"属性"窗口进行排列，在"解决方案资源管理器"中单击此次项目，会看到在"属性"窗口中出现名为 ProductCode 属性，该属性为项目操作系统注册表文件的注册编号，复制该编号。右击"卸载警匪争霸"快捷文件，弹出"属性"窗口，将刚才复制的注册编号复制到 Arguments 属性中，并进行如下修改："Ix {ProductCode}"，以本次案例为准就是"Ix{DC l 7056E-F3 3 l-449C-8409-4A 7 4CE60F3 83}"，如图 5-36 所示。

图 5-35　查看此次安装包注册表编号　图 5-36　配置卸载快捷方式 Arguments 属性

⑨ 截至步骤⑧，我们已经完成了"用户程序菜单"的快捷文件配置工作，本次步骤我们将配置桌面快捷文件。单击"用户桌面"，在右侧栏目中创建快捷方式，添加可执行文件，配置可执行文件快捷方式的图标属性。具体步骤与步骤⑧基本一致，如图 5-37 所示。

⑩ 选择"生成"→"生成解决方案"命令，如图 5-38 所示。

图 5-37　配置桌面快捷方式　　　　　图 5-38　生成解决方案

在目标输出路径下可以看见输出的安装包文件，如图 5-39 所示。

图 5-39　生成安装包文件

运行 setup.exe 文件，即可以安装你的软件到任何的计算机中。当然，执行"卸载警匪争霸"，即可以完成对软件的卸载工作。效果如图 5-40 和图 5-41 所示。

图 5-40　软件安装步骤

图 5-41　软件安装后的程序运行部分

5.3　WinForm 课程实训

5.3.1　筹建项目小组的基本原则

项目小组的筹建工作本质是根据任务目标搭建组织结构的过程，因此按照组织结构中人员组成的不同可以划分为跨专业项目小组实训和同班级项目小组实训。前者实训组织工作难度较大，需要细致的分工协作，注重日常的沟通协调工作。后者实训组织工作相对较为容易一些。

（1）如何进行项目小组成员分割

① 跨专业项目小组的实训

跨专业项目小组的实训一般属于较大规模的综合实训，由于成员来自不同的班级，因此需要根据项目情况实施纵向班级成员、横向项目小组成员的组织办法，如图 5-42 所示。

图 5-42　跨专业小组分工实训

专业小组分割原则以随机构成为宜，这样更能够激发组员为组织目标而努力，减少成员能力不同而造成的差异。

② 同班级项目小组的实训

同班级项目小组的实训由于组员知识结构相似，因此需要教师根据学生生活的实际情况进行组织。建议教师规定每小组成员数（根据项目难度），而具体的组员由班内成员自由结合。

（2）确定项目小组的项目经理

一般在项目小组成员确立后，由教师组织学生进行第一次小组会议，由学生确定项目组的名称、组织徽标和组织口号等。教师将以上小组信息公示，以建立组织的基本形式，为下一步小组间的竞争奠定基础。

另一个重要的工作是推选小组的项目经理，项目经理的考核分数与小组最后成绩挂钩，由小组成员自我介绍，成员推选的模式产生。在条件允许情况下，最好配发相关的胸牌给每个成员（按照司职不同进行命名），增强成员的集体意识。

5.3.2　项目小组任务分工阶段

在团队开发过程中，需要根据组员的能力和特点分派具体不同的工作，使其协调一致地完成软件项目。约束彼此工作进程和提高工作绩效一般采用文档推动的方式。在项目初期组员彼此之间不是非常了解的情况下，需要项目负责人通过有效的文档快速决定任务的有效分派。这个阶段实训过程中主要的文档建议包括以下 3 种：

（1）《项目工作计划书》及甘特图

本文档主要解决每个人干什么、干多少、工作计划如何的问题，如图 5-43 所示。甘特图是管理学中控制项目计划的重要手段，可以让学生清晰地了解项目的实施计划是如何构建的。一般通过 Microsoft Office Project 设计甘特图，如图 5-44 所示。

项目小组任务分工表

（附带任务甘特图）

项目经理姓名：　　　　　　　　　　　专业班级：
参与项目：　　　　　　　　　　　　　组　别：
项目组成员：

阶　段	任　务	执行人	完成时间	经理签字
项目周报		项目经理		
个人工作日志		项目组员		
需求分析	✓可研报告书编写			
	✓甘特图编写			
	✓编写项目计划书			
功能模块设计	✓功能模块规划说明			
软件流程概要设计汇总	✓编写需求分析报告书			
软件界面设计	✓改版软件美工及 CSS 设计			
数据库设计	✓编写数据库报告书			
层次模型设计	✓制定基本软件架构			
详细设计	✓具体模块算法分析			
代码开发	✓分模块实施开发计划			
软件测试	✓分模块实施测试			
软件安装	✓软件安装部署			
答辩	✓小组答辩			

图 5-43　项目小组任务分工表

	❶	任务名称	工期	开始时间	完成时间	前置任务	2008年7月20日 日 一 二 三 四 五 六	2008年7月27日 日 一 二 三 四 五 六	2008年8月3日 日 一 二 三 四 五 六
1		教师讲解实训任务及要求	1 工作日	2008年7月23日	2008年7月23日				
2		学生了解需求	2 工作日	2008年7月24日	2008年7月25日	1			
3		进行设计	3 工作日	2008年7月26日	2008年7月28日	2			
4		编写代码	9 工作日	2008年7月29日	2008年8月6日	3			
5		测试、运行软件	3 工作日	2008年8月7日	2008年8月9日	4			

图 5-44　通过 Microsoft office Project 设计的甘特图

（2）《实训人员工作日志》

该工作日志的具体格式见随书文档。本日志内容主要是规定小组成员每人每天必须填写的心得和体会，由项目经理负责验收，不必交给指导教师。格式如图 5-45 所示。

项 目 周 工 作 日 志

姓名：李清龙　　　　　　　　细分部门：综合实训成绩管理系统四组
日期范围：　2008 年 12 月 21 日~2008 年 12 月 27 日

星期	日期	工作内容	【必须如实填写今日工作的收获和经验总结】			经理签字
			技术要点	举例	说明	
周一	12-21	回顾实训课内容	1、窗体的设计	MaximizeBox=False	Label 控件主要用来显示数据信息，它是只读的。我们利用最多的属性就是 Text，将 Text 属性设置一个文本，就会在程序运行时看到文本显示在原	陈佳红
			2、Button 控件的使用	private void button1_Click(object sender,System.EventArgs e){ this.timer1.Start() }	Button 控件同 Lable 控件和 TextBox 控件一样，是 Windows 窗体程序设计中用到最多的控件。Button 控件的主要用途是获取用户的点击输入。首先，我们要给 Button 控件的 Text 属性赋一个文本，指引用户在程序运行时点击此按钮控件。其次，我们要实现 Button 控件的 Click 事件的处理方法，以完成用户点击此按钮后需要的效果。所有的窗体控件都有一系列事件，其中 Click 事件是 Button 控件最重要的事件，也是我们编写程序时遇到最多的事件，我们将大量的方法调用都写在该事件的处理方法里。	

图 5-45　实训人员工作日志表

（3）《实训周工作日志》

本工作日志用于检验每周工作完成情况，查漏补缺，不断完善工作方式，改正小组成员错误的工作态度和习惯，具体格式见随书电子文档。本报告主要是由实训小组项目经理每周向指导教师提交一次，由指导教师负责验收，同时有针对性地就实训环节发生的问题予以解决，必要时可以和小组一起讨论解决。格式如图 5-46 所示。

项 目 周 报

文档编号：1

本文档每周_____18：00 前提交_____老师。

项目组名称	即时聊天系统	填写人	宗欢欢	填写日期	07-10-25

项目状态说明(必填)

项目名称	即时聊天系统	项目组人数	8
本周项目组成员	宗欢欢、沈立妙、钟怀庆、卢立楷、张洪盛、赵首库、陈雄飞、廖浩骅		
本周计划 内容摘要	1．项目计划 2．读前人材料 3．写需求分析说明书（部分） 4．填写周工作日志		
本周计划工作量(人天)	8人5天	本周实际工作量(人天)	8人5天
本周计划完成的任务数	4	本周实际完成的任务数	4
是否需调整阶段计划以及理由和办法	需要调整阶段计划：无		

[本周计划(实际)完成的任务数]：指在上周及以前分配的应(实际)在本周结束的任务个数，不包括在本周开始而未结束的任务]

本周任务情况(必填)

任务编号	任务名称	完成否(Y/N)	拖延否(Y/N)	影响进度否(Y/N)	偏差天数
KQ—0613--1	项目计划	Y	N	N	0
KQ—0613--2	读前人材料	Y	N	N	0
KQ—0613--3	填写周工作日志	Y	N	N	0

[表中所列任务为本周计划中的各项任务。其中，

任务编号：项目代码＋‘－’＋日期（yyyymmdd）＋序号，其中日期为任务分配的日期；

拖延否：当任务未按预期时间完成时，即为拖延，请填写 Y，否则填写 N；

影响进度否：对于拖延的任务应在此注明其是否影响项目的阶段整体进度]

本周工作小结(必填)

[请以文字的方式总结本周项目组整体工作的完成情况、完成质量、存在偏差的主要原因及解决办法等。]

本周工作主要是让大家互相熟悉，并且阅读前人文档，做出项目开发计划。都已经按时完成。但是程度不同，不排除会出现文档阅读的不细致等情况。

问题及解决方法(依实际情况填写)

编号	问题简述	状态	解决方法	计划/实际解决日期	负责人

[说明项目组内部、与外部(与项目其他小组、与用户)存在的管理、协调、沟通等方面的问题，并制定相应的解决计划。如果需要部门协调的，请指出。]

图 5-46　实训人员周报

5.3.3　需求分析阶段（软件及数据库建模）

此时仍然没有正式进入软件设计开发阶段。此阶段要求小组在指导教师的指导下编写两份报告，这两份报告将成为整个项目小组今后软件设计的主要指导性报告。

①《软件需求分析报告书》。辅助设计软件——Microsoft Office Visio 2003 。该报告主要陈述软件的需求规定、数据流图、数据字典、主要功能模块图、软件范围的界定等内容。有关该类报告的格式请参见随书电子文档部分。

②《数据库分析报告书》。辅助设计软件——SysBase PowerDesigner 13.0 。该报告要求教师引导学生掌握 SysBase PowerDesigner 数据库设计工具的使用，包括概念模型图（CDM）和物理模型图（ PDM ）的绘制方法、数据转换、导入导出技巧等。同时产生数据库最终的物理表及逻辑关系。本次即时聊天系统的数据库结构图如图 5-47 所示。

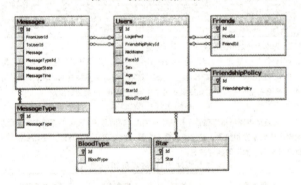

图 5-47　即时聊天系统的数据库结构图

5.3.4　软件开发的实施阶段

在软件规划设计整体结束后，软件项目的开发将转移至代码编写开发设计阶段。

（1）代码开发阶段的指导步骤

此阶段需要更多的时间和精力，具体指导步骤如下：

① 按照 OOP 设计原则，进行分层设计开发：将集约化的类提炼出来，进行抽象，提前进行封装。作成电子报告书，在小组内部传阅。

② 每天进行例会，讨论项目进展和成功失败经验，由项目经理控制整体进度。

③ 提炼共有问题，积极解决。注意控制项目周报告制度。

（2）代码开发阶段难点分析

① 基本的开发设计思路和方向

第一种设计方向是数据库 ADO.NET 与 WinForm 的联合开发，通过数据库服务器相关表的不断循环遍历，获取聊天信息及进行好友的添加和删除。该种方案代码实施较为简单，难度不大，一般的项目组很容易实施。

第二种方案是采用多线程 + ADO.NET+WinForm 的联合开发，通过网络编程技术，将用户聊天记录、用户添加信息等作为线程进行处理和通信，同时该方案是典型的服务器和客户机的联合开发，服务器端随时监听服务器的线程消息，并将线程转发给对应的客户机。对于保留的用户信息及用户关系进行数据库记录，对于客户端聊天信息以文本形式在客户端保存。该种方案设计难度大，效果好，执行效率非常高，对于提升小组开发水平会起到很大的作用。建议对于学有余力的项目组推荐这种开发模式。

② 添加好友判断逻辑流程分析

添加好友判断逻辑流程分析图如图 5-48 所示。

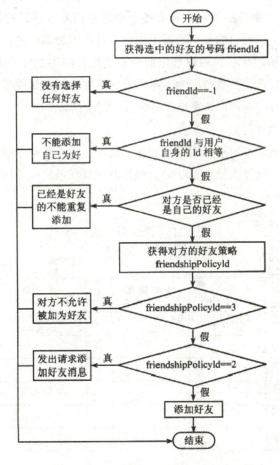

图 5-48　添加好友判断逻辑流程分析图

③ 有新消息时如何实现头像的闪烁

当用户成功完成登录后将进入聊天主窗体，首先从数据库相关表中扫描是否有发给该用户的未读聊天消息。一旦发现有未读信息，则利用 Timer 控件实现并控制好友头像闪烁，当用户单击该头像消息后，设置未读信息为已读信息，并停止闪烁头像。

5.3.5 软件测试阶段

该阶段将产生两份报告书:《软件测试计划书》和《软件测试报告书》，有关该报告书的格式见随书电子文档部分。一般而言，软件测试是最后提交客户前进行的测试过程，该测试过程可以包括以下几方面的测试流程:

- 集成测试:《集成测试用例设计规格》《集成测试测试用例》
- 数据库测试:《数据库测试用例设计规格》《数据库测试用例》《数据库测试计划》
- 系统测试:《系统测试用例》

5.3.6 安装部署、答辩阶段

软件经过开发设计和测试阶段后，要求各个小组进行软件项目的最后打包和安装。项目小组一般由项目经理负责项目的最后答辩工作，答辩以组为单位进行，分为主答和辅答人员，答辩时需要准备的资料包括:项目规定的所有文档、演讲 PPT 和软件运行录像等。答辩时教师的主观因素占很重要的成分，为了尽可能的降低主观测评成分，需要提出综合实训评价体系。笔者认为综合实训评价体系可以分为以下四个阶段。

（1）小组成员平时测评记分

本阶段记录在小组成员平时进行实训时的基本情况，重点考察小组成员是否按照规定完成软件项目的具体工作，测评满分为 100 分，根据其完成任务的权重和质量及完成度给予一定的分数，如图 5-49 所示。

员 工 评 分 表

员工姓名:
参与项目:

专业班级:
组　别:

阶　段	任　务	满分	完成情况	得分	评　语
需求分析		5			
界面设计	完成界面设计任务	20	完成 70% 的规划，成果可利用。	14	规划能力能够适应岗位，工作速度不快。
数据库设计		15			
概要设计汇总		8			
代码开发		30			
软件测试		20			
打包安装部署		2			
总　分		总评			

图 5-49　员工平时测分表（满分 100 分）

（2）小组答辩记分

本阶段记录项目小组进行答辩时给予的测评成绩，根据答辩者组织责任和完成任务程度及质量给予具体判分，满分100分，如图5-50所示。

软 件 评 分

项　目：

项目组	软件		表达		总分
	功能完整，技术含量高（35）	界面友好（25）	讲述水平（20）	答辩水平（20）	
1组					
2组					
3组					

评委签名：

1、功能完整指能满足用户使用需求，技术含量指开发人员应用新算法、新方法、新组件的能力。
2、界面友好指软件界面安排合理、漂亮，易学、易用，跳转方便，信息反馈清楚。
3、讲述水平指讲述者表达是否清楚、流利。
4、答辩水平指学生回答问题是否准确，知识是否丰富。

图5-50　小组答辩评分表（满分100分）

（3）小组成员非技术因素记分

本阶段为某小组成员平时表现测评表，包含小组成员在进行项目活动时的非技术因素表现，满分为100分，如图5-51所示。

员 工 附 加 分 表

员工姓名：　　　　　　　　　　专业班级：
参与项目：　　　　　　　　　　组　别：

附加考核项	满分	扣分	完成情况	得分	评语
考勤	30				
团队合作	10				
领导岗	10				
项目演示	20				
成果的数量和质量	30				
				总评语	
总　分	100	最终得分			

图5-51　员工附加分数表（满分100分）

辅助测评量化系数如下：

① 考勤：全勤系数为1，旷工1次，扣除0.1系数。

② 团队合作：分为优、中、差三级，系数为1、0.8、0.6，由组内成员评定。

③ 领导岗：项目经理和技术经理的系数为1，其他成员系数为0.8。

④ 项目评审会：项目演示成绩分为优、中、差三等，系数为1、0.8、0.6，由考核领导小组评审。

⑤ 成果的数量和质量：产品中的软件、代码、文档等要求的成果，数量满系数为1，少一个扣除0.1系数。质量也分为优、中、次，系数为1、0.8、0.6，由考核领导小组评审。

（4）员工最终成绩评定

以上3个阶段的测评可以基本反映学生的实训基本成绩信息，图5-52给出了4个档次的学生综合分数评定标准，利用该表可以客观公正地给出每一位实训参与者的实训成绩。

员 工 实 训 最 终 成 绩 表

员工姓名：　　　　　　　　　　　专业班级：
参与项目：　　　　　　　　　　　组　别：

评分项目	满分	实际得分	评 语			
员工评分表得分	100					
员工附加得分表得分	200					
总　分	300		优秀 （300-255）	良好 （256-210）	及格 （209-180）	不及格 （179-0）

图 5-52　员工最终实训成绩表（满分 300 分）

第 6 章　WPF 入门

6.1　WPF 是什么

WPF 是 Windows Presentation Foundation 的首字母缩写，中文译为"Windows 呈现基础"，因为与"我佩服"拼音首字母组合一样，国内有人调侃地称之为"我佩服"。WPF 由 .NETFramework 3.0 开始引入，与 Windows Communication Foundation（WCF，是由微软开发的一组数据通信的应用程序开发接口）及 Windows Workflow Foundation（WWF，是一项微软技术，用于定义、运行和管理工作流程）一并作为新一代 Windows 操作系统以及 .NET 框架的三个重大应用程序开发类库。

WPF 是微软的新一代图形系统，为用户界面、2D/3D 图形、文档和媒体提供了统一的描述和操作方法。基于 DirectX 技术的 WPF 不仅带来了前所未有的 3D 界面，而且其图形向量渲染引擎也大大改进了传统的 2D 界面，比如从 Vista 操作系统开始的 Windows 中的半透明效果的窗体等都得益于 WPF。程序员在 WPF 的帮助下，要开发出媲美 Mac 程序的炫酷界面已不再是遥不可及的奢望。WPF 相对于 Windows 客户端的开发来说，向前跨出了巨大的一步，它提供了超丰富的 .NET UI 框架，集成了矢量图形、丰富的流动文字支持（Flow Text Support）、3D 视觉效果和强大无比的控件模型框架。

WPF 是 Windows 操作系统中的一次重大变革，与早期的 GDl+/GDI 不同，WPF 是基于 DirectX 引擎的，支持 GPU 硬件加速，在不支持硬件加速时也可以使用软件绘制，提高使用者的体验，能自动识别显示器分辨率并进行缩放。WPF 统一了 Windows 创建、显示和操作文档、媒体和用户界面（UI）的方式，便于开发人员和设计人员可以创建更好的视觉效果、不同的用户体验。Windows Presentation Foundation 发布后，Windows XP、Windows Server 2003 和以后所有的 Windows 操作系统版本都可以使用它。

WPF 的核心是一个与分辨率无关并且基于向量的呈现引擎，旨在利用现代图形硬件的优势。WPF 通过一整套应用程序开发功能扩展了这个核心，这些功能包括可扩展应用程序标记语言（XAML）、控件、数据绑定、布局、二维和三维图形、动画、样式、模板、文档、媒体、文本和版式。WPF 包含在 Microsoft .NET Framework 中，使您能够生成融入了 .NET Framework 类库的其他元素的应用程序。

6.2　WPF 的特点

（1）矢量图的超强支持

WPF 兼容支持 20 绘图，比如矩形、自定义路径、位图等；文字显示的增强、XPS 和消锯齿；强大的三维支持，包括 3D 控件及事件：与 20 及视频合并打造更立体的效果如渐变、使用高精确的（ARGP）颜色，支持浮点类型的像素坐标。这些都远超 GDI+ 的功能。

（2）灵活、易扩展的动画机制

.NET Framework 3.0 及更高版本类库提供了强大的基类，只需继承即可实现自定义程序使用绘制。接口设计非常直观，完全面向对象的对象模型，使用对象描述语言 XAML，使用开发工具的可视化编辑。WPF 可以使用任何一种 .NET 编程语言（C#、VB.NET 等开发语言）进行开发。XAML 主要针对界面的可视化控件描述，其后台处理程序为 .cs 或 .vb 文件，并最后将编译为 CLR 中间运行语言。

（3）WPF 为 Windows 客户端应用程序开发提供了更多的编程增强功能

一个明显的增强功能就是使用标记和代码隐藏开发应用程序的功能（类似于 ASP.NET 动态网站程序开发）。通常使用 XAML 标记实现应用程序的外观，而使用托管编程语言（代码隐藏）实现其行为。这种外观和行为的分离具有以下优点：

① 降低了开发和维护成本，因为外观特定的标记并没有与行为特定的代码紧密结合。

② 开发效率更高，因为设计人员可以在开发人员实现应用程序行为的同时实现应用程序的外观。

③ 可以使用多种设计工具实现和共享 XAML 标记，以满足应用程序开发参与者的要求——Microsoft Expression Blend 提供了适合设计人员的体验，而 Visual Studio 2012（或其他版本）针对开发人员。

④ WPF 应用程序的全球化和本地化得以大大简化。

6.3　WPF 的组成结构

WPF 由两个主要部分组成：引擎和编程框架，如图 6-1 所示。

（1）WPF 引擎

WPF 引擎统一了开发人员和设计人员体验文档、媒体和 UI 的方式，为基于浏览器的体验、基于窗体的应用程序、图形、视频、音频和文档提供了一个单一的运行时库。WPF 使得应用程序不仅能够充分利用现代计算机中现有的图形硬件的全部功能，而且能够利用硬件将来的进步。例如，WPF 基于矢量的呈现引擎使应用程序可以灵活地利用高 DPI 监视器，而无须开发人员或用户进行额外的工作。同样，当 WPF 检测到支持硬件加速的视频卡时，它将利用硬件加速功能。

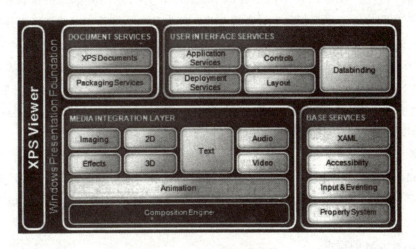

图 6-1　WPF 的组成结构

（2）WPF 编程框架

WPF 框架为媒体、用户界面设计和文档提供的解决方案远远超过开发人员现在所拥有的。它的设计考虑了可扩展性，使开发人员可以完全在 WPF 引擎的基础上创建自己的控件，也可以通过对现有的 WPF 控件进行再分类来创建自己的控件。WPF 编程框架的核心是用于形状、文档、图像、视频、动画、三维以及用于放置控件和内容的面板的一系列控件。这些"自有件"为开发下一代用户体验提供了构造块。

微软在引入 WPF 的同时，还引入了 XAML，这是一种公开表示 Windows 应用程序用户界面的标记语言，可使开发人员和设计人员用来构建和重用 UI 的工具更加丰富。对于 Web 开发人员，XAML 提供了熟悉的 UI 说明模式。XAML 还使 UI 设计从基础代码中分离出来，从而使开发人员和设计人员之间的合作更加紧密。

6.4　WPF 和 Silverlight 的关系

（1）什么是 Silverlight

MicrosoftSilverlight 的中文名为"微软银光"，它是一个跨浏览器的、跨平台的插件，为网络带来下一代基于 .NET Framework 的媒体体验和丰富的交互式应用程序。Silverlight

提供灵活的编程模型，并可以很方便地集成到现有的网络应用程序中。Silverlight 可以对运行在 Mac 或 Windows 上的主流浏览器提供高质量视频信息的快速、低成本的传递。借助该技术，用户将拥有内容丰富、视觉效果绚丽的交互式体验，而且无论是在浏览器内还是在桌面操作系统（如 Windows 和 AppleMacintosh）中，都可以获得这种一致的体验。

对于互联网用户来说，Silverlight 是一个安装简单的浏览器插件程序。用户只要安装了这个插件程序，就可以在 Windows 和 Macintosh 上的多种浏览器中运行相应版本的 Silverlight 应用程序，享受视频分享、在线游戏、广告动画、交互丰富的网络服务等。

对于开发设计人员而言，Silverlight 是一种融合了微软的多种技术的 Web 呈现技术。它提供了一套开发框架，并通过使用基于向量的图像图层技术支持任何尺寸图像的无缝整合，对基于 ASP.NET、AJAX 在内的 Web 开发环境实现了无缝连接。Silverlight 使开发设计人员能够更好地协作，有效地创造出能在 Windows 和 Macintosh 上的多种浏览器中运行的内容丰富、界面绚丽的 Web 应用程序——Silverlight 应用程序。

简而言之，Silverlight 是一个跨浏览器、跨平台的插件，为网络带来下一代基于 .NET 媒体体验和丰富的交互式应用程序。对运行在 Macintosh 和 Windows 上的主流浏览器，Silverlight 提供了统一而丰富的用户体验，通过 Silverlight 这个小小的浏览器插件，视频、交互性内容，以及其他应用能完好地融合在一起。

（2）Silverlight 的特点

Silverlight 是基于浏览器插件的，在浏览器中运行，服务器端不需要部署任何环境，其交互式及动画等网页功能比较突出。但是它也类似于 Flash 应用客户端需要 FlashPlayer 一样，Silverlight 应用客户端也要安装相应的支持库才能显示。

（3）Silverlight 和 WPF 的关系

Silverlight 作为 WPF 的一个轻量级的精简版本，曾经叫做 WPF/E（WindowsPresentation Foundation/Everywhere）。其中 Everywhere 指的是跨平台的意思，使得在每个操作系统中可以运行 WPF。

因为跨平台特性，所以使用的是插件技术。为了网站设计的安全性，不能将 WPF 的全部能力和权限都提供给 Silverlight，因此就提取了一个精简的 .NETRuntimeLibrary 到 WPF/E 中来执行 XAML 文件，去除了文件操作、WindowsAPI、3D 控件、视频加速等类库方法。

以从核心本质上分开，说两者的关系更像是兄弟关系，或者说 Silverlight 是 WPF 的子集。当然随着 Silverlight 的发展，微软公司又结合其需求增加了很多新的个性功能特征。

第 7 章　WPF 控件

7.1　什么是控件

WPF 附带了许多几乎可以在所有 Windows 应用程序中使用的常见 UI 组件，其中包括 Button、Label、TextBox、Menu 和 ListBox 等。WPF 组件仍继续使用术语"控件"，它泛指任何代表应用程序中可见对象的类。请注意，在 WPF 中类不必从 Control 类继承，即可具有可见外观。而从 Control 类继承的类包含一个 ControlTemplate，允许控件的使用方在无需创建新子类的情况下根本改变控件的外观。

从 WindowsGUI 发展至今其开发方法归纳起来有四大类：

•WindowsAPI 时代。

• 封装时代。

• 组件化时代。

•WPF 时代。

WPF 在组件化的基础上，使用专门的 UI 设计语言（XAML）并引入了数据驱动 UI 的理念，所以 WPF 控件称得上是新一代控件。

在 WPF 中控件是数据和行为的载体，在 WPF 中的控件只关注其功能的实现，其外在 UI 可能和传统控件差异很大。以按钮为例，其作用就是响应用户的单击行为，而它的外观则可以完全不是过去的方正类型，可以是文字、图片，甚至是动画等。

7.2　控件的类型

WPF 拥有数量众多的控件，每个控件都有自己特色的功能和 UI。根据控件是否可以装载内容、能够装载什么内容，我们可以将 WPF 的控件划分为以下八大类：

（1）ContentControl 类型

此类的控件均派生自 ContentControl 类，它们的内容属性的名称为 Content，只能由单一的元素（一个普通内容或一个控件子节）充当其内容。常见的 ContentControl 类型控件如表 7-1 所示。

表 7-1　ContentControl 类型的控件

Button	ButtonBase	CheckBox	ComboBoxItem
ContentControl	Frame	GridViewCoIumnHeader	GroupItem
Label	ListBoxltem	List View Item	Navigation Window
RadioButton	RepeatButton	Scroll Viewer	StatusBarltem
ToggleButton	ToolTip	UserControl	Window

如何理解只能由单一的元素充当其内容呢？我们举例说明，设计两个按钮，一个显示静态文本，一个显示一张图片。

```
<Window x:Class="WpfApplication I .Main Window"
        xmlns="http : //schemas.microsoft. corn/winfx/2006/xaml/presentation"
        xmlns:x="http://schemas.microsoft.com/winfx/2006/xaml"
        Title="Main Window" Height=" 190.421 " Width="525">
    <Grid>
        <StackPanel>
          <Button Margin="5">
              <TextBlock Text="Hit Me!"/>
          </Button>
          <Button Margin="5">
              <Image Source="Images/btn query. gif " Width = "62 " Height="20"/〉
          </Button>
        </StackPanel>
    </Grid>
</Window>
```

这么设计时两个按钮都是能正常显示的，如图 7-1 所示。

但是如果希望按钮的内容既包含文本又包含图形则是不行的，这样 Button 就拥有两个子节了，会导致编译器报错：对象 Button 已经具有子节且无法添加 Image。Button 只能接受一个子节。

图 7-1 文字按钮和图片按钮

```
<Button Margin="5">
        <TextBlock Text="Hit Me!"/>
        <Image Source="Images/btn query.gif" Width="62" Height="20"/>
</Button>
```

如果真需要既有文本又有图形，甚至更为复杂的效果，其实解决方法也很简单，将几个子内容都整合到一个布局控件中，让布局控件成为按钮的唯一子节，这样就符合要求了。运行效果如图 7-2 所示。

图 7-2 文字按钮、图片按钮和图文按钮

```
<Button Margin="5">
     <StackPanel>
        <TextBlock Text="Hit Me!"/>
```

```
            <Image Source="Images/btn _query.gif"Width="62" Height="20"/>
        </StackPanel>
    </Button>
```

（2）HeaderedContentControl 类型

此类控件都派生自 HeaderedContentControl，而 HeaderedContentControl 是 ContentControl 类的派生类。它们主要用于显示带标题的数据，其内容属性为 Content 和 Header。无论是 Content 还是 Header 都只能容纳一个元素（一个普通内容或一个控件子节）作为其内容。常见的 HeaderContentControl 类型控件如表 7-2 所示。

表 7-2　HeaderedContentControl 类型的控件

Expander	GroupBox	HeaderedContentControl	Tabltem

这里以 GroupBox 为例，让标题显示一幅图片，内容区显示图片和文本。对内容区的多个元素采用布局控件进行整合。

```
<GroupBox Margin="5">
    <Group Box.Header>
        <Image Source="Images/Userlnfo.gif" Width = "2。" Height="20"/〉
    </GroupBox.Header>
    <GroupBox.Content>
      <StackPanel>
        <TextBlock Text="Hit Me!" HorizontalAlignment="Center"/>
        <Image Source="lmages/btn _ query.gif ' Width="62" Height="20' h
      </StackPanel>
    </GroupBox. Content>
</Group Box>
```

该控件运行效果如图 7-3 所示。

图 7-3　HeaderContentControl 类型的 Groupbox 控件运行效果

（3）ItemsControl 类型

此类型的控件均派生自 ItemsControl 类，它们主要用于显示列表化的数据，其内容属性为 Items 或 ltemsSource。每种 ltemsControl 类型控件均有自己的条目容器（ItemsContainer），条目容器会自动对提交给它的内容进行包装。常见的 ltemsControl 类型控件如表 7-3 所示。

表 7-3 ltemsControl 类型的控件

Menu	MenuBase	ContentMenu	Combo Box
ltemsControl	ListBox	List View	TabControl
Tree View	Selector	Status Bar	

这里以 ListBox 为例，观察其内容属性的使用和效果。

```
<ListBoxMargin="5">
        <CheckBoxx:Name="ckGame"Content="Game"/>
        <CheckBoxx:Name = "ckTV"Content="TV"/>
        <CheckBoxx:Name='kShopping"Content="Shopping"/>
        <Buttonx:Name="btRead"Content="Read"/>
        <Buttonx:Name = "btSport"Content="Sport"/>
        <Buttonx:Name="btProgram"Content="Program"/>
</ListBox>
```

Listbox 显示效果如图 7-4 所示。

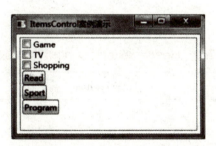

图 7-4 ltemsControl 类型的 ListBox 运行效果

对于这类集合类型的控件还可以用后台程序直接进行集合赋值，假设程序有 Employee 类：

```
Public class Employee
{
    Public int Id{get;set;}
    Public string Name{get;set;}
```

```
        Public int Age {get; set;}
        …

    }
```

再定义有 Employee 类型的集合 myList：

```
List<Employee>myList=new List<Employee>()
{
    New Employee(){Id=l,Name= "Tom",Age=20},
    New Employee(){Id=2,Name="Jack",Age=30},
    New Employee(){Id=3,Name="Smith",Age=40},
    …

}
```

并且在窗体上有一个名为 listBox1 的 ListBox，可以如下配置：

this.listBox1.DisplayMemberPath= "Name"

this.listBox1. SelectedValuePath= "Id" ;

this.listBox1.DisplayMemberPath=myList;

程序就可以将集合中所有的姓名全部显示到列表框中，并且选中项的值是其 Id 值。

（4）HeadereditemsControl 类型

此类型的所有控件均派生自 HeadereditemsControl 类，主要用于显示列表化的数据，同时还可以显示一个标题。其内容属性为 Items、Items Source 和 Header。

这类控件的应用类似于 ltemsControl，就不再举例了。常见的 HeaderedltemsControl 控件如表 7-4 所示。

表 7-4　HeaderedItemsControl 类型的控件

MenuItem	TreeYiewItem	ToolBar

（5）Decorator 类型

此类型所有的控件均派生自 Decorator 类，主要用于在 UI 设计中起装饰效果，比如加边框等。其内容属性为 Child，只能由单一元素充当内容。

此类型控件较少被用到，其代表有 Border、ViewBox 等。

（6）TextBlock 和 TextBox

这两个控件最主要的功能都是显示文本。TextBlock 只能显示文本，不能编辑，所以又称为静态文本。虽然 TextBlock 不能编辑内容，但是可以使用丰富的格式控制标记来显示专业的排版效果。TextBlock 的内容属性 Inlines 用来控制多行文本，同时它也具有 Text 属性，作为简单的单行文本时就采用这个属性。

TextBox 既能显示文本又能编辑文本，其内容属性为 Text。在 WPF 下 TextBox 可以单行也可以多行，但不能在像 C# 一样设置为密码框，现在有专门的密码框控件 PasswordBox，它获取密码的属性也不再是 Text，而是 Password。

读取密码格式：PasswordBox 控件名 .Password

就文本静态显示来说，还有 ContentControl 类的 Label 控件，那么 TextB lock 和 Label 有什么异同呢？

TextBlock 直接继承于 FrameworkElement，而 Label 继承于 ContentControl，因此 Label 具有更强的功能：

- 可以定义一个控件模板（通过 Template 属性）。
- 可以显示出 String 以外的其他信息（通过 Content 属性）。
- 为 Label 内容添加一个 Dataltemplate（通过 ContentTemplate 属性）。
- 做一些 FrameworkElement 元素不能做的事情。

TextBlock 的 VisualTree 不包含任何子元素，而 Label 却复杂得多。它有一个 Border 属性，最后通过一个 TextBlock 来显示内容，这样看来 label 其实就是一个内嵌了 TextBlock 的控件。另一方面，加载 Label 时比 TextBlock 需要耗费更多的时间，不仅仅是 Label 相对于直接继承 FrameElement 的 TextBlock 有了更多层次的继承，它的 VisualTree 更加复杂。两个控件的继承结构如图 7-5 所示。

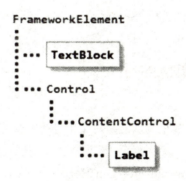

图 7-5　文本块和标签的类继承结构

（7）Shape 类

这个类型的成员均派生于 Shape 类，严格意义上它们并不是控件，只是简单的视觉元素，用来在 UI 上绘制一些 2D 图形，它们没有自己的内容，但是可以使用 Fill 属性为它们设置填充效果，还可以使用 Stroke 属性为它们设置边线的效果。

（8）Panel 类

此类型的所有控件均派生自 Panel 抽象类，主要用于 UI 布局，其内容属性为 Children。内容可以是多个元素，Panel 元素将控制它们的布局。虽然 Panel 类和 ltemsControl 类的控件的内容都可以是多个元素，但是两者区别很大。ItemsControl 强调以列表的形式展现数据，而 Panel 则强调对包含的元素进行布局。常见的 Panel 类型控件如表 7-5 所示。

表 7-5　Panel 类型的部分控件

Canvas	DockPanel	Grid	Tab Panel
ToolBarOverflowPanel	StackPanel	ToolBarPanel	Wrap Panel

对这部分控件，已在布局知识部分详细介绍了，这里不再赘述。

7.3　WPF 菜单控件（Menu）

7.3.1　Menu 控件简介

Menu 是一个菜单控件，使用该控件可以对那些与命令或事件处理程序相关联的元素以分层方式进行组织。每个 Menu 可以包含多个 MenuItem 控件。每个 MenuItem 都可以调用命令或调用 Click 事件处理程序。MenuItem 也可以有多个 MenuItem 元素作为子项，从而构成子菜单。

同级菜单项之间增加分隔栏使用 Separator 控件，它没有其他功能也不能被选中，作用就是将菜单项间隔开，实现菜单项的相对功能分区。

7.3.2　Menu 控件的重要属性和行为

（1）Menu 标签

作为菜单的最外层标签，其主要功能是对菜单进行整体约定，常用属性包括菜单的对齐属性（如 VerticalAlignment，可以设置菜单在窗体上的出现位置）、高度属性（Height）。

<MenuHeigh="25"VerticaWignment="Top"HorizontalAligrunent="Stretch">

</Menu>

（2）MenuItem 标签

MenuItem 是一个 HeaderedItemsControl，这意味着其标头和对象的集合可以是任何类型（如字符串、图像或面板）。MenuItem 可包含子菜单。MenuItem 的子菜单由 MenuItem 的 ItemCollection 中的对象组成。通常，MenuItem 会包含其他 MenuItem 对象以创建嵌套子菜单。

MenuItem 可以具有以下几种功能之一：

• 可以选择它来调用命令。

• 可以是其他菜单项的分隔符。

• 可以是子菜单的标头。

• 可以选中或取消选中它。

作为菜单的主要实现者，其主要常用属性包括：菜单项文本（Header）、菜单命令（Command）、是否可以选中（IsCheckable）、事件处理（Click、Checked、Unchecked）。

（3）菜单项图标

默认情况下菜单项是自结束状态。可以通过对菜单项的下级元素 Icon 属性的设定实现带图标的菜单项。

```
<MenuItemHeader-" 用户管理 ">
    <MenuItern.Icon>
        <ImageSource = "mages/key.ico"/>
    </MenuItem.Icon>
</MenuItem>
```

（4）菜单项的快捷键

键盘快捷键是可以用键盘输入以调用 Menu 命令的字符组合，默认情况下菜单项只能通过鼠标操作（或触控行为）。可以用两种方式给菜单项增加键盘快捷键：

• Alt + 字符快捷键。为了达到这个效果，菜单项 header 属性中必须有英文字符出现，然后在英文字符前加下划线，如 Edit、编辑（_ E）。

• 配置 InputGestureText 属性。配置该属性只是将键盘快捷键放在菜单项中，而不会将命令与 MenuItem 相关联。应用程序必须处理用户的输入才能执行该操作。如果用户没有进行单独处理，如果该热键是系统的某种功能热键，则会保持原来的功能：

如果不是系统默认的功能快捷键，则按键后系统不会做出任何反应。

```
<MenuItemHeader=" 编辑菜单（ _ E)">
<MenuItemHeader=" 复制 "Command = "ApplicationCommands.Copy"InputGestureText=
"Ctrl+C"/>
</MenuItem>
```

（5）Command 属性

Command 属性是用系统内置功能实现菜单操作响应，不用编写任何后台代码，比如选中内容的复制、剪切、粘贴和删除。

```
<MenuItemHeader=" 粘贴 "Command = "ApplicationCommands.Paste"InputGestureText=
"Ctrl+V"/>
```

（6）IsCheckable 属性

IsCheckable 属性用于对一些系统菜单进行选择标记，类似复选框效果，可以选中，也可以去掉选中效果。每次状态变化会自动触发选中事件 Checked 和没有选中事件 Unchecked。

```
<MenuItem Header=" 用户管理 "IsCheckable="True"Checked="checkedMenu_Click"Unchecked
="UncheckedMenu_Click"/>
```

157

（7）Click 事件处理

Click 事件处理是菜单响应用户选择事件的主要方式，多数情况下菜单项的单击事件都要通过后台编写代码来进行响应和处理，灵活性最好。菜单项单击事件的处理方法名称可以使用系统自动生成，也可以用户手动命名。为了程序有更好的可读性和可维护性，建议为每个单击事件处理方法手动命名。

```
<MenuItem Header-" 注销 " Click="cancelMenu Click"/>
```

后台代码如下：

```
private void cancelMenu _Click( Object sender, RoutedEventArgs e)
{
        this.Hide();
        BoardFrm frmLogin = new BoardFrm();
        frmLogin.ShowDialog();
}
```

（8）菜单样式

使用控件样式设置可以显著改变 Menu 控件的外观和行为，而不必编写自定义控件。除了设置可视化属性外，还可以向控件的各个部分应用 Style，通过属性更改控件各个部分的行为，向控件中添加额外的部分或者改变控件的布局。下面的示例演示了几种用来将 Style 添加到 Menu 控件中的方法。

① 普通菜单样式

代码示例定义了 Style 来修饰菜单中的分隔符。该代码将设定分隔符在菜单中的高度和边界距离。

```
<Stylex:Key="{x:StaticMenuItem.SeparatorStyleKey}"
     TargetType="{x:TypeSeparator}">
     <SetterProperty="Height"
            Value="1"/>
     <SetterProperty="Margin"
            Value="0,4,0,4"/>
</Style>
```

② 触发器样式

下面的示例使用的是 Trigger 元素，通过这些元素可以改变 MenuItem 的外观来响应发生在 Menu 上的事件。当将鼠标移到 Menu 上时，菜单项的前景色和字体特征会发生变化从而让菜单变得灵动起来。

```
<Stylex:Key = "Triggers"TargetType="{x:TypeMenuItem}">
     <Style.Triggers>
        <TriggerProperty="MenuItem.IsMouseOver"Value="true">
```

```
            <SetterProperty="Foreground"Value="Red"/>
            <SetterProperty="FontSize"Value="16"/>
        </Trigger>
      </Style.Triggers>
   </Style>
```

7.3.3　菜单的状态

菜单控件有以下 3 种不同的状态：

（1）默认状态是没有设备（如鼠标指针）停留在 Menu 上时的状态，如图 7-6 所示。

图 7-6　无选中和停留状态菜单效果

（2）当鼠标指针悬停在 Menu 上时显示焦点状态，如图 7-7 所示。

图 7-7　悬停菜单运行效果

（3）当在 Menu 上单击鼠标按键时显示按下状态，如图 7-8 所示。

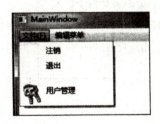

图 7-8　选中后菜单运行效果

7.3.4　菜单制作案例

```
<Windowx:Class="WpfLayout.MainWindow"
        xmlns="http://schemas.microsoft.com/winfx/2006/xaml/presentation"
        xmlns:x="http://schemas.microsoft.com/winfx/2006/xaml"
        Title="MainWindow"Height="350"Width="525"〉
```

```xml
<Gridx:Name="myGrid"〉
        <Grid.RowDefinitions>
            <RowDefinitionHeight="5*"/>
            <RowDefinitionHeight="59*"/>
        </Grid.RowDefinitions>
        <Menu Height="25"VerticalAlignment="Top"HorizontaWignment="Stretch"Grid.Row="0">
            <MenultemHeader=" 文件（_F）">
                <MenultemHeader=" 注销 "Click="cancelMenuClick"/>
                <MenultemHeader=" 退出 "Click="quitMenu_Click"I>
                <Separator/>
                <MenultemHeader=" 用户管理 "Click="adminMenuClick"IsCheckable="True">
                    <Menultem.Icon>
                        <ImageSource="Images/key.ico"/>
                    </Menultem.lcon>
                </Menultem>
            </Menultem>
            <MenultemHeader=" 编辑菜单（_E）">
                <MenultemHeader=" 复制 "Command="ApplicationCommands.Copy"
                    InputGestureText="Ctrl+c"h
                <MenultemHeader=" 剪切 "Command="ApplicationCommands.Cut"
                    lnputGestureText="Ctrl+X"/>
                <MenultemHeader=" 粘贴 "Command="ApplicationCommands.Paste"
                    lnputGestureText="Ctrl+V"/>
            </Menultem>
        </Menu>
        <DockPanclGrid.Row="1">
            <TextBoxTextWrapping="Wrap"Text="TextBox"Margin="5"/〉
        </Doc!<Panel>
    </Grid>
</window>
```

该菜单的运行效果如图 7-9 所示。

 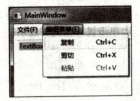

图 7-9　菜单运行效果

7.4　WPF 工具栏和状态栏控件

7.4.1　ToolBar 控件

ToolBar 控件是一组通常在功能上相关的命令或控件的容器。ToolBar 控件因其按钮或其他控件像条形栏一样排列成一行或一列而得名。ToolBar 简单地说就是一个容器，直接在其内部可以放入各种控件和分隔栏，然后就会整体呈现出来。

```
<Too!BarBand = "l"BandIndex = "2">
    <Button>
        <ImageSource = "Images\copy.jpg"Width = "20"Height="20"/>
    </Button>
    <Button>
        <ImageSource="Images\paste.jpg"Width="20"Height="20"/>
    </Button>
    <Separator/>
    <Button>
        <Image Source="Images\cut.jpg"Width = "20"Height="20"/>
    </Button>
</ToolBar>
```

呈现效果如图 7-10 所示。

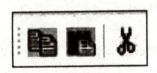

图 7-10　工具栏运行效果

WPFToolBar 控件提供一种溢出机制，将不能自然适合于有大小限制的 ToolBar 的任意项放入一个特殊的溢出区域。通常，ToolBar 控件包含的项多于工具栏大小可以容纳的项数。出现这种情况时，ToolBar 会显示一个溢出按钮。要查看溢出项，用户可以单击溢出按钮，这些项即会显示在 ToolBar 下方的弹出窗口中。

图 7–11　工具栏溢出项被选出效果

具有溢出项的工具栏运行效果如图 7–11 所示。

通过将 ToolBar 的 OverflowMode 附加属性设置为 Always（总是）、Never（绝不）或 AsNeeded（视需要而定），可以指定工具栏上的项何时会放直在溢出面板上。

ToolBar 在其 ControlTemplate 中使用 ToolBarPanel 和 ToolBarOvertlowPanel。ToolBarPanel 负责工具栏上的项的布局，ToolBarOverflowPanel 负责 ToolBar 上容不下项的布局。

7.4.2　ToolbarTray 控件

WPFToolBar 控件通常还与相关的 ToolBarTray 控件一起使用，后者提供特殊的布局行为，并支持用户启动的工具栏的大小调整和排列。ToolbarTray 控件就是 ToolBar 控件的容器。在 ToolBarTray 中指定工具栏的位置，使用 Band 和 BandIndex 属性可以在 ToolBarTray 中定位 ToolBar。

Band 指示 ToolBar 在其父 ToolBarTray 中的位置，BandIndex 指示 ToolBar 放入其 Band 中的顺序。

```xml
<ToolBarTrayDockPanelDock = "Top"Orientation = "Horizontal">
    <ToolBarBand="l"BandIndex="1">
        <Button>
            <ImageSource="Images\new.jpg"Width="20"Height="20"/>
        </Button>
        <Button>
            <ImageSource="Images\open.jpg"Width="20"Height="20" />
        </Button>
    </ToolBar>
    <ToolBar Band="1"BandIndex="2">
        <Button>
            <ImageSource="Images\copy.jpg"Width="20"Heigbt="20"/>
        </Button>
        <Button>
            <ImageSource="Images\paste.jpg"Width="20"Height="20"/>
```

```
        </Button>
            <Separator/>
            <Button>
            <ImageSource="Images\cut.jpg"Width="20"Height="20"/>
            </Button>
    </ToolBar>
</ToolBarTray>
```

多个工具栏在工具栏托盘管理下的运行效果如图 7-12 所示。

图 7-12　多个工具栏运行效果

7.4.3　StatusBar 控件

状态栏控件通常置于窗体底部，用于显示一些状态文本信息。在 WPF 中，StatusBar 控件也是一个容器控件，将要显示的信息都作为其下级元素。

```
<StatusBar>
        <TextBlockText=" 状态栏文本信息 "Margin="0,0,12,0"/>
</StatusBar>
```

为了状态栏信息能根据需要不断变化，其内部元素一般都要命名，以便于后台代码访问控制。同时如果需要状态栏右下角呈现调整区域，可以配置窗体的属性：ResizeMode = "CanResizeWithGrip"。

7.5　WPF 范围控件

WPF 提供了 3 个使用范围概念的控件：ScrollBar 控件、ProgressBar 控件和 Slider 控件，这些控件使用一个在特定最小值和最大值之间的数值。这些控件都继承自 RangeBase 类（该类又继承自 Control 类），不过尽管它们使用相同的抽象概念（范围），但它们的工作方式却有很大的区别。

7.5.1　RangeBase 类的属性

公共属性如表 7-6 所示。

表7-6　RangeBase 类的公共属性

属性名	属性描述
Value	控件当前的值
Maximum	上限最大值
Minimum	下限最小值
SmallChange Value	属性值的最小变化
LargeChange Value	属性值的最大变化，即 ScrollBar 和 Solider 控件使用 PageUp 键和 PageDown 键后 Value 值改变的量（在滚动轴上左键也是按该值执行）

在事件方面，除了 ProgressBar 外其他控件都可以响应值的改变事件。

7.5.2　ScrollBar 控件

ScrollBar 控件呈现为一个滚动条形态，可以水平滚动也可以垂直滚动。其他属性与其父类相同。在 WPF 中一般不使用 ScrollBar 去作为其他控件的滚动条，而是用 ScrollViewer 来代替。

```
<ScrollBarMaximum="100"Minimum="0"Value="50"SmallChange="10"
            LargeChange="20" Orientation="Horizontal">
</ScrollBar>
```

滚动条运行效果如图 7–13 所示。

图 7–13　滚动条运行效果

7.5.3　Slider 控件

Slider 控件是一个比 ScrollBar 控件更强大的范围控件，具有更多的外观属性和控制状态。

```
<SliderMaximum="100"Minimum = "0"Value="50"SmallChange="1"
        LargeChange="2" Orientation="Horizontal"
        Delay="10" TickPlacement="BottomRight"
        TickFrequency="1"Ticks="1,1.5,2,10,20,30,40,50,60,70,80,90,100"
        lsSnapToTickEnabled="True"lsSelectionRangeEnabled="True"
        SelectionStart="I0"SelectionEnd="20">
</Slider>
```

Slider 控件运行效果如图 7–14 所示。

图 7-14　滑动条运行效果

滑动条除了具有 RangeBase 的公共属性外，还具有较多的独有属性，如表 7-7 所示。

表 7-7　Slider 控件的常用属性

属性名	属性描述
TickPlacement	设置刻度线出现在滚动条的哪边
IsSnapToTickEnabled	设置以刻度线对齐属性
TickFrequency	刻度单位
Ticks	如果没有设置 TickFrequency，则以此来画出刻度线，可以实现不均匀分布
SelectionStart	配合 SelectionEnd，让刻度线蓝色高亮度选中一段范围

7.5.4　ProgressBar 控件

ProgressBar 通常用于表示某个行为的进度，比如安装进度、处理进度，被数据自动控制显示，并不直接提供用户调节功能。ProgressBar 本身较简单，相对其父类多了 IsIndeterminate，该值指示进度条是使用重复模式报告一般进度，还是基于 Value 属性报告进度。如果没有这个属性或者设置为 False，即便没有进度前进，也会有重复滚动效果。

```
<ProgressBarMaximum="100"Minimum="0"
                Value="50" Orientation = "Horizontal"
                IsIndeterminate="True"Height="20">
</ProgressBar>
```

进度条运行效果如图 7-15 所示。

图 7-15　进度条运行效果

7.6　用户自定义控件

7.6.1　自定义控件开发的必要性

在传统 C# 应用程序开发中，使用自定义控件几乎成了惯性思维，比如需要一个带图片的按钮或者几个控件组成的登录框等。因为标准 C# 开发工具默认的控件并不支持这样的效果。

但在 WPF 中此类任务却不需要如此大费周章，因为从前面的案例我们已经看到控件可以嵌套使用，并且后面还会讲到可以为控件外观打造一套新的样式。

因此 WPF 中一般情况下并没有很需要我们来自定义控件。除非目前的控件都不能较好地表达需求，或者该控件组合会被大量用到时，那么可以自己来打造一个控件，否则也许我们仅仅改变一下目前控件的模板等就可以完成任务。

7.6.2　自定义控件的类型

要在 WPF 中自定义一个控件，使用 UserControl 与 CustomControl 都是不错的选择（除此之外，还有更多选择，比如打造一个自定义的面板），它们的区别在于：

（1）UserControl，它更像 WinForm 中自定义控件的开发风格，在开发上更简单快速，几乎可以简单地理解为：利用设计器来将多个已有控件作为子元素来拼凑成一个 UserControl 并修改其外观，然后后台逻辑代码直接访问这些子元素。其最大的弊端在于：它对模板样式等支持度不好，其重复使用的范围有限。

（2）CustomControl，它开发出来的控件才真正具有 WPF 风格，它对模板样式有着很好的支持，这是因为打造 CustomControl 时做到了逻辑代码与外观相分离，即使换上一套完全不同的可视化树，它也同样能很好地工作，就像 WPF 内置的控件一样。

在使用 VisualStudio 打造控件时，UserControl 与 CustomControl 的差别就更加明显，在项目中添加一个 UserControl 时，我们会发现设计器为我们添加了一个 XAML 文件和一个对应的 .cs 文件，然后你就可以像设计普通窗体那样设计该 UserControl；如果是在项目中添加一个 CustomControl，情况却不是这样，设计器会为我们生成一个 .cs 文件，该文件用于编写控件的后台逻辑，而控件的外观却定义在软件的应用主题（Theme）中（如果你没有为软件定义通用主题，其会自动生成一个通用主题 themes\generic.xaml，然后主题中会自动为你的控件生成一个 Style），并将通用主题与该控件关联起来。这也就是 CustomControl 对样式的支持度比 UserControl 好的原因。

7.6.3　定义 UserControl 类型自定义控件

可以通过项目添加新项来进行，也可以直接选择添加用户自定义控件来添加，如图 7-16 所示。

重命名为 Circle 并确认添加后，WPF 自动创建类似窗口文件的 XAML 和 .cs 文件，自定义控件内容如下：

```
<UserControl x:Class="wpfInputEvent.Circle"
            xmlns="http://schemas.microsoft.com/winfx/2006/xaml/presentation"
            xmlns:x="http://schemas.microsoft.com/winfx/2006/xaml"
            xmlns:mc="http://schemas.openxmlformats.org/markup-compatibility/2006"
```

```
xmlns:d="http://schemas.microsoft.com/expression/blend/2008"
mc:Ignorable = "d"
d:DesignHeight="300"d:DesignWidth = "300"AllowDrop="True">
```

```
<Grid>
    <Ellipsex:Name="circleUI"
    Height="100"Width="100"
    Fill="Blue"/>
</Grid>
</UserControl>
```

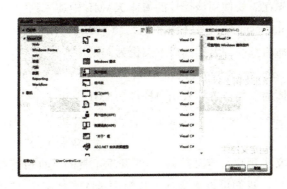

图7-16 添加用户控件

Grid 范围是自定义控件的设计区域，这里粗体部分放入设计是一个命名了的高 100、宽 100 的蓝色填充椭圆，其 .cs 代码如下：

```
namespace wpfInputEvent
{
    ///<summary>
    /// Circle.xaml 的交互逻辑
    ///</summary>
    public partial class Circle : UserControl
    {
        public Circle()
        {
            InitializeComponent();
        }
        public Circle(Circle c)
        {
            lnitializeComponent();
```

```
                this.circleUI.Height = c.circleUI.Height;
                this.circleUI.Width = c.circleUI.Height;
                this.circleUI.Fill = c.circleUI.Fill;
            }
        }
    }
```

粗体部分的带参构造函数是另外加入的，使得该自定义控件可以参照其他控件构造。

（4）使用用户自定义控件

① 代码加入法

标准的做法是首先在需要使用该控件的窗体 XAML 中加入：

xmlns:local="clr-namespace：项目名称 "

项目名称即项目命名空间的名称，以本案例为例则是：

xmlns:local="clr-namespace:wpfInputEvent"

然后就可以在窗体的需要位置加入用户控件 XAML:

<local:Circle Margin="2"/>

② 控件使用法

其实一旦我们定义了用户自定义控件，VS 开发工具的工具箱就会自动出现该控件，对任意需要该控件的窗口，我们可以直接从工具箱中拖入，如图 7-17 所示。一旦拖入 VS 会自动创建引用和控件 XAML。

图 7-17　从工具箱中使用用户自定义控件

第 8 章　WPF 资源、样式控制

8.1　资源的定义及 XAML 中的引用

资源可以定义在以下几个位置：

① 应用程序级资源：定义在 App.xaml 文件中，作为整个应用程序共享的资源存在。

在 App .xaml 文件中定义：

```
<Application x:Class="WpfExample.App"
            xmlns="http://schemas.microsoft.com/winfx/2006/xaml/presentation"
            xmlns : x="http : //schemas.microsoft.com/winfx/2006/xaml"
            Startup Uri="Main Window.xaml">
    <Application.Resources>
        <SolidColorBrush Color="Gold" x:Key="myGoldBrush" />
    </Application.Resources>
</Application>
```

在 ApplicationResourceDemo.xaml 文件（窗体）中使用 App . xaml 中定义的 Resource 。

```
<Windowx:Class="WpfExample.MainWindow"
        xmlns = "http://schemas.microsoft.com/winfx/2006/xaml/presentation"
        xmlns:x = "http://schemas.microsoft.com/winfx/2006/xaml"
        Title="MainWindow"Height="30。"Width = "30。"〉
    <Grid>
        <StackPanel>
            <ButtonMargin="5"Background="{StaticResourcemyGoldBrush}">
SampleButton</Button>
        </StackPanel>
```

```
    </Grid>
  </Window>
```

运行效果如图 8-1 所示。

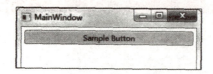

图 8-1　使用应用程序级资源的运行效果

② 窗体级资源：定义在 Window 或 Page 中，作为一个窗体或页面共享的资源存在。例如下例：

```
<Window x:Class="Wpffixample.Main Window"
        xmlns="http : //schemas.microsoft.com/winfx/2006/xaml/presentation"
        xmlns:x="http://schemas.microsoft.com/winfx/2006/xaml"
        Title="MainWindow" Height="300" Width = "300"〉
    <Window.Resources>
        <SolidColorBrush x:Key="myRedBrush" Color="Red" />
    </Window.Resources>
    <StackPanel>
            <Button Margin="5" Background="{StaticResource myRedBrush}">Sample
Button</Button>
    </StackPanel>
</Window>
```

运行效果如图 8-2 所示。

图 8-2　使用窗体级资源的运行效果

③ 文件级资源：定义在资源字典的 XAML 文件中，再引用。

在 Visual Studio 的 WPF 应用程序项目中，右击项目，选择添加"资源字典（Resource Dictionary）"类型的项，保存成默认名称 Dictionary1.xaml。

```
<ResourceDictionary xmlns="http://schemas.microsoft.com/winfx/2006/xaml/presentation"
                    xmlns:x="http : //schemas.microsoft.com/winfx/2006/xaml">
```

```
    <SolidColorBrushx:Key="redBrush"Color="Red"/>
</ResourceDictionary>
```

在窗体设计中使用资源字典。在窗体设计中，将其注册为文件级的资源并引用。

```
<Window x:Class="WpfExample.Main Window"
    xmlns="http://schemas.microsoft.com/winfx/2006/xaml/presentation "
    xmlns:x="http://schemas.microsoft.com/winfx/2006/xaml"
    Title="Main Window"Height="300"Width = "300">
  <Window.Resources>
    <ResourceDictionary Source="Dictionary1. xaml"/>
  </Window.Resources>
  <StackPanel>
      <Button Margin="5"Background="{StaticResource myBrush}">Sample Button</Button>
  </StackPanel>
</Window>
```

运行效果如图 8-3 所示。

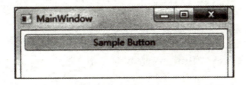

图 8-3　使用文件级资源的运行效果

④ 对象（控件）级资源：定义在某个 ContentControl 中，作为其子容器、子控件共享的资源。在下例中，在 Button 中定义一个资源，供 Button 内的 Content 控件使用。

```
<StackPanel Height="80">
        <Button Margin="20"Height="50">
          <Button . Resources>
            <SolidColorBrush x:Key="myGreenBrush" Color="Green"/>
          </Button.Resources>
          <Button.Content>
            <TextBlock Text="Sample Text" Background=" {StaticResource myGreenBrush}"/>
          </Button.Content>
        </Button>
</StackPanel>
```

运行效果如图 8-4 所示。

图 8-4　使用对象级资源的运行效果

8.2　静态资源和动态资源

资源可以作为静态资源或动态资源进行引用。这是通过使用 StaticResource 标记扩展或 DynamicResource 标记扩展完成的。通常来说，不需要在运行时更改的资源使用静态资源，而需要在运行时更改的资源使用动态资源。动态资源需要使用的系统开销大于静态资源的系统开销。例如：

```
<Window.Resources>

    <SolidColorBrushx:Key="ButtonBrush"Color="Red"/>

</Window.Resources>

<Stack.Panel>

    <ButtonMargin="5"Content="Static Resource ButtonA"Background="{StaticResource
ButtonBrush}">

        <ButtonMargin="5"Content="Static Resource ButtonB"Background="{StaticResource
ButtonBrush}">

    <Button.Resources>

        <SolidColorBrushx:Key="ButtonBrush"Color="Yellow"!>

    </Button.Resources>

</Button>

    <ButtonMargin="5"Content="ChangeButtonResource"Click="Button_Click"/>

    <ButtonMargin="5"Content="DynamicResourceButtonA"Background = "{Dynamic
Resource

    ButtonBrush}"/>

    <Buttonx:Name="btn4"Margin="5"Content="DynamicResourceButtonB"
```

```
        Background="{DynamicResourceButtonBrush}"Click="btn4_Click">
      <Button.Resources>
          <SolidColorBrushx:Key="ButtonBrush"Color="Yellow"/>
      </Button.Resources>
    </Button>
</Stack.Panel>
```

按钮的 Button Click 事件处理程序的代码为:

```
privatevoidButton_Click(Objectsender,RoutedEventArgs e)
{
    SolidColorBrushbrush=newSolidColorBrush(Colors.Green);
    this.Resources["ButtonBrush"]=brush;
}
```

上述例子在运行时的显示效果如图 8-5 所示。

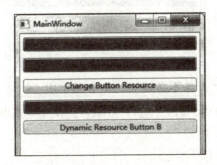

图 8-5 使用静态资源和动态资源的运行效果

而单击 Change Button Resource 按钮后，显示的结果如图 8-6 所示。

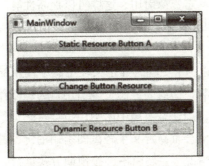

图 8-6 单击按钮后的运行效果

从程序执行的结果来看，可以得到如下结论:

• 静态资源引用是从控件所在的容器开始依次向上查找的，而动态资源引用是从控件开始向上查找的（即控件的资源覆盖其父容器的同名资源）。

173

• 更改资源时，动态引用的控件样式发生变化（即 Dynamic Resource Button A 发生变化）。

如果要更改 Dynamic Resource Button B 的背景，需要在按钮的事件中添加以下代码（将 Dynamic Resource Button B 的控件的 x :Na me 设置为 btn4 ）

```
private void btn4_Click(Object sender, RoutedEventArgs e)
{
    SolidColorBrush brushB = new SolidColorBrusb(Colors.Blue);
    this.btn4.Resources["ButtonBrush"]= brushB;
}
```

运行结果如图 8-7 所示。

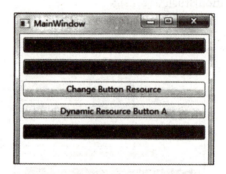

图 8-7　使用动态资源的控件在单击按钮后的运行效果

静态资源引用最适合于以下情况：

• 应用程序设计几乎将所有的应用程序资源集中到页或应用程序级别的资源字典中。静态资源引用不会基于运行时行为（例如重新加载页）进行重新求值，因此，根据资源和应用程序设计避免大量不必要的动态资源引用，这样可以提高性能。

• 正在创建将编译为 DLL 并打包为应用程序的一部分或在应用程序之间共享的资源字典。

• 正在为自定义控件创建一个主题，并定义在主题中使用的资源。对于这种情况，通常不需要动态资源引用查找行为，而需要静态资源引用行为，以使该查找可预测并且独立于该主题。使用动态资源引用时，即使是主题中的引用也会直到运行时才进行求值，并且在应用主题时，某个本地元素有可能会重新定义主题试图引用的键，并且本地元素在查找中会位于主题本身之前。如果发生该情况，主题将不会按预期方式运行。

• 正在使用资源来设置大量依赖项属性。依赖项属性具有由属性系统启用的有效值缓存功能，因此，如果为可以在加载时求值的依赖项属性提供值，该依赖项属性将不必查看重新求值的表达式，并且可以返回最后一个有效值。该方法具有性能优势。

动态资源最适合于以下情况：

• 资源的值取决于直到运行时才知道的情况。这包括系统资源或用户可设置的资源。例如，可以创建引用由 SystemColors、SystemFonts 或 SystemParameters 公开的系统属性的 setter 值。这些值是真正动态的，因为它们最终来自于用户和操作系统的运行时环境。还可以使用可以更改的应用程序级别的主题，在此情况下，页级别的资源访问还必须捕获更改。

• 正在为自定义控件创建或引用主题样式。

• 有一个存在依存关系的复杂资源结构，在这种情况下，可能需要前向引用。静态资源引用不支持前向引用，但动态资源引用支持，因为资源直到运行时才需要进行求值，因此前向引用不是一个相关概念。

• 从编译或工作集角度来说，引用的资源特别大，并且加载页时可能无法立即使用该资源。静态资源引用始终在加载页时从 XAML 加载，而动态资源引用直到实际使用时才会加载。

• 要创建的样式的 setter 值可能来自受主题或其他用户设置影响的其他值。

WPF 中的资源一般是指资源字典（DictionaryResource）中的元素，可以把任何对象置于其中以便访问。要获得一个资源字典，可以新建：

```
<ResourceDictionary xmlns = "http://schemas.microsoft.com/winfx/2006/xaml/presentation"
        xmlns : x="http://schemas . microsoft.com/winfx/2006/xaml">
</ResourceDictionary>
```

但更多时候是通过 Resources 属性来获得的：

• Application.Resources：整个应用程序有效。

• FramewrokElen:ient.Resources：该控件及其子控件有效。

• Style . Resources：样式中有效。

再举一个例子：

```
<Windowx:Class="WpfApplicationl.Window1"
        xmlns="http://schemas.microsoft.com/winfx/2006/xaml/presentation"
        xmlns:x="http://schemas.microsoft.com/winfx/2006/xaml"
        xmlns:s= "clr-narnespace:System;assernbly=mscorlib"
        Title="Window1" Height="309" Width="345" >
    <Window.Resources>
        <SolidColorBrush Color="Green" x:Key="scBrush"/>
        <Button Background="Gray"x :Key="btnKey"x :Narne="btnName"/>
        <s:Double x:Key="Double">47</s:Double>
    </Window.Resources>
    <StackPanel>
        <Button Background=" {StaticResource scBrush}"/>
```

```
        <Button Background=" {Binding Source={StaticResource scBrush}}"/>
        <Button Background=" {Binding Source={ StaticResource btnKey} ,Path
=Background}"/>
        <Button Background=" {Binding Background,ElementNarne=btnName}"
        <Button Height="{ StaticResource Double}"/>
        <Button Content="{x:Static s:Math.PI}"/>
</StackPanel>
</Window>
```

Window 是一个 FrameworkElement 元素，实际上，在 WPF 中，几乎所有的控件都是 FrameworkElement 的派生，所以都有 Resources 属性。DictionaryResource 中的项需要一个 Key 来区分不同的元素，而其 Name 则是可有可无的。

此例在资源字典中定义了 3 个资源，包括两个 WPF 中的对象 SoildColorBrush 和 Button，以及一个 CLR 对象浮点数，为了使用 CLR 中的类型，需要事先引入命名空间：

xrnlns:local = "clr-narne~ace:Systern;assembly=mscorlib"

在这个示例中，共使用 7 种不同的方式创建了 6 个按钮，下面分别予以说明。

（1）第一行：

<ButtonBackground="{StaticResourcescBrush}"/>

创建一个 Button，并将其 Background 属性绑定到资源 scBrush。其中大括号 {} 表示这是一个标记扩展；StaticResource 表示引入静态资源，与之相对的，还有一个 DynamicResource，这两者用法一样，区别也不大，简单地说，动态资源在运行时才绑定，并且当资源更改时可以发出通知，而且可以先使用后声明；scBrush 是资源的键，UI 元素通过这个值找到使用它。

（2）第二行：

<ButtonBackground="{BindingSource={StaticResourcescBrush}}"/>

也就是说，实际上是创建了一个 Binding 对象，并设置其 Source 属性为静态资源 scBrush。

（3）第三行：

<ButtonBackground="{BindingSource={StaticResourcebtnKey},Path=Background)"/>

这里也是设置 Background 属性，但与之前的不同，这里绑定的是一个按钮，而不是一个画刷，所以这里用 Path 属性来指定其路径。

（4）第四行：

<ButtonBackground="{BindingBackground,ElementNarne=btnName}"/>

也可以用 Name 而不是 Key 来访问资源，这需要把 Source 改为 ElementName，这样的前提是 ElementName 后必须是 WPF 的 UI 元素。另外，如果 Path 是绑定中的第一个对象，则可以省略 Path。

（5）第五行：

<ButtonHeight="{StaticResourceDouble}"/>.

绑定 CLR 对象。

（6）第六行：

<Button Content="{x:Static s:Math.PI}"/>

原来绑定并不一定需要资源，也可以通过 x:Static 的语法来使用静态属性。

8.3　Style 元素及模板

8.3.1　Style 元素

WPF 应用程序中的样式是利用 XAML 资源来实现的。Style 元素的常用形式为：

<Style x:Key="名称" TargetType = "WPF 元素" BaseOn = "其他样式中定义的名称">

…

</Style>

图 8-8　任务 6.2 在未修改 TextBox 时的运行效果

在 XAML 资源的 Style 元素中，也可以利用模板来自定义控件的外观。另外，触发器也是 WPF 应用程序中常用的技术之一。

以往的 GUI 开发技术（如 WindowsForms 和 ASP.NET）中，控件内部的逻辑是固定的，程序员不能改变；控件的外观，程序员能做的改变也非常有限。如果想扩展一个控件的功能或者更改其外观，也需要创建控件的子类或者创建用户控件。造成这个局面的根本原因是数据和算法的形式和内容耦合得太紧了。

在 WPF 中，通过引入模板微软将数据和算法的内容与形式解稿了。WPF 提供了两种模板化技术：样式模板化和数据模板化。

177

所谓样式模板化，是指利用控件的 ControlTemplate 来定义控件的外观，从而让控件呈现出各种形式。它决定了控件"长成什么样子"，并让程序员有机会在控件原有的内部逻辑基础上扩展自己的逻辑。作为资源，ControlTemplate 可以放在 3 个地方：Application 资源词典里、某个界面元素的资源词典里和外部 XAML 文件中。在 Style 中，用 Template 属性定义控件的模板。

数据模板化，是指利用 DataTemplate 将控件和多项数据自动绑定在一起。一条数据显示成什么样子，是简单的文本还是直观的图形就由它来决定。

一言以蔽之，ControlTemplate 是控件的外衣，DataTemplate 是数据的外衣。

8.3.2　模板

模板适用于这样一种场合：控件在功能上满足程序的要求，但界面上不能（或不方便）满足程序的要求，例如更改一个控件的外观都是基于其已有的属性，要更改其背景色，逻辑 Background 属性；要更改其高度，设置其 Heigth 属性。如果一个控件没有提供相应的属性，则无法进行处理，比如现在需要一个椭圆按钮，由于 Button 上并没有提供相关的属性，则我们不能（至少是不方便）通过设置其属性来实现我们的要求。在这种情形下，控件模板应运而生。

注意，这里所说的模板，专指 WPF 中的控件模板（ControlTemplate），而其他的一些模板，如数据模板（DataTemplate）等不包含在这个知识块中。

示例代码如下：

```
<Window x:Class="WpfApplicationl.WindowExam"
    xmlns="http://schemas.microsoft.com/winfx/2006/xaml/presentation"
    xmlns:x="http://schemas.microsoft.com/winfx/2006/xaml"
    Title="Window Exam"Height="300"Width = "300">
<Window.Resources>
    <ControlTemplate x:Key="btnTemplate"TargetType="Button">
        <Grid>
            <Ellipse Fill=" {TemplateBinding Background}"/>
            <ContentPresenter HorizontalAlignment="Center" VerticalAlignment
="Center"/>
        </Grid>
    </ControlTemplate>
</Window.Resources>
<Grid>
    <Button Background="Red"Content="I am a Button！ "Margin="42,21,50,131">
        <Button. Template>
```

```
<ControlTemplate TargetType="Button" 〉
 <Grid>
 <Ellipse Fill="{TemplateBinding Background}"/>
  <on.tentPresenter HorizontalAlignment="Center"VerticalAlignment="
Center"/>

  </Grid>
 </ControlTemplate>
</Button.Template>
</Button>
<Button Margin="42,145,50,12"Background="Violet"Template="{StaticResource btn
Template}"
>I am a Button !</Button>
</Grid>
</Window>
```

运行效果如图 8-9 所示。

来看看模板的定义：

```
<ControlTemplate TargetType="Button">
 <Grid>
  <Ellipse Fill="{TemplateBinding
Background}"/>
  <ContentPresenter HorizontalAlignment=
"Center"VerticalAlignment="Center"/>
  </Grid>
</Control Template>
```

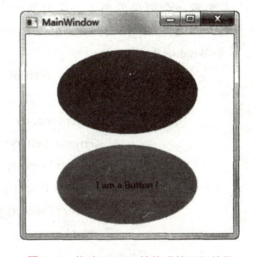

图 8-9 修改 Button 的外观的运行效果

这里创建了一个 ControlTemplate 的实例，并指定其 TargetType 属性为 Button，表示该模板适用于按钮。在模板中放入了一个 Grid 以承载其他控件，Grid 里可以放入任何控件，就像你在其他地方使用的时候一样，这里有两个代码要加以说明：

① < Ellipse Fill="{TemplateBinding Background}"/>

可以在模板中指明所有的属性，然后将该模板套用到多个对象上，但是如果这样做，这些对象都是一个模子刻出来的，完全一样，这可能不是我们想要的，因为我们可能希望这些对象的外观一致，但是背景色不同。虽然设置了 Background 属性，但是会发现，这根本没起作用。要实现这个目的，你需要使用模板绑定 TemplateBinding，以上面为例，它告诉程序，椭圆的填充色要绑定到使用模板的对象的 Background 属性上。

② <ContentPresenter HorizontalAlignment="Center"VerticalAlignment="Center"/>

ContentPresenter 对象对于 ContentControl 来说是必要的，它告诉程序如何呈现其 Content

179

属性，这里是居中显示，如果不指定 ContentPresenter 对象，Content 属性将无法显示。

8.4 触发器的类型

8.4.1 属性触发器（Property Trigger）

属性触发器是 WPF 中最常用的触发器类型。类似于 Setter，Trigger 也有 Prope 即和 Value 这两个属性，Property 是 Trigger 关注的属性名称，Value 是触发条件。Triggers 类还有一个 Setters 属性，此属性值是一组 Setter，一旦触发条件被满足，这组 Setter 的"属性—值"就会被应用，触发条件不再满足后，各属性值会被还原。

来看一个简单的例子，这个例子中包含一个针对 TextBox 的 Style，当 TextBox 的 IsEnabled 属性为 True 时，背景色和字体会改变。XAML 代码如下：

```
<Window.Resources>
        <Style TargetType="TextBox">
            <Style.Triggers>
                <Trigger Property="IsEnabled"Value = "true">
                  <Trigger. Setters>
                    <Setter Property="Background"Value="Orange"/>
                    < Setter Property="FontSize"Value"25"/ >
                    <Setter Property="Foreground Value=Blue" ！ >
                </Trigger.Setters>
            </Trigger>
        </Style.Triggers>
    </Style>
</Window.Resources>
```

简单进行 WPF 布局，查看属性触发器的效果：

```
<StackPane1
        <TextBlock FontSize="20"Text=" 下面的文本框的 IsEnabled 为 False"/>
        <TextBox Margin="3"Width="280"IsEnabled="False"/>
        <TextBlock FontSize = "20"Text=" 下面的文本框的 IsEnabled 为 true"/>
        <TextBox Margin="3"Width="280"IsEnabled="True"/>
</StackPanel>
```

运行效果如图 8-10 所示。

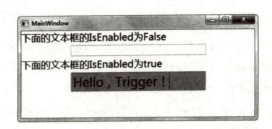

图 8-10 属性触发器示例的运行效果

再看一个稍微复杂一些的例子，下边的例子设置了当鼠标放置于按钮之上悬停时按钮的外表会发生变化。当 IsMouseOver 属性为 False 时，即触发条件失效时，宽度回到默认状态。注意，属性触发器是用 Trigger 标识的。

```
<Stylex:Key="buttonStylel"TargetType="{x:TypeButton}">
    <Style.Triggers>
        <TriggerProperty="IsMouseOver"Value="True">
            <SetterProperty="RenderTransform">
                <Setter.Value>
                    <RotateTransformAngle="10"></RotateTransform>
                </Setter.Value>
            </Setter>
            <SetterProperty="'RenderTransformOrigin"Value="0.5,0.5"/>
            <SetterProperty="Background"Value="#FFOCC030" />
        </Trigger>
    </Style.Triggers>
</Style>
```

查看按钮时，只需让按钮使用这个 Style 即可。

`<Button Margin="30"Content=" 属性触发器 "Style = "{StaticResource buttonMouseOver}"/>`

当鼠标移到按钮的上方时，按钮发生了旋转。运行效果如图 8-11 所示。

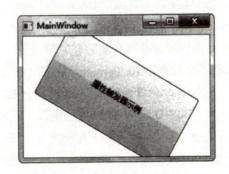

图 8-11 按钮属性触发器示例的运行效果

在属性触发器中还有一种情形，叫 MultiTrigger。MultiTrigger 是个容易让人误解的名字，会让人以为是多个 Trigger 集成在一起，实际上叫 MultiConditionTrigger 更合适。因为必须多个条件同时成立才会被触发。MultiTrigger 比 Trigger 多了一个 Conditions 属性，需要同时成立的条件就存储在这个集合中。

我们通过下面这个例子来了解一下 MultiTrigger。当 CheckBox 的 IsChecked 属性为 True 时，CheckBox 的前景色和字体会发生改变，这种情形是基本的 Trigger；当 CheckBox 被选中且 Content 为"把酒问青天"时才会触发其 Style，这种就是 MultiTrigger 了。XAML 代码如下：

```xaml
<StyleTargetType="CheckBox"
    <Style.Triggers>
        <MultiTrigger>
            <MultiTrigger.Conditions>
                <ConditionProperty="IsChecked"Value="true"/>
                <ConditionProperty="Content"Value=" 把酒问青天 "/>
            </MultiTrigger.Conditions>
            <MultiTrigger.Setters>
                <SetterProperty="FontSize"Value="20"/>
                <Setter Property = "Foreground" Value="Blue"/>
            </MultiTrigger.Setters>
        </MultiTrigger>
    </Style.Triggers>
</Style>
```

简单进行 WPF 布局，查看多条件属性触发器的运行效果。

```xaml
<StackPanel>
    <CheckBox Content=" 明月几时有 " Margin="5"/>
    <CheckBox Content=" 把酒问青天 " Margin="5"/>
    <CheckBox Content=" 不知天上宫阙 "Margin="5"/>
    <CheckBox Content=" 今夕是何年 "Margin="5"/>
</StackPanel>
```

单击选中其他 CheckBox 时没有触发触发器，单击第二个 CheckBox 时才发生变化。运行效果如图 8-12 所示。

图 8-12　MultiTrigger 示例的运行效果

8.4.2　数据触发器（DataTrigger)

数据触发器和属性触发器除了面对的对象类型不一样外，其他完全相同。数据触发器用来检测非依赖属性，也就是用户自定义的 .NET 属性的值发生变化时触发并调用符合条件的一系列 Setter 集合。

在图书管理系统中，用户简单分为两种：管理员（Admin）和读者（Reader）。在查看所有的用户时，当用户是 Admin 时给予红色突出显示。下边的示例演示了在绑定的 ListBox 里如果某个 tb_users 对象符合某种特点（Role=Admin），则以突出方式显示这个对象。这里就用了 DataTrigger，因为我们需要检测的是 tb_users 对象的属性 Role，这个对象是自定义的非可视化对象并且其属性为普通 .NET 属性。

① 新建 WPF 项目，名称为 DataTriggerExam。添加一个自定义 tb_users 类，属性为 Role 和 Name。代码如下：

```
class tb users
    {
        public string role;
        public string Role
    {
            get
            { return role; }
            set
            { role = value; }
    }
        public string name;
        public string Name
        {
            get
```

```
            {return name;}
            set
            {name=value;}
        }
        public string userID;
        public string UserID
        {
            get
            {returnuserID;}
            set
            {userID=value;}
        }
    }
```

② 声明一个列表类 Userlist，用来保存多个 tb_users 对象。

```
class Userlist:ObservableCollection<tb_users>
{
    publicUserlist()
    {}
}
```

③ 为了在前台可以使用后台创建的类，需要引入当前项目所在的命名空间。

```
<Windowx:Class="DataTriggerExam.MainWindow"
    xmlns = "http : //schemas.microsoft.com/winfx/2006/xaml/presentation"
    xmlns:x = "http://schemas.microsoft.com/winfx/2006/xaml"
    xmlns:local="clr-namespace:DataTriggerExam"
    Title=" 图书信息管理" Height="350"Width="525">
```

④ 创建 Userlist 的实例，初始包含 4 条记录，写到 Window 的资源里。

```
<Window.Resources>
    <local:Userlistx:Key="myUsers">
        <local:tbusersRole="Admin"Name=" 郑佳 "UserID="1"/>
        <local:tbusersRole="Reader"Name=" 朱婉玲 "UserID="2"/>
        <local:tbusersRole="Reader"Name=" 柳泽敦 "UserID= "3"/>
        <local:tbusersRole="Admin"Name=" 刘小歌 "UserID="4"/>
        </local:Userlist>
    </Window.Resources>
```

⑤ 主要的部分定义在了 Style 中，其针对的是每个 ListBox 的项，当其被绑定的数据的

属性 Role 为 Admin 时，突出显示。ListBoxltem 显示数据时显示 tb_users 的 Name 属性，需要自定义 DataTemplate 模板。

```
<DataTemplateDataType="{x:Typelocal:tb_users}">
    <TextBlockText="{BindingPath=Name}"/>
</DataTemplate>
<StyleTargetType="{x:Type
    <Style.Triggers>
<DataTriggerBinding="{BindingPath=Role}"Value="Admin">
    <SetterProperty="Foreground"Value="Red"/>
</DataTrigger>
  </Style.Triggers>
</Style>
```

8.5　自定义 DataCrid 控件的模板

下面的代码演示了如何分别定义显示模板和编辑模板。

```
<DataTemplatex:Key="myTemplate">
    <ImageHeight="40"Source="{BindingmyPhoto}"/>
</DataTemplate>
<DataTemplatex:Key="EditMyTemplate">
…
</DataTemplate>
```

下面的代码演示了如何在 DataGrid 中引用定义的模板。

```
<DataGridx:Name="dataGridl"ltemsSource="Binding"AutoGenerateColumns="False">
    <DataGrid.Columns>
        <DataGridTemplateColumnHeader=" 照片 "
CellTemplate="{StaticResourcemyTemplate}"
        CellEditingTemplate="EditMyTemplate"/>
    </DataGrid.Columns>
</DataGrid>
```

DataGrid 的 AutoGenerateColumns 属性控制是否自动生成列，该属性默认的值为 True。用 XAML 描述绑定的列时，需要将该属性设置为 False。

第 9 章 文件系统

9.1 文件的概述

9.1.1 文件及其分类

1. 文件

文件（File）是被命名的相关信息的集合体。它通常存放在外存（如磁盘、磁带）上，可以作为一个独立单位存放和实施相应的操作（如打开、关闭、读、写等）。例如用户编写的一个源程序、经编译后生成的目标代码程序、初始数据和运行结果等，均可以文件形式保存。所以，文件表示的对象相当广泛。一般地，文件是由二进制代码、字节、行或记录组成的序列，它们由文件创建者或用户定义。

文件中的信息由创建者定义。很多不同类型的信息都可存放在文件中，如源程序、目标程序、可执行程序、数值数据、文本、工资单、图形图像、录音等。根据信息类型，文件具有一定的结构。如文本文件是一行一行（或页）的字符序列，源文件是子程序和函数序列，它们又有自己的构造，如数据说明和后面的执行语句，目标文件是组成模块的字节序列，系统连接程序知道这些模块的作用，而可执行文件是由一系列代码段组成的，装入程序可把它们装入内存，然后运行。

2. 文件类型

为便于管理和控制文件，常把文件分成若干类型。由于不同系统对文件的管理方式不同，因而对文件的分类方法也有很大差异。下面是常用的几种文件分类方法。

（1）按用途分类

① 系统文件——由操作系统及其他系统程序的信息所组成的文件。这类文件对用户不直接开放，只能通过操作系统提供的系统调用为用户服务。

② 库文件——由标准子程序及常用的应用程序组成的文件。这类文件允许用户使用，但用户不能修改它们。

③ 用户文件——由用户委托保存、管理的文件，如源程序、目标程序、原始数据、计算结果等。这类文件可由创建者（即文件主）或被授权者进行适当的读，写或其他操作。

（2）按文件中的数据形式分类

① 源文件——从终端或输入设备输入的源程序和数据所构成的文件，它通常由 ASCII 码或汉字组成。

② 目标文件——源程序经过相应语言的编译程序进行编译后，尚未经过连接处理的目标代码所形成的文件。它属于二进制文件。

③ 可执行文件——经过编译、连接之后所形成的可执行目标文件。

（3）按存取权限分类

① 只读文件——仅允许对其进行读操作的文件，不允许写操作。

② 读写文件——允许文件主和被授权用户对其进行读或写操作的文件。

③ 可执行文件——允许被授权用户执行它，但通常不允许读或写。

（4）按保存时间分类

① 临时文件——用户在一次解题过程中建立的中间文件，它只保存在磁盘上，当用户退出系统时，它也随之撤销。

② 永久文件——长期保存的有价值的文件，以备用户经常使用。它不仅在磁盘（硬盘或软盘）上存有副本，同时在磁带上也有一个可靠的副本。

（5）在 UNIX/Linux 和 MS-OOS 系统中，按文件的内部构造和处理方式分类

① 普通文件——由表示程序、数据或文本的字符串构成，内部没有固定的结构。这类文件包括一般用户建立的源程序文件、数据文件、目标代码文件，也包括各种系统文件（如操作系统本身的众多代码文件）和库文件（如标准 1/0 文件和数学函数文件）。

② 目录文件——由下属文件的目录项构成的文件。它类似于人事管理方面的花名册——本身不记录个人的档案材料，仅仅列出姓名和档案分类编号。对目录文件可进行读、写等操作。

③ 特别文件——特指各种外部设备。为了便于统一管理，系统把所存 I/O 设备都作为文件对待，按文件格式提供用户使用，如目录查找、存取权限验证等方面与普通文件相似，而在具体读、写操作上，要针对不同设备的特性进行相应处理。特别文件分为字符特别文件和块特别文件。前者是有关输入 / 输出的设备，如终端、打印机和网络等；后者是存储信息的设备，如硬盘、软盘和磁带等。

普通文件通常分为 ASCII 文件和二进制文件。ASCII 文件由只包含 ASCII 字符的正文行组成，每个正文行以回车符或换行符终止，各行的长度可以不同。ASCII 文件又称文本文件，常用来存储资料，程序源代码和文本数据。文本文件的最大特点是可以直接显示和打印，可用普通文本编辑器进行编辑加工。

二进制文件所包含的每个字节可能有 256（2^8）种值。因此，对于表达信息来说，二进制文件是一种更为有效的方式，但它不能在终端上直接显示出来。通常可执行的二进制文件

都有内部结构。在 UNIX 系统中它有 5 个区，依次是文件头、正文段、数据段、重定位区和符号表区。文件头结构由幻数（标志可执行文件的特征），正文段长度、数据段长度、BSS段（ Block Stared by Symbol，存放未初始化的数据）长度、符号表长度、入口单元及各种标志组成。重定位时利用重定位区，而符号表用于调试程序，如图 9-1（a）所示。

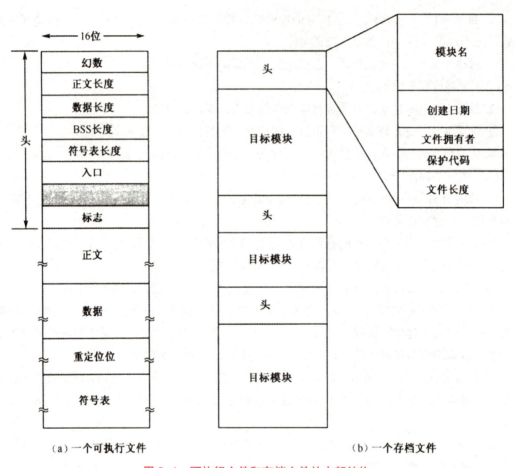

（a）一个可执行文件　　　　　　　　　　（b）一个存档文件

图 9-1　可执行文件和存档文件的内部结构

　　存档文件是二进制文件的另一示例。在 UNIX 系统中，它由编译过、但未连接的库过程（模块）集合组成。每个存档文件的结构是在其目标模块之前有一个文件头，这个文件头由模块名、创建日期、文件拥有者、保护代码和文件长度等项组成。文件头全是二进制数码，如图 9-1（b）所示。

　　所有操作系统都必须至少识别一种文件类型——它自己的可执行文件。有些操作系统可以识别多种文件类型。一般情况下，对文件进行操作时必须注意其类型，特别是不同操作系统所识别的文件类型是不一致的。

9.1.2 文件命名

文件是抽象机制，提供在磁盘上存放信息和以后从中读出的方法。用户不必了解信息如何存放、存放在何处、磁盘如何实际工作等细节。抽象机制最重要的特性就是"按名"管理对象。用户对文件也是"按名存取"的。

不同系统对文件的命名规则是不同的，但所有操作系统都允许由 1 ~ 8 个字母构成的字符串作为合法的文件名。数字和特殊字符也可出现在文件名中。有些文件系统区分文件名中的大小写字母，如 UNIX 和 Linux 系统，而另外的文件系统则不加区分，如 MS-DOS，Windows 95/98 都采用 MS-DOS 文件系统，因而继承了它的很多特性，包括文件名构成。Windows NT 和 Windows 200 支持 MS-DOS 文件系统，也继承它的特性，当然它也有自己的文件系统。

很多操作系统支持的文件名都由两部分构成——文件名和扩展名。二者间用圆点分开，如 prog.c。扩展名也称为后缀，利用扩展名可以区分文件的属性。表 9–1 给出了常见文件扩展名及其含义。

表 9–1 常见文件扩展名及其含义

扩展名	文件类型	含义
exe,com, bin	可执行文件	可以运行的机器语言程序
obj,o	目标文件	编译过的、尚未连接的机器语言程序
c,cc,java,pas,asm,a	源文件	用各种语言编写的源代码
bat,sh	批文件	由命令解释程序处理的命令
txt,doc	文本文件	文本数据、文档
wp,tex,rrf,doc	字处理文档文件	各种字处理器格式的文件
lib,a,so,dll	库文件	供程序员使用的例程库
doc,xls,ppt	打印或视图文件	以打印或可视格式保存的 ASC Ⅱ 码文件或二进制文件
doc,xls,ppt	存档文件	相关文件组成一个文件（有时压缩）进行存档或存储
mpeg,mov,rm	多媒体文件	包含声音或 A/V 信息的二进制文件

9.1.3 文件属性

通常文件都有文件名和数据。所有操作系统还把其他一些信息与每个文件关联起来，如文件创建日期、文件大小等。描述文件特征的属性称作文件属性。不同系统中定义的文件属性不同。表 9–2 列出了可能用到的文件属性项目。

表 9-2　可能用到的文件属性

属性	含义	属性	含义
保护	谁能访问该文件，以何种方式访问	临时标志	0 表示正常，1 表示进程结束时删除文件
口令	访问该文件所需口令	锁标志	0 表示开锁，非 0 表示上锁
创建者	文件创建者的标识	记录长度	一个记录的字节数
文件主	当前文件主	关键字位置	每个记录汇总关键字偏移
只读标志	0 表示读写，1 表示只读	关键字长度	关键字字段中字节数
隐藏标志	0 表示正常，1 表示不在列表中显示	创建时间	创建文件的日期和时间
系统标志	0 表示一般文件，1 表示系统文件	最后存取时间	最后存取文件的日期和时间
存档标志	0 表示已经后备，1 表示需要后备	最后修改时间	最后修改文件的日期和时间
ASC Ⅱ / 二进制标志	0 表示 ASC Ⅱ 文件，1 表示二进制文件	当前长度	文件字节数
随机存取标志	0 表示只能顺序存取，1 表示随机存取	最大长度	文件允许最大字节数

　　表中前 4 项与文件保护有关，涉及谁可以存取这个文件。中间的一些标志位或短字段用于对某些特殊属性的禁止或允许，例如隐藏文件不能出现在文件列表中，存档标志位记载该文件是否已后备。执行后备程序会清除该存档位，而每当文件修改后操作系统会置上该位。后备程序用这种办法可以知道哪些文件需要后备。临时标志位表明当创建该文件的进程终止时，自动删除该文件。

　　记录长度、关键字位置和长度这三个字段出现在只能用关键字查找记录的文件中，它们提供查找该关键字所需的信息。各个时间字段记载文件的创建时间，最近访问时间及最近修改时间，各自有不同的用途。例如，在目标文件生成后源文件被修改了，就需要重新编译源文件。

　　当前长度字段指出当前文件的大小。在一些老式的大型机操作系统中，当创建文件时，需要给出文件的最大长度，以便操作系统事先按最大长度留出存储空间。工作站和个人机操作系统则不需要这个属性。

9.1.4　文件存取方法

　　文件的基本作用是存储信息。当使用文件时，必须存取这些信息，且把它们读入计算机内存。文件的存取方法是由文件的性质和用户使用文件的方式决定的。按存取的顺序来分，通常有顺序存取和随机存取两类。顺序存取严格按字符流或记录的排列次序依次存取。如在提供记录式文件结构的系统中，当前读取记录 R_i，则下次要读取的记录自动地确定为 $R_{(i+1)}$。随机存取允许按用户要求随意存取文件中的一个记录，下次要存取的记录和当前存取的记录间并不存在顺序关系。

（1）顺序存取方法

对文件的大量操作是读和写。读文件操作是按照文件指针指示的位置读取文件的内容，并且文件指针自动地向前推进。类似地，写文件操作是把信息附加到文件的末尾，且把文件指针移到文件的末尾。可以把这样的文件看成一条信息带，按顺序存取，如图 9-2 所示。在早期的操作系统中这种方法是唯一存取文件的方法，所针对的存储介质是磁带，而不是磁盘。

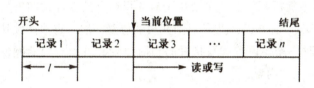

图 9-2　顺序存取定长记录文件

可用一个文件读写指针甲指向下一次要读出的记录的起始地址。当该记录读出后，对甲做相应的修改。例如，对定长记录文件，有

$$rp_{i+1}=rp_i+l$$

其中，l 是记录长度。

对变长记录文件进行顺序存取时，每当一个记录被读、写之后，读写指针 rp 也同样要进行调整，指向下一个要存取的记录的起始地址。但由于各记录的长度不同，所以有如下关系：

$$rp_{i+1}=rp_i+l_i$$

其中，l 是第 i 个记录的长度，如图 9-3 所示。

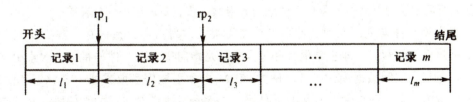

图 9-3　顺序存取变长记录文件

（2）随机存取方法

随机存取也称作直接存取，它是基于磁盘的文件存取模式。对于定长记录文件来说，随

机存取把一个文件视为一系列编上号的块或记录，通常每块的大小是一样的，它们被操作系统作为最小的定位单位，如图 9-4 所示。每块大小可以是 1B、512 B、1024 B 或其他数值，这取决于系统。

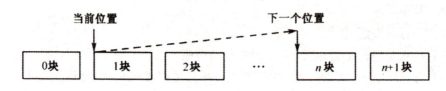

当前位置　　　　　　　　　　　　　　下一个位置

| 0块 | 1块 | 2块 | … | n 块 | n+1 块 |

图 9-4　随机存取定长记录文件

随机存取文件方式允许以任意顺序读取文件中的字节或记录，如当前读取 14 块，接着读取 53 块、7 块等。随机存取方式主要用于对大批信息的立即访问，如对大型数据库的访问。当接到访问请求时，系统计算出信息所在块的位置，然后直接读取其中的信息。

进行随机存取时，先要设置读写指针的当前位置，可用专门的操作 seek 实现。然后，从这个位置开始读取文件内容。

随机方式下读写文件等操作都以块号为参数。用户提供的操作系统的块号通常是相对块号。相对块号是相对文件开头的索引。文件的第 1 个相对块号是 0，下一个是 1，依此类推。而该文件在盘上的相应物理块号却不是按这样的顺序排列的，它由操作系统依据磁盘空间的具体使用情况动态分配。这有助于信息保护，防止用户存取不属于自己文件的那些盘块。用户对文件的存取是逻辑操作，由操作系统将逻辑地址转换为设备的物理地址，然后驱动设备进行相应操作。

（3）其他存取方法

其他存取方法是建立在随机存取方法之上的。这些方法一般都包含对文件的索引构造。例如，对于变长记录结构的文件，通过计算从头至指定记录的长度来确定读写位移，这种方式很不方便。通常采用索引表组织方式，如图 9-5 所示。每个文件有一个索引表。索引表是按记录号顺序排列的，每个表项有两个数据项：记录长度和指向该记录在文件空间中首地址的指针。为了找到文件中的一个记录，首先利用记录号作为索引，可以很快找到表中的项，从而获取所需记录的首索引表逻辑文件地址。当然，该表要占用一部分存储空间。

对于大型文件来说，索引文件本身也变得很大，需占用大量内存。解决此问题的一种办法是建立二级索引，即主索引文件包含的项是指向次索引文件的指针，次索引文件包含的项才是指向实际数据项的指针。例如，IBM 的索引顺序存取方法（ISAM）使用一个小型的主索引，它指向次索引所在的磁盘块，二次索引块指向实际的文件块。文件按定义的键排序存取。若要找出特定的项，先对主索引进行二分法查找，它提供次索引文件的块号。读入这一块，再进行三分法查找，找到包含所要记录的块。最后，顺序查找这些块。利用这种方法，至多两次直接存取就可以利用键找出任意记录的位置。

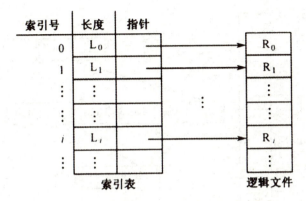

图 9-5 直接存取变长记录文件的索引表结构

9.1.5 文件结构

可用不同的方式构造文件。通常有三种方式，即无结构文件、有结构文件和树形文件。如图 9-6 所示。

（1）无结构文件

无结构文件是指文件内部不再划分记录，是由一组相关信息组成的有序字符流，即流式文件，如图 9-6（a）所示。其长度直接按字节计算。大量的源程序、可执行程序、库函数等采用的文件形式是无结构文件形式。在 UNIX 和 Windows 系统中，所有的文件都被看作流式文件。

事实上，操作系统不知道或不关心文件中存放的内容是什么，它所见到的都是一个一个的字节。文件中任何信息的含义都由用户级程序解释。

把文件看作字符流，为操作系统带来了灵活性。用户可以根据需要在自己的文件中加入任何内容，不用操作系统提供任何额外帮助。

（2）有结构文件

有结构文件又称记录式文件。它在逻辑上可被看成一组连续记录的集合，即文件是由若干相关记录组成，且对每个记录编上号码，依次为记录 1，记录 2……记录 n。每个记录是一组相关的数据集合，用于描述一个对象某个方面的属性，如年龄、姓名、职务、工资等，如图 9-6 (b) 所示。

记录式文件按记录长度是否相同，又可分为定长记录文件和变长记录文件两种。

① 定长记录文件。文件中所有记录的长度都相同。文件的长度可用记录的数目来表示。定长记录处理方便，开销小，被广泛用于数据处理中。

② 变长记录文件。文件中各记录的长度不相同。如姓名、单位地址、文章的标题等，有长有短，并不完全相同。在处理之前，每个记录的长度是已知的。

有结构文件源于早期穿孔卡片的使用，每张卡片由 80 个字符组成一个记录。如 CPIM 操作系统就把文件看作定长记录序列。

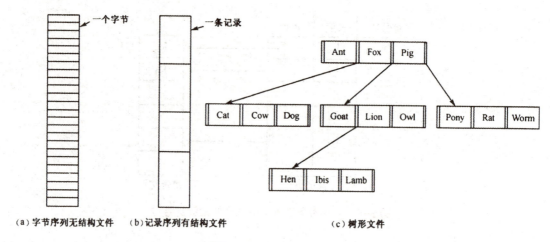

图 9-6　三种文件结构

（3）树形文件

树形文件是另一种有结构文件形式，如图 9-6（c）所示。这种结构的文件由一棵记录树构成，各个记录的长度可以不同。在记录的固定位置上有一个关键字字段，这棵树按该字段进行排序，从而可以对特定关键字进行快速查找。对文件中"下一个"记录的存取其实是获得具有特定关键字的记录。用户不必关心记录在文件中的具体位置。另外，可把新记录添加到文件中。可见，这种文件结构与 UNIX 和 Windows 系统中采用的无结构文件有明显差别，它被广泛用于某些商业数据处理的大型计算机中。

9.2　文件系统的功能和结构

9.2.1　文件系统的功能

现代操作系统中都配置较为完备的文件管理系统，简称文件系统。所谓文件系统，就是操作系统中负责操纵和管理文件的一整套设施，它实现文件的共享和保护，方便用户"按名存取"。

文件系统为用户提供存取简便、格式统一、安全可靠的管理各种文件的方法。有了文件系统，用户就可以用文件名对文件实施存取和相应管理，而不必考虑其信息放在磁盘的哪个面、哪个道、哪个扇区上，也不必关心启动设备进行 I/O 操作的具体实现细节。因而，文件系统提供了用户与外存的界面。

一般来说，文件系统应具备以下 5 种功能：

① 文件管理。能够按照用户要求创建一个新文件，删除一个老文件，对指定文件进行打开、关闭、读、写、执行等操作。

② 目录管理。为每个文件建立一个文件目录项，若干文件的目录项构成一个目录文件。根据用户要求创建或删除目录文件，对用户指定的文件进行检索和权限验证，更改工作目录等。

③ 文件存储空间管理。由文件系统对文件存储空间进行统一管理，包括对文件存储空间的分配与回收，且为文件的逻辑结构与它在外存（主要是磁盘）上的物理地址之间建立映射关系。

④ 文件的共享和保护。在系统控制下，一个用户可以共享其他用户的文件。为了防止对文件的未授权访问或破坏，文件系统应提供可靠的保护和保密措施，如采用口令、存取权限及文件加密等。为了防止意外事故对文件信息的破坏，应有转储和恢复文件的能力。

⑤ 提供方便的接口。为用户提供统一的文件操作方式，即用户只用文件名就可以对存储介质上的信息进行相应操作，从而实现"按名存取"。操作系统应向用户提供一个使用方便的接口，主要是有关文件操作的系统调用，供用户编程时使用。

看待文件系统有不同的观点，主要是用户观点（即外部使用观点）和系统观点（即内部设计观点）。从用户来看，文件系统应该做到存取文件方便，信息存储安全可靠，既能实现共享又可做到保密。从系统角度看，它要对存放文件的存储空间实现组织、分配、信息的传输，对已存信息进行检索和保护等。

9.2.2 文件系统的结构

一般地，文件系统本身由若干层次构成，其中每一层都利用低层的特性。图 9-7 是文件系统的层次结构。

最底层是 I/O 控制，包括设备驱动程序和中断处理程序，实现内存和磁盘系统之间的信息传送。可以把设备驱动程序想像成一个"翻译"，它接收的输入是高级命令，如"取 123 号块"；它的输出是低层的硬件专用指令，由硬件控制器使用。硬件控制器实现 I/O 设备与系统其余部分的接口。通常，设备驱动程序把一些专用的位模式写到 I/O 控制器存储器的特定位置，告诉控制器哪个设备要做什么动作。

基本文件系统只需向相应的设备驱动程序发出通用命令，令其读写盘上的物理块，每个物理块由盘地址编号来标识，如驱动器 1，柱面 73，磁道 2，扇区 10。

文件组织模块知道各个文件以及它们的逻辑块、物理块。根据文件类型和文件的位置，文件组织模块把文件的逻辑块地址转换成物理块地址，传送给基本文件系统。每个逻辑块都有一个编号，通常从 0（或者 1）至 N，而包含数据的物理块通常与逻辑块的号码不同，这样就要有一个转换，以确定每个逻辑块的物理块号。文件组织模块也负责管理空闲

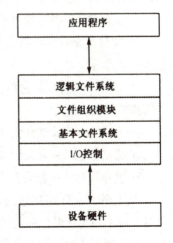

图 9-7 文件系统的层次结构

盘空间，记载文件系统中未分配的盘块，并在需要时分配或回收相应的盘块。

最上一层是逻辑文件系统，它管理元数据信息。元数据包括除实际数据（即文件内容）以外的所有文件系统结构。逻辑文件系统管理目录结构，提供文件组织模块需要的信息，实现按名存取：为每个文件提供一个文件控制块（FCB），其中包含有关文件使用权限及文件存放位置等信息。逻辑文件系统也负责文件的保护和安全。

目前有很多文件系统。多数操作系统都支持一种以上的文件系统。例如，UNIX 系统以 UPS（UNIX 文件系统）作为基础，同时也支持 EAFS（扩展宏基快速文件系统）、DTFS（压缩文件系统）、XENIX（XENIX 文件系统）等，而 Windows NT 支持多种磁盘文件系统，如 FAT、FAT32 和 NTFS（Windows NT 文件系统）等。利用层次结构的文件系统，可以尽量减少代码的重复。I/O 控制代码以及基本文件系统代码可被多个文件系统使用，而每个文件系统都有自己的逻辑文件系统和文件组织模块。

9.3 目录结构和目录查询

每个进程有唯一的进程控制块（PCB），它记载了与进程活动有关的各种信息。同样，对于文件也有相应的控制结构。通常的文件系统都用目录或文件夹来记载系统中文件的信息。在很多系统中，目录本身也是文件。

9.3.1 文件控制块和文件目录

（1）文件控制块

用户对文件是"按名存取"的，所以用户首先要创建文件，为它命名。以后对该文件的读、写及最后删除，都要用到文件名。为了便于对文件进行控制和管理，在文件系统内部，给每个文件唯一地设置一个文件控制块。这种数据结构通常由下列信息项组成：

① 文件名——符号文件名，如 file5、mydata、ml.c 等。

② 文件类型——指明文件属性是普通文件，还是目录文件或特别文件，是系统文件还是用户文件等。

③ 位置——指针，它指向存放该文件的设备和该文件在设备上的位置，如放在哪台设备的哪些盘块上。

④ 大小——当前文件大小（以字节、字或块为单位）和允许的最大值。

⑤ 保护信息——对文件读、写及执行等操作的控制权限标志。

⑥ 使用计数——表示当前有多少个进程正在使用（打开了）该文件。

⑦ 时间——日期和进程标志，这个信息反映文件创建、最后修改、最后使用等情况，可用于对文件实施保护和监控等。

核心利用这种结构对文件实施各种管理。例如，按名存取文件时，先要找到对应的控制块，验证权限。仅当存取合法时，才能取得存放文件信息的盘块地址。

（2）文件目录

为了加快对文件的检索，往往将文件控制块集中在一起进行管理。这种文件控制块的有序集合称为文件目录。文件控制块就是其中的目录1页。完全由目录项构成的文件称为目录文件。

文件目录具有将文件名转换成该文件在外存的物理位置的功能，它实现文件名与存放盘块之间的映射，这是文件目录所提供的最基本的功能。

在 MS-DOS 系统中，一个目录项有 16 个字节长，其中包含文件名、扩展名、属性、时间、日期、首块号和文件大小。利用首块号作为查找物理块链接表的索引，按索引链向下查找，可以找到该文件所有的盘块。图 9-8 是 MS-DOS 目录项示意图。在 MS-DOS 中，一个目录中可包含其他目录，从而形成层次结构的文件系统。

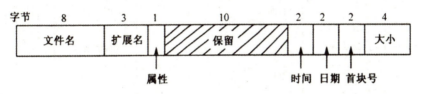

图 9-8　MS-DOS 目录项示意图

UNIX 系统的目录项非常简单，它只由文件名和 I 节点号组成，如图 9-9 所示。有关文件的类型、大小、时间、文件主和磁盘块等信息都包含在 I 节点中。UNIX 系统中所有目录文件都由这种目录项组成。按照给定路径名的层次结构，一级一级地向下找。由文件名找到对应的 I 节点号，再从 I 节点中找到文件的控制信息和盘块号。

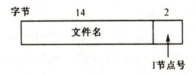

图 9-9　UNIX 目录项示意图

在考虑一个具体的目录结构时，必须注意对目录所实行的操作。主要的目录操作有如下几种：

① 查找。通过查找一个目录结构，找到特定文件所对应的项，实现按名查找。

② 建立文件。建立新文件，把相应控制块加到目录中去。

③ 删除文件。当一个文件不再需要时，把它从目录中抹掉。

④ 列出目录清单。显示目录内容和该清单中每个文件目录项的值。

⑤ 后备。为了保证可靠性，需要定期保留文件系统。通常的办法是把全部文件复制到磁盘上。这样，在系统失效需要重新恢复运行时，能够提供后备副本。目录文件经常要存档或转储。

9.3.2　单级目录结构

如何组织文件目录是文件系统的主要内容之一，它直接关系到用户存取文件是否方便和文件系统所能提供的性能。这就如同一个企事业单位内部行政机构的设置。目录的基本组织方式包含单级目录、二级目录、树形目录和非循环图目录。

最简单的目录结构就是单级目录。例如，设备目录就是单级目录。在这种组织方式下，全部文件都登记在同一目录中，如图 9-10 所示。这样一种结构在实现和理解上都很容易。

由图 9-10 可见，每当创建一个新文件时，就在目录表中找一个空目录项，把新文件名、物理地址和其他属性填入该目录项中。在删除一个文件时，从目录中找到该文件的目录项，回收该文件占用的外存空间，然后清空其所占用的目录项。

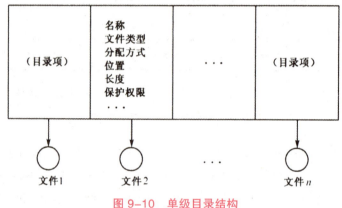

图 9-10　单级目录结构

单级目录结构的优点是简单，能够实现按名存取。

但是，单级目录结构有以下 3 个缺点：

① 查找速度慢。当系统中存在大量文件或众多用户同时使用文件时，由于每个文件占一个目录项，单级目录中就拥有数目很大的目录项。如果要从目录中查找一个文件，就需花费较长时间才能找到。平均而言，找一个文件需要扫描半个目录表。

② 不允许重名。因为各个文件都在同一目录中管辖，它们各自的名字应是唯一的。如果两个用户都为自己的文件起了同一名字（如 file1），就破坏了文件名唯一的规则。然而，用户对文件命名完全是根据需要和个人习惯，无法由系统强行规定各用户的命名范围。这样，在多个用户（如学生）上机过程中，文件同名现象经常会发生。当出现同名时，系统就无法实现"辨认"工作，即使只有一个用户，随着大量文件的创建，也难于记住哪些名字已过时，不再使用了。

③ 不便于共享。因为各个用户对同一文件可能用不同的名称，而单级目录却要求所有用户用同一名字来访问同一个文件。

9.3.3　二级目录结构

单级目录的主要缺点是无法解决多个用户间文件"重名"的问题。标准的解决办法是为每个用户单独建立一个目录，各自管辖自己下属的文件。在大型系统中，用户目录是逻辑结构，它们在逻辑上分开，而在物理上全部文件都可放在同一设备上。

图 9-11 为二级目录结构。每个用户有自己的用户文件目录（UFD），用户文件目录都有同样的结构，其中只列出每个用户的文件。在主文件目录（MFD）中记载各个用户的名称，当用户作业开始或用户登录时，需要检索主文件目录，找到唯一的用户名（或用户编号），再按项中指针的指向找到对应的用户目录。用户使用特定文件时，只需在自己的用户目录中检索，与其他用户目录无关。从而使不同用户能够使用相同的文件名，只要单独的用户目录中所有文件不重名即可。建立或删除文件也仅限于一个用户目录。

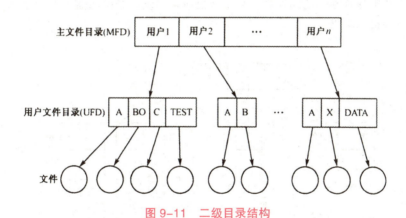

图 9-11　二级目录结构

用户目录本身也需要创建或删除，这是由专用的系统程序实现的，用户则要提供相应的用户名和某些说明信息。当创建一个用户文件目录时，要在主文件目录中附加相应的一项。主文件目录也放在磁盘上，如果用户需要删除自己的用户文件目录，可请求系统管理员将它撤销。

用户利用系统调用创建新文件时，系统先找到该用户的用户文件目录，在判定该 UFD 中的文件没有与新建文件同名时，在 UFD 中建立一个新的目录项，填入新文件名及有关属性信息。当用户要删除一个文件时，系统从主文件目录中找到该用户的 UFD，再从 UFD 中找到指定文件的目录项，然后回收该文件占用的外存空间，清空该目录项。

二级目录结构基本上解决了单级目录存在的问题。其优点是：不同用户可有相同的文件名；提高了检索目录的速度；不同用户可用不同的文件名访问系统中同一文件。

这种结构能够把一个用户与另外用户有效地隔开。当各个用户间毫无联系时，它是优点；当多个用户要对某些盘区共同操作和共享文件时，它就是缺点。就是说，这种结构仍不利于文件共享。

可把二级目录想象成一棵分成两层的树：树根是主文件目录，它的直接分枝是用户文件目录，而实际文件是该树的叶子。因而，文件的路径名是由用户名和文件名来定义的。

9.3.4 树形目录结构

1. 树形目录

为了给使用多个文件的某些用户提供检索方便，以及更好地反映实际应用中多层次的复杂文件结构关系，可以把二级目录自然推广成多级目录。在这种结构中，每一级目录中可以包含文件，也可以包含下一级目录。从根目录开始，一层一层地扩展下去，形成一个树形层次结构，如图9-12所示。每个目录的直接上一级目录称作该目录的父目录，而它的直接下一级目录称作子目录。除根目录外，每个目录都有父目录。这样，用户创建自己的子目录和相应的文件就很方便。在树形结构文件系统中，只有一个根目录。系统中的每一个文件（包括目录文件本身）都有唯一的路径名，它是从根目录出发，经由所需子目录，最终到达指定文件的路径分量名的序列。

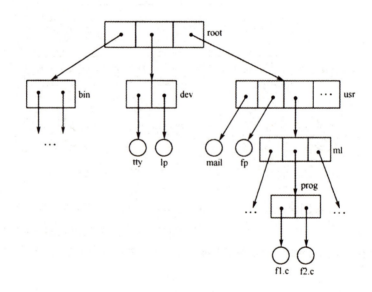

图 9-12　树形目录结构

在这种结构中，末端一般是普通的数据文件（图中用圆圈表示），而路径的中间节点是目录文件（用方框表示）。

2. 路径名

在树形目录结构中，从根目录到末端的数据文件之间只有一条唯一的路径。这样利用路径名就可唯一地表示一个文件。路径名有绝对路径名和相对路径名两种表示形式。

① 绝对路径名。又称全路径名，是指从根目录开始到达所要查找文件的路径名。例如，

在 UNIX/Linux 系统中，以"/"表示根目录。从根目录开始到所需文件，所经历的各个目录或文件称为"节点"。各节点之间以"/"分开。例如，图 9-12 中文件 fl.c 的绝对路径名是：

(root)/usr/ml/prog/fl.c

其中，usr、ml、prog 和 fl.c 都是路径分量名。通常，根节点 root 被省略掉，但路径名中最左边的"/"不能省去，以它开头，表示文件路径名是从根节点开始的。

在 Windows 系统中，各文件分量名之间的分隔符是"\'。这样，文件 fl.c 的绝对路径名就写作：

\usr\ml\prog\fl.c

可见，不管分隔符是什么，只要路径名中第一个字符是分隔符，就表示该路径是绝对路径。

② 相对路径名。在一个多层次的树形文件目录结构中，如果每次都从根节点开始检索，很不方便，多级检索要耗费很多时间。一种捷径是为每个用户设置一个当前目录（又称工作目录），访问某个文件时，就从当前目录开始向下顺次检索。由于当前目录是在根目录下，靠近常用文件的一个目录，所以，检索路径缩短，处理速度提高。如当前目录是 ml，访问 fl.c 就可以直接从目录 ml 开始向下按级查找。

当用户登录时，操作系统为用户指定一个当前目录，通常是用户的主目录。在以后的使用过程中，用户可根据需要随时改变当前目录的定位，系统提供相应的命令。其实，每个进程有自己的工作目录，所以，当一个进程改变其工作目录并且随后又终止时，对其他进程没有影响，在文件系统中也不会留下修改目录的痕迹。

绝对路径名从根目录开始书写，如：

/usr/ml/prog/fl.c

而相对路径名是从当前目录的下级开始书写，如当前目录是 /usr/m1 时，则有：

prog/fl.c

在 UNIX、Linux 以及 Windows 系统中约定，不以分隔符（/ 或 \）开头的文件路径名就表示相对路径名。

在这种目录结构下，文件的层次和隶属关系很清晰，便于实现不同级别的存取保护和文件系统的动态装卸。但是，在上述纯树形目录结构中，只能在用户级对文件进行临时共享。就是说，文件主创建一个文件并指定对其共享权限后，有权共享的用户可以利用相同的路径名对文件实施限定操作（如读、写、执行等）。当文件主删除该文件后，其他用户就无法再使用该文件了。当然，其他用户可以使用 copy 命令把共享文件复制到自己的目录下面，但这样做不符合共享的本义。它既占用额外的存储空间，又花费 I/O 时间。

对目录的删除不同于对普通文件的删除。若一个目录是空的，可简单清空它在父目录中所占的项。若所要删除的目录不空，其中含有若干文件子目录，则可采用如下两种方法处理：

① 等到该目录为空时再删除。也就是说，为删除一个目录，必须先删除该目录中的全

部文件。如果有子目录，那么这项工作就要递归地进行，这样做的工作量是很大的。

② 当出现删除一个目录的请求时，就认为它的所有文件和子目录也都被删除。选择哪种方法是由系统所用的策略决定的。

9.3.5　非循环图目录结构

树形目录结构的自然推广就是非循环图目录结构，如图 9-13 所示。它允许一个文件或目录在多个父目录中占有项目，但并不构成环路。在 Linux 和 UNIX 系统中，这种结构方式叫作链接（Link）。由图 9-13 看出，对文件共享是通过两种链接方式实现的：一种是允许目录项链接到任一表示文件目录的节点上，另一种是只允许链接到表示普通文件的节点上。

第 1 种方式表示可共享被链接的目录及其各子目录所包含的全部文件。例如 diet 链接 spell 的子目录 words，这样 words 目录中所包含的三个文件（listl、radc 和 w7）都为 diet 所共享。就是说，可以通过两条不同的路径访问上述三个文件。在这种结构中，可把所有共享的文件放在一个目录中，所有共享这些文件的用户可以建立自己的子目录，并且链接共享目录。这样做的好处是便于共事，但问题是限制太少，对控制和维护造成困难，甚至因为使用不当而造成环路链接，产生目录管理混乱。

UNIX 系统基本上采取第 2 种链接方式，即只允许对单个普通文件链接。从而通过几条路径来访问同一文件，即一个文件可以有几个"别名"。如 /spell/count 和 /dict/count 表示同一文件的两个路径名。这种方式虽限制了共享范围，但更可靠，且易于管理。

应该指出，一般常说 UNIX 文件系统是树形结构的，严格地说，是带链接的树形结构，也就是上述的非循环图结构，而不是纯树形结构。

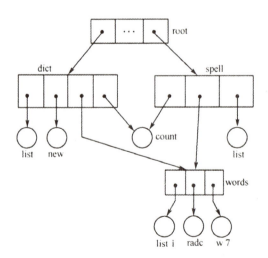

图 9-13　非循环图目录结构

9.3.6 目录查询方法

为了实现用户对文件的接名存取，系统要对文件目录进行查询，找出该文件的文件控制块或索引节点，进而找到该文件的物理地址，对其进行读写操作。如何查询目录涉及目录管理算法，它对文件系统的效率、性能和可靠性有很大影响。

目录查询的方式主要有线性检索法和散列（Hash）法两种。

（1）线性检索法

线性检索法又称顺序检索法，这是检索目录的最简单方法。目录文件由目录项构成一个线性表，每个目录项包括文件名和指向数据块的指针。当创建一个新文件时，首先检索该目录，保证不发生文件重名问题，然后把新文件的目录项添加到目录的末尾。删除一个文件时，要检索目录找到该目录项，然后释放分给它的全部空间，并且清空该项。

对每级目录的检索都采用线性检索方式。例如，在 UNIX/Linux 系统中，要检索文件 fl.c，其绝对路径名为 /usr/mengqc/fl.c，操作过程如下：首先读入第一个文件分量名 usr，在根目录文件中一项一项地与 usr 文件名比较，以便找到与之匹配的目录项。当在根目录中找到 usr 后，则在目录 usr 中依次检索文件分量名 mengqc。最后在目录文件 mengqc 中顺序查找文件名 fl.c。

线性检索法简单易行，但是速度慢。作为改善性能的办法之一，很多操作系统使用软件缓存来存放最近用过的目录信息。如果缓存命中，就避免了反复从磁盘上读入目录信息。如果把目录项排序，就可以使用二分法检索，从而缩减平均查找时间，但会使文件的创建和删除变得复杂。还可以用更高级的数据结构（如 B 树），使目录表排序更简便。

（2）散列法

散列法需要有目录文件和散列表，每个散列值是由文件名计算出来的，并且散列表项中有指向线性表中文件名的指针。这种方法利用线性表存放目录项（与线性法相同），利用散列数据结构进行检索。

例如，一个散列表有 64 项，散列函数把文件名转换成 0 到 63 的整数（如把文件名中各字符的值加起来，其和被 64 取模）。如果要从目录中检索一个文件，则用该文件名对应的散列值去查散列表，由相应表项中的指针找到目录文件中的对应目录项。由于不必进行线性检索，因而大大减少了目录查询时间。另外，目录项的存放方式采用线性表方式，插入或删除目录项也相当简便。但是，需要预防冲突问题——即两个文件名有相同的散列值。使用散列表的主要困难是它有固定的大小，并且散列函数也依赖该大小。

如果散列表有 64 项，现在要创建第 65 个文件，就必须扩大目录散列表，比如增加到 128 项。为实现这个目标，需要新的散列函数，能把文件名映像成 0 到 127 的整数，且要重新构造现有的目录项，以反映新的散列值。改进的办法是把超出的目录项链入有相同散列值的队列中，即每个散列项可以是一个队列，而非单个值，把新项添加到队列中，从而解决上述冲突问题。当然，这样做会使查询变慢，因为当多个文件名的散列值相同时，要依次检索该散列项对应的队列。但是，它仍然比线性检索遍历整个目录要快得多。

9.4　文件和目录操作

9.4.1　文件操作

文件是一种抽象数据类型。为了正确定义文件，需要了解对文件实施的操作。操作系统提供一组系统调用，用于文件的创建、删除、打开、关闭、读、写等。不同的操作系统所提供的文件操作是不同的。下面是一些最常用的有关文件操作的系统调用。

1. 创建文件 create

创建一个新文件时要做两步工作：首先，为该文件在文件系统中分配必要的空间；然后，生成一个新的目录项，添加到相应的目录中。目录项中记载该文件的名字、文件类型、在外存上的位置、大小、建立时间等有关文件属性信息。

2. 删除文件 delete

如果不再使用某个文件，必须删除它，以释放其所占用的盘空间。若要删除一个文件，先在相应目录中检索该文件，找到相应的目录项后，释放该文件所占用的全部空间，以便其他文件使用，并且清除该目录项中的内容（使之成为空项）。

3. 打开文件 open

在使用文件之前，进程必须打开相应文件。打开文件的目的是把文件属性和磁盘地址表等信息装入内存，以便后续系统调用能够快速存取该文件。

打开文件的主要过程是：

① 根据给定的文件名查找文件目录。如果找到该文件，则把相应的文件控制块调入内存的活动文件控制块区。

② 检查打开文件的合法性。如果用户指定的打开文件之后的操作与文件创建时规定的存取权限不符，则不能打开该文件，返回不成功标志。如果权限相符，则建立文件系统内部控制结构（如 UNIX 系统中的用户打开文件表、系统打开文件表和活动 I 节点等）之间的通路联系，返回相应的文件描述字 fd。

4. 关闭文件 close

对文件存取后，不再需要文件属性和文件在盘上地址等信息，这时应当关闭文件，释放打开该文件时所分配的内部表格。很多系统对进程同时打开文件的个数有限制，提倡用户关闭不再用的文件。另外，关闭文件也防止对打开文件的非法操作，可起到保护作用。

关闭文件的过程是：如果该文件的最后一块尚未写到盘上，则强行写盘，不管该块是否为满块。系统根据文件描述字（打开该文件时的返回值）依次找到相应的内部控制结构，间断彼此间联系，释放相应的控制表格。

5. 读文件 read

从文件中读取数据。一般读出的数据来自文件的当前位置，调用者还要指明一共读取多少数据，以及把它们送到用户内存区的什么地方。

读文件的基本操作过程是：

① 根据打开文件时得到的文件描述找到相应的文件控制块，确定读操作的合法性，设置工作单元初值。

② 把文件的逻辑块号转换为物理块号，申请缓冲区。

③ 启动盘 I/O 操作，把盘块中的信息读入缓冲区，然后传送到指定的内存区，同时修改读指针，供后面读写定位之用。

如果文件大，读取的数据多，上述②和③会反复执行，直至读出所需数量的数据或读至文件尾。

6. 写文件 write

将数据写到文件中。通常，写操作也是从文件当前位置开始向下写入。如果当前位置是文件末尾，则文件长度增加。如果当前位置在文件中间，则现有数据被覆盖，并且永久丢失。

写文件的过程是：

① 根据文件描述字找到文件控制块，确认写操作的合法性，置工作单元初值。

② 由当前写指针值得到逻辑块号，然后申请空闲物理盘块，申请缓冲区。

③ 把指定用户内存区中的信息写入缓冲区，然后启动磁盘进行 I/O 操作，将缓冲区中信息写到相应盘块上。

④ 修改写指针的值。

如果需要写入的数据很多，则②～④步会反复执行，直至把给定的数据全部写到盘上。

7. 附加文件 append

这个调用是 write 的受限形式，它只能把数据添加到文件的末尾。如果系统只提供系统调用的最小集合，则通常没有 append。很多系统对同一操作提供多种实现方法，这些系统往往包含 append。

8. 读写定位 seek

对于随机存取文件，需要指定从何处开始读写数据。通常的办法是使用系统调用 seek，它把文件的读写指针设置为给定的地址。该调用完成后，进行读写文件操作时就从新位置开始。

9. 取文件属性 get_attributes

进程在执行过程中经常需要读取文件属性，如文件建立时间或修改时间。系统根据调用者提供的文件名从目录中找到相应的目录项，再从目录项获取该文件的属性。

10. 置文件属性 set_attributes

文件的某些属性可由用户设置，并且在文件创建后也可由用户修改。利用该系统调用可改变文件属性。例如，文件保护模式可以更改。一般地，改变文件属性的用户必须是文件主或特权用户。系统根据给定的文件名从目录中找到相应的目录项，然后按给定的文件属性修改原有信息。

11.重新命名文件 rename

用户常常要更改现有文件名，利用该系统调用可实现这个功能。其实，这个系统调用并非必备的，可以通过把老文件复制到新文件中，然后删除老文件的方法达到文件重新命名的目的。

9.4.2 目录操作

与文件操作相似，系统中也有一组系统调用来管理目录。不同操作系统中的这组系统调用差别很大。下面给出的示例展示目录操作的系统调用如何工作（主要取自 UNIX 系统）。

1.创建目录 create

被创建的新目录中除目录项"."（表示该目录本身）和".."（表示父目录）外，其内容为空。目录项"."和".."是系统自动放在该目录中的。系统首先根据调用者提供的路径名进行目录检索，如果存在同名目录文件，则返回出错信息；否则，为新目录文件分配盘空间和控制结构，进行初始化；将新目录文件对应的目录项添加到父目录中。

2.删除目录 delete

只有空目录才可以删除。空目录是其中只含目录项"."和".."的目录。系统首先进行目录检索，在父目录中找到该目录的目录项；验证用户权限，检查该目录是否为空目录；释放该目录所占的盘空间，从父目录中清除相应的目录项。

3.打开目录 opendir

可以读目录的内容。例如，要列出一个目录中所有文件名，则在读取目录之前，也要打开它。这类似于在读文件之前要打开该文件。打开目录时要占用一些内部表格。

4.关闭目录 closedir

在读取目录后，应关闭目录，以便释放所占用的内部表格空间。

5.读目录 readdir

这个调用返回打开目录的下一个目录项。以前利用读文件的系统调用 read 来读目录，但它存在缺点：程序员必须知道目录的内部结构，并据此进行处理。而 readdir 总是以标准格式返回一个目录项，并不关心所用的目录结构如何。

6.重新命各目录 rename

目录在很多方面和文件相似，同样可以重新命名。

7.链接文件 link

链接技术允许一个文件同时出现在多个目录中。这样，可以通过多条不同的路径存取同一个文件，从而实现对文件的共享。

链接的操作过程是：根据源文件名检索目录树，找到对应的文件控制块并复制到内存中；再根据目标文件名（又称新名）检索目录树，如发现新名，则判出错；若未找到，则在新名文件的父目录中登记这个新目录项，增加源文件的链接计数值。这种链接也称硬链接（与此对应的是符号链接，它在目标目录中建立一个小文件，其中包含源文件的全路径名）。

8. 解除链接 unlink

当进程不再需要对某个文件链接共享时，可以解除链接。文件的解除链接与文件的删除往往使用同一个程序。删除文件是从文件主角度出发，而解除对文件的链接是从共享该文件的其他用户角度出发。如果被解除链接的文件只出现在一个目录中（通常如此），则从文件系统中删除该文件；如果它出现在多个目录中，则只删除指定的路径名，其余的路径名依然保留。

9.5 文件系统的实现

9.5.1 文件系统的格式

1. 文件系统的不同含义

构成操作系统的最重要的部件就是进程管理和文件系统。然而，并非所有的操作系统都同时具有这两个部件。如一些嵌入式操作系统可能有进程管理而没有文件系统，而另一些操作系统（如 MS-DOS）则有文件系统，但没有进程管理。

以上介绍文件定义时，主要指磁盘文件，进而把内存中有序存储的一组信息也称作文件。有些系统把一片内存区用于存放文件，以加快数据存取速度，因而把这片内存区称作虚拟盘。广义上讲，UNIX 把外部设备（如终端、打印机、磁盘等）都称作文件。

与"文件"含义有狭义和广义之分相似，"文件系统"一词在不同情况下也有不同含义。上面对文件系统的定义是指在操作系统内部（通常在内核中）用来对文件进行控制和管理的一套机制及其实现。而在具体实现和应用上，文件系统又指存储介质按照一种特定的文件格式加以构造。例如，Linux 的文件系统是 ext2，MS-DOS 的文件系统是 FAT16，而 Windows NT 的文件系统是 NTFS 或 FAT32，对文件系统可以进行安装或拆卸等操作。

2. 文件系统的格式

为了建立文件系统，首先应该对硬盘正确地分区。

对硬盘分区后，每个分区好像是单独的硬盘。如果系统中只有一个硬盘，但又希望安装多个操作系统，则可以把硬盘分成多个分区。每个操作系统可以任意使用自己的分区，不会干扰另外一个操作系统的正常工作。通过对硬盘分区，多个操作系统共存于同一个硬盘中。

当然，硬盘分区还有如下的其他原因：

① 当系统中硬盘容量较大时，使用分区可以提高硬盘的访问效率。

② 在不同分区上安装不同的操作系统，能够方便管理和维护。

对于软盘来说，不需要分区。因为软盘的容量太小，没有必要分区。CD-ROM 也没有必要分区，因为光盘中没有安装多操作系统的需求，而且就容量（650 MB 左右）来说，也没有必要分区。

硬盘分区的信息存放在它的第 1 个扇区（对应于 0 号磁头的 0 柱面 0 扇区），该扇区就是整个硬盘的主引导记录（Main Boot Record，MBR）。如果该硬盘是多硬盘系统的第 1 个硬盘，那么该扇区就是系统的 MBR。计算机引导时，BIOS 从该扇区读入并且执行其中的程序。MBR 中包含一小段程序，其功能是读入分区表（在 MBR 的末尾，其中给出每个分区的开始和结束地址），检查系统的活动分区（即默认引导分区。分区表中只有一个分区标记为活动），读入活动分区的第 1 个扇区（与 MBR 略有不同，它表示某个分区上的启动扇区。该启动扇区包括另一个小程序，用于读入该分区上操作系统的引导部分，然后执行它）。引导块中的程序把该分区中的操作系统装入内存。为保证一致性，每个分区开头都有引导块，即使它不包含可引导的操作系统。由于将来有可能包含一个操作系统，所以，每个分区都保留一个引导块，这是个好主意。

除了磁盘分区都以引导块开头外，各个文件系统的分区格式有很大差别。一般来说，文件系统的格式如图 9-14 所示。其中，超级块（Superblock）包含有关该文件系统的全部关键参数。当计算机加电进行引导或第 1 次遇到该文件系统时，就把超级块中的信息读入内存。超级块中包含标识文件系统类型的幻数、文件系统中的盘块数量、修改标记及其他关键管理信息。

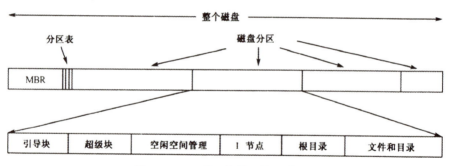

图 9-14　一种可能的文件系统格式

在超级块之后是有关空闲块的信息，可能用位示图形式给出，也可能用指针链表形式表示。接着是 I 节点——是一个结构数组，每个文件有一个 I 节点，其中包含有关该文件的全部管理信息。之后是根目录，它是文件系统目录树的顶端。最后，磁盘的其余部分则要包含除根目录以外的所有目录和全部文件。在本书的后面，有关操作系统实例研究的章节中，将介绍几种具体的文件系统格式。

9.5.2　文件存储分配

文件的物理组织涉及一个文件在存储设备上是如何放置的。它和文件的存取方法有密切关系，另外也取决于存储设备的物理特性。从逻辑上看，所有文件都是连续的，但在物理介质上存放时却不一定连续。所以，文件的存储分配涉及以下 3 个问题：

① 当创建新文件时，是否一次性为该文件分配所需的最大空间？

② 为文件分配的空间可以是二个或多个连续的单位，每个连续单位的范围从单一盘块到整个文件。分配文件空间时应采用的单位有多大？

③ 为了记录分配给各个文件的连续单位的情况，应该使用哪种形式的数据结构或表格？典型的表格就是文件分配表 FAT。

目前常用的文件分配方法有连续分配、链接分配和索引分配三种。不同的操作系统往往采用不同的分配方法，而在同一个系统中，采用一种方法。

（1）连续分配

连续分配是最简单的分配方法。它把二组连续的盘块分给一个文件，如图 9-15 所示。由于在创建文件时根据其大小分配盘空间，所以采用的是预分配策略，并且连续盘块的数量是可变的，不同的文件往往有不同的大小。例如，图 9-15 中文件 FileA 的起始地址为盘块 2，其长度为 3，表示它占用的盘块依次为 2，3 和 4。文件 FileB 的起始地址为盘块 9，长度为 5，其占用的连续盘块为 9，10，11，12 和 13。为了记录各文件的存储分配情况，在文件分配表中每个文件单独占一项，其中包括文件名、文件起始块号和文件长度（占用盘块数量）。

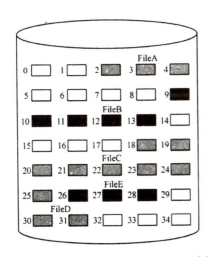

文件分配表		
文件名	起始块	长度
FileA	2	3
FileB	9	5
FileC	18	8
FileD	30	2
FileE	26	3

图 9-15　连续文件分配

采用连续分配方法可把逻辑文件中的信息顺序地存放到一组邻接的物理盘块中，这样形成的物理文件称为连续文件（或顺序文件）。

连续分配的优点是在顺序存取时速度较快，一次可以存取多个盘块，改进了 I/O 性能。所以，它常用于存放系统文件，如操作系统文件、编译程序文件和其他由系统提供的实用程序文件，因为这类文件往往被从头至尾依次存取。另外，也很容易直接存取文件中的任意一块。例如，文件的起始块是 b，则访问该文件第 i 块的地址就是 b+i。

连续分配也存在如下缺点：

① 要求建立文件时就确定它的长度，依此来分配相应的存储空间，这往往很难实现。

② 它不便于文件的动态扩充。在实际计算时，作为输出结果的文件往往随执行过程而不断增加新内容。当该文件需要扩大空间而其后的存储单元已被别的文件占用时，就必须另外寻找一个足够大的空间，把原空间中的内容和新加入内容复制进去。这种文件的"大搬家"是很费时间的。

③ 可能出现外部碎片。即在存储介质上存在很多空闲块，但它们都不连续，无法被连续的文件使用，从而造成浪费。

当创建一个文件时，实现连续盘块分配的策略有以下三种（类似于内存的动态分配算法）：

① 最先适应算法。选择大小满足要求的、第一个未用的连续盘块组。

② 最佳适应算法。选择大小满足要求的、最小的未用的盘块组。

③ 最近适应算法。当扩充文件时，选择满足大小要求的、最接近该文件先前位置的未用盘块组。

这三种方法各有利弊，分不出哪个最好，但最先适应算法通常会执行得更快。为了解决外部碎片问题，可以执行紧缩算法。当然，这是有开销的。

（2）链接分配

为了克服连续分配的缺点，可把一个逻辑上连续的文件分散存放在不同的物理块中，这些物理块不要求连续，也不必规则排列。为使系统找到下一个逻辑块所在的物理块，可在各物理块中设立一个指针（称为链接字），它指示该文件的下一个物理块，如图 9-16 所示。同样，每个文件在 FAT 表中单独占一项，其中包括文件名、起始块号和最后块号。这里起始块号就相当于指向该文件的首指针。

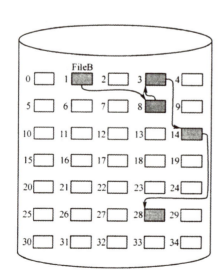

图 9-16　链接文件分配

当创建新文件时，就在相应的 FAT 表项中建立一个新项。文件首指针初始为 nil（链尾指针值），表示是个空文件，文件氏度置为 0。当发生写文件时，就从空闲盘块管理系统中找一个空闲盘块，把信息写到该块上，然后把它链入该文件的末尾。读文件只是简单地沿着链接指针一块挨一块地读。虽然在链接分配方法中也可采用预分配策略，但是更常用的方法还是"按需分配"。这样，挑空闲盘块就很简单，任何空闲盘块都可供写文件使用。

采用链接分配不会产生磁盘的外部碎片，因为每次按需要只分配两块，若不够，再分配另外的块。所以，文件可以动态增长，只要有空闲块可供使用就行。这种方法从来也不需要紧缩磁盘空间。

这种物理结构形式的文件称作链接文件或串连文件。链接文件克服了连续文件的缺点，但又带来以下 3 个新的问题：

① 一般仅适于对信息的顺序访问，而不利于对文件的随机存取。例如，为了存取一个文件的第块中的信息，必须从头向后顺次检索，直至找到所需的物理块号。而每次存取链接字都需要读盘，甚至寻道，因此，对链接文件进行随机存取的效率是很低的。

② 每个物理块上增加两个链接字，为信息管理添加了一些麻烦。例如，每个链接字占用 4B，每个物理盘块 512B，那么，链接字就占用盘块的 0.78%，这部分空间没有存放文件信息。为了方便管理，信息块大小通常是 2^n（n 为 9，10，11 或 12），然而链接字破坏了信息块的这种规范尺寸。

解决这个问题的办法通常是按簇分配盘空间。簇是多个连续盘块构成的组，例如 4 个磁盘块。这样，每个簇有 1 个链接指针，节省了指针所占的空间，提高了磁盘的吞吐量，减少了磁盘分配和释放的次数，代价是增加了内部碎片。

③ 可靠性。因为文件是通过指针将散布在盘上的盘块链接在一起的，如果因指针丢失或受损出现故障，会导致链接到空闲空间队列或链入另一文件的盘块链中。对此，可以采用双链表，或者在每个盘块中存放文件名和相关块号。但这样做会带来更大开销。

使用文件分配表（FAT）是很好的办法。这种办法简单有效，在 MS-OOS 和 OS/2 操作系统中都使用它。FAT 表出现在每个磁盘分区开头的扇区中。每个盘块在表中占一项，表的序号是物理盘块号，每个表项中存放链接下一盘块的指针。这样，FAT 表就被用做链表，如图 9-17 所示。文件目录项中包含该文件首块的块号，就用盘块号去检索 FAT 表，从中得到下一个盘块号。由一个盘块链接另一个盘块，直至该文件的最后一块在相应的 FAT 表项中有一个专用的文件结束（end-of-file）标志。而未用盘块所对应的表项中用做标志。当一个文件需要分配一个新盘块时，就在 FAT 表中找到第 1 个标志为 0 的表项，然后把该块链入该文件的队尾。为了克服磁头寻找次数增加带来的问题，可把 FAT 表放在缓存中。这样做的代价是它占用相当数量的内存空间。

（3）索引分配

链接分配解决了连续分配所存在的外部碎片和预先说明文件大小的问题，但是在没有采用 FAT 表的情况下，它并不能有效地支持随机存取。为了解决这个问题，引入索引分配。索引分配是实现非连续分配的另一种方案。系统为每个文件建立一个索引表，其中的表项指出存放该文件的各个物理块号，如索引表中的第 i 项就存放该文件的第 i 个盘块号。而索引表本身也存放在一个盘块中，由文件对应的目录项指出该索引盘块的地址，如图 9-18 所示。这种物理结构形式的文件称作索引文件。

　　这种分配方式类似于第 5 章介绍的分页方式。当创建二个文件时，为它建立一个索引表，其中所有的盘块号为一个特殊值，如图 9-18。当首次写入第 i 块时，从空闲盘块中取出一块，然后把它的地址（即物理块号）写入索引表的第 i 项中。若要读取文件的第 i 块，就检索该文件的索引表，从第 i 项中得到所需盘块号。

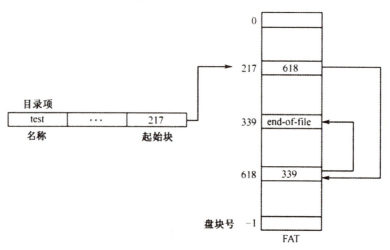

图 9-17　文件分配表（FAT）

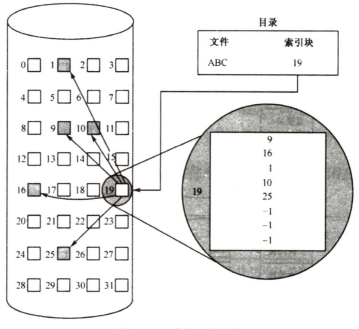

图 9-18　索引文件分配

索引文件除了具备链接文件的优点外，还克服了它的缺点。它可以方便地进行随机存取。但是这种组织形式需要增加索引表带来的空间开销。如果这些表格仅放在盘上，那么，在存取文件时，首先要取出索引表，然后才能查表，得到物理块号。这样，至少增加一次访盘操作，从而降低了存取文件的速度，加重了运行负担。一种改进办法是：把索引表部分或全部放入内存。这是以内存空间代价来换取存取速度的方法。

（4）多重索引文件分配

为了用户使用方便，系统一般不应限制文件的大小。如果文件很大，那么不仅存放文件信息需要大量盘块，而且相应的索引表也必然很大。例如，盘块大小为1阻，长度为100 KB的文件就需要100个盘块，索引表至少包含100项；若文件大小为1000KB，则相应索引表项要有1000项。设盘块号用4个字节表示，则该索引表至少占用4000 B（约4KB）。很显然，在这种情况下，把索引表整个地放在内存是不合适的，而且不同文件的大小也不同，文件在使用过程中很可能需要扩充空间。单一索引表结构无法满足灵活性和节省内存的要求，为此引出多重索引结构（又称多级索引结构）。在这种结构中采用间接索引方式，即由最初索引项中得到某个盘块号，该块中存放的信息是另一组盘块号；而后者每一块中又可存放下一组盘块号（或者是文件本身信息），这样间接几级（通常为1 ~ 3级），最末尾的盘块中存放的信息一定是文件内容。例如，UNIX的文件系统就采用多重索引的方式，如图9-19所示。

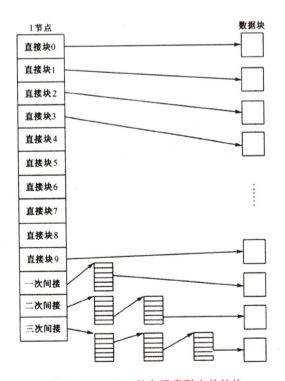

图 9-19 UNIX 的多重索引文件结构

图9-19的左部是文件控制块（又称I节点），其中含有对应文件的状态和管理信息。

一个打开文件的 I 节点放在系统内存区。与文件物理位置有关的索引信息是 I 节点的一个组成部分，这里仅画出这一部分 I 节点的内容。它是由 13 项整数构成的数组，其中放有盘块号。前 10 项标志为直接索引，以下依次为一次间接、二次间接和三次间接。直接项所对应的盘块中放有该文件的数据，这种盘块称为直接块。一次间接项所对应的盘块（间接块）中放有直接块的块号表。为了通过间接块存取文件数据，核心必须先读出间接块，找到相应的直接块项，然后从直接块中读取数据。二次间接项所对应盘块中放有一次间接块号表，三次间接项所对应的盘块中放有二次间接块号表。

对于一般文件来说，其大小多数在 10 块之内，可以利用直接项立即得到存放数据的盘块号，因而存取文件的速度较快。对于大于 10 块的"大型"文件，可对 10 块以上的部分采用一次间接（它至多可以放 256 个盘块号），它允许文件长达 256KB；如仍旧放不下，则接着采用二次间接（它至多可以放 256^2 个盘块号），它允许文件长达 64MB；对巨型文件，可能用到三次间接（它至多可以放 256^3 个盘块号），它允许文件长达 16GB。

这种方法具有一般索引文件的优点，但也存在着间接索引需要多次访盘而影响速度的缺点。由于 UNIX 分时环境中多数文件都较小，这就减弱了其缺点所造成的不利影响。

9.5.3 空闲存储空间的管理

当用编辑命令创建一个新文件时，在编辑工作的末尾要执行写盘操作，就是把编辑缓冲区中的内容写到磁盘的盘块上。也就是说，当一个用户要求创建一个新文件时，系统要为用户的文件分配相应的外存空间。相应地，当用户要求删除一个老文件时，系统要回收该文件所占用的外存空间，供新建文件使用。为了能对外存空间有效地利用，提高对文件的访问速率，系统对外存中的空闲块资源需要妥善管理。在多数情况下，利用磁盘存放文件。下面基于磁盘文件讨论目前常用的磁盘空闲空间管理技术，主要有空闲空间表法、空闲块链接法、位示图法和成组链接法。

（1）空闲空间表法

计算机系统在工作期间频繁地创建和删除文件。由于磁盘空间是有限的，所以对过时无用的文件要清除，腾出地方供新文件使用。

① 空闲空间表

为了记载磁盘上哪些盘块当前是空闲的，文件系统需要创建一个空闲空间表，如图 9-20 所示。

序号	第 1 个空闲块号	空闲块个数	物理块号
1	2	4	2，3，4，5
2	18	9	18，19，20，21，22，23，24，25，26
3	59	5	59，60，61，62，63
……	……	……	……

图 9-20 空闲空间表

可以看出，所有连续的空闲盘块在表中占据一项，其中标出第一个空闲块号和该项中所包含的空闲块个数，以及相应的物理块号。如第 1 项（序号为 1）中，表示空闲块有 4 个，首块是 2，即连续的空闲块依次是 2，3，4 和 5。

② 空闲块分配

在建新文件时，要为它分配盘空间。为此，系统检索空闲空间表，寻找合适的表项。如果对应空闲区的大小恰好是所申请的值，就把该项从表中清除；如果该区大于所需数量，则把分配后剩余的部分记在表项中。

③ 空闲块回收

当用户删除一个文件时，系统回收该文件占用的盘块，且把相应的空闲块信息填回空闲空间表中。如果释放的盘区和原有空闲区相邻接，则把它们合并成一个大的空闲区，记在一个表项中。

这种方法把若干连续的空闲块组合在一个空闲表项中，它们一起被分配或释放，特别适于存放连续文件。但是，若存储空间有大量的小空闲区时，则空闲表变得很大，使检索效率降低。同时，如同内存的动态区分自己一样，随着文件不断地创建和删除，将使磁盘空间分割成许多小块。这些小空闲区无法用来存放文件，从而产生了外存的外部碎片，造成磁盘空间的浪费。虽然理论上可采用紧缩办法，使盘上所查文件紧靠在一起，使所有的外存碎片拼接成一大片连续的磁盘空闲空间，但这样做要花费大量的时间，没有实用价值。

（2）空闲块链接法

这种方法与串联文件结构有相似之处，只是链上的盘块都是空闲块而已。如图 9-21 所示，所有的空闲块链接在两个队列中，用一个指针（空闲块链头）指向第一个空闲块，而各个空闲块中都含有下一个空闲区的块号，最后一块的指针项记为 NULL，表示链尾。

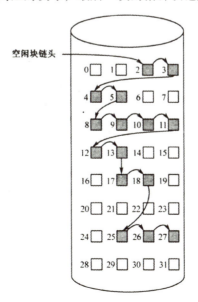

图 9-21 空闲块链接

当分配空闲块时，从链头取下一块，然后使空闲链头指向下一块。若需 n 块，则重复上述动作 n 次。当删除文件时，只需把新释放的盘块依次链入空闲链头，且使空闲链头指向最后释放的那一块。这种技术易于实现，只需要用一个内存单元保留链头指针。但其工作效率低，因为每当在链上增加或移走空闲块时都需要很多 I/O 操作。

（3）位示图（ Bit Map ）法

它利用一串二进位值反映磁盘空间的分配情况，也称位向量（Bit Vector）法。每个盘块都对应一个二进制位。如果盘块是空闲的，对应位是 1 ；如果盘块已分出去，则对应位是 0（注意，有些系统标志方式与此恰好相反）。例如，设下列盘块是空闲的：2，3，4，5，8，9，10，11，12，13，17，18，25，26，27……则位示图向量是：

00111100111111000011000000111……

位示图法的主要优点是在寻找第 1 个空闲块或几个连续的空闲块时相对简单和有效。实际上，很多计算机都提供位操作指令，可以有效地用于查找。例如，Intel 系列从 80386 开始，Motorola 系列从 68020 开始都有这样的指令，它们返回第 1 个值为 1 的位在字中的偏移量。事实上，AppleMacintosh 操作系统利用位示图方式来分配盘空间。为了找到第 1 个空闲块，该系统顺序检查位示图中的每个字，查看其值是否等于 0。若不为 0，则第 1 个不是 0 的位就对应第 1 个空闲块。块号的计算公式如下：

字长 × "0"值字数 + 首位 "1" 的偏移

位示图大小由盘块总数确定，如果磁盘容量较小，则它占用的空间较少，因而可以复制到内存中，使得盘块的分配和释放都可高速进行。当关机或文件信息转储时，位示图信息需完整地在盘上保留下来。为节省位示图所占用的空间，可把盘块成簇构造。

（4）空闲块成组链接法

① 空闲块成组链接

用空闲块链接法可以节省内存，但实现效率低。一种改进办法是把所有空闲盘块按固定数量分组，例如每 50 个空闲块为一组，组中的第 1 块为 "组长" 块。第 1 组的 50 个空闲块块号放在第 2 组的组长块中，而第 2 组的其余 49 块是完全空闲的。第 2 组的 50 个块号又放在第三组的组长块中。依此类推，组与组之间形成链接关系。最后一组的块号（可能不足 50 块）通常放在内存的一个专用栈（即文件系统超级块中的空闲块号栈）结构中。这样，平常对盘块的分配和释放在找中（或构成新的一组）进行，如图 9-22 所示。UNIX 系统中就采用这种方法。

② 空闲块分配

当需要为新建文件分配空闲盘块时，总是先把超级块中表示栈深（即栈中有效元素的个数）的数值减 1，如图 9-22 中所示情况 40-1=39。以 39 作为检索超级块中空闲块号楼的索引，得到盘块号 111，它就是当前分出去的第 1 个空闲块。如果需要分配 20 个盘块，则上述操作就重复执行 20 次。

如果当前栈深的值是 1，需要分配 2 个空闲盘块，那么，栈深值 1 减 1，结果为 0，此时系统做特殊处理。以 0 作为索引下标，得到盘块号 150 ，它是第 78 组的组长；然后，把 150 号盘块中的内容—二 F 一组（即第 77 组）所有空闲盘块的数量（ 50 ）和各个盘块的块号——放入超级块的栈深和空闲块号校中，超级块的栈中记载了第 77 组盘块的情况；最后把 150 盘块分配出去。至此，分出去 1 块。接着再分配 1 个盘块，此时工作简单多了：50 −1=49，以 49 为索引得到第 77 组的 151 号块。

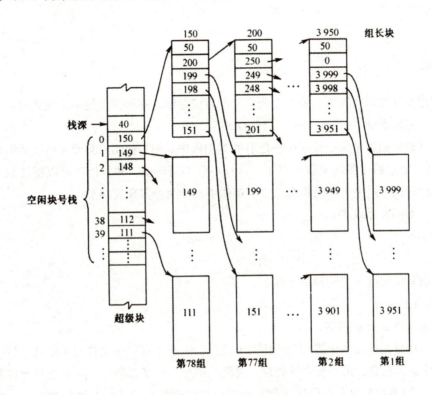

图 9-22 空闲块成组链接

③ 空闲块释放

在图 9-22 所示的情况下，若要删除一个文件，它占用 3 个盘块，块号分别是 69，75 和 87。首先释放 69 号块，其操作过程是：把块号 69 放在栈深 40 所对应的元素中，然后栈深值加 1，变为 41。接着分别释放 75 号块和 87 号块。最后，超级块中栈深的值为 43，空闲块号楼中新加入的 3 个盘块出现的次序是 69，75，87。

如果栈深的值是 50，表示该栈已满，此时还要释放两个盘块 89 号，则进行特殊处理：先将该栈中的内容（包括找栈值和各空闲块块号）写到需要释放的新盘块（即 89 号）中；将栈深及栈中盘块号清为 0；以栈深值 0 为索引，将新盘块号 89 写入相应的枝单元中，然后栈深加 1——栈深值变为 1。这样，盘块 89 号就成为新组的组长块。

图 9-22 中第 1 组只有 49 块，它们的块号存于第 2 组的组长块 3950 号中。该块中记录第 1 组的总块数为 50，而首块块号标志为 0 这是什么意思？原来这个 "0" 并不表示物理块

号，而是分配警戒位，作为空闲盘块链的结束标志。如果盘块分配用到这个标志，说明磁盘上所有空闲块都用光了，系统要发告警信号，必须进行特殊处理。

成组链接法是 UNIX 系统中采用的空闲盘块管理技术，它兼具空闲空间表法和空闲块链接法的优点，克服了两种方法中表（或链）太长的缺点。当然，成组链接法在管理上要复杂一些，尤其当盘块分配出现栈空，盘块释放遇到栈满时，要做特殊处理。

9.6　管道文件

利用管道文件可以实现两个或多个进程间的直接通信。在很多系统中采用这种著名的通信机制，如 UNIX 系统、Linux 系统、MS-DOS 系统等。

通常，管道中的各个命令是系统中已有的应用程序。用户使用时只要进行适当组合，用管道符号"I"把它们连接起来就可以了。这样不仅书写简便，并且用户可以把注意力集中在整个命令行的执行效果上，而不必关心管道线中每个命令实现的细节。

例如，在 UNIX 系统中：

$who|we-I

5

表明当前系统中有 5 个用户在工作。

$ cat file 1 I more

分屏显示文件 file1 的内容。

一个管道线就是连接两个进程的一个打开文件。一个进程向该文件写入信息，另一个进程从该文件中读出信息，由系统自动处理二者间的同步、调度和缓冲。pipe 文件允许两个进程按先入先出（FIFO）的方式传送数据，而它们可以彼此不知道对方的存在。pipe 文件不属于用户直接命名的普通文件，它是利用系统调用 pipe 创建的，在同族进程间进行大量信息传送的打开文件。进程可以利用相关系统调用（如 read、write 等）对它进行操作。一个进程建立 pipe 文件后，其子进程可以共享该文件，但其他进程不能共享。图 9-23 揭示了管道文件机制。

对于管道文件来说，命令"1s /usr"相当于写进程，它的标准输出送到管道文件中；而命令"wc-1"相当于读进程，它从管道文件中读取数据，然后进一步处理。所以管道把一个命令的标准输出与另一个命令的标准输入连接起来。

pipe 文件与一般文件在存储方面也存在差异。如在 UNIX 系统中，pipe 文件仅利用活动 I 节点中的直接盘块项（即图 9-19 中所示的前 10 项）。就是说，写进程一次至多向 pipe 文件写入 10 块信息（读进程未工作）。当读、写进程同时工作时，核心把 I 节点中的直接块地址作为环形队列处理，内部提供读、写指针，保证数据按 FIFO 方式传送，因而无法对 pipe 文件进行随机存取。

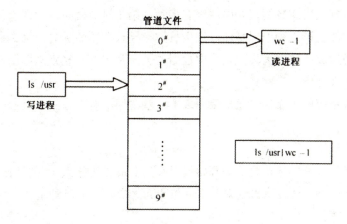

图9-23　管道文件机制

创建 pipe 文件可有两种方式，除了上面介绍的利用系统调用 pipe 建立无名文件外，还可通过系统调用 mknod 创建一个有名管道文件。它与上述无名管道文件的读写方式基本相同，但它有一个目录项，用户可以通过路径名存取。进程可按常规方式打开它，因而关系不太密切的进程也可以利用它通信。它是长久性文件，而无名 pipe 是临时性文件。

对 pipe 文件的读写可出现下列四种情况：①有空间供写入数据使用；②有足够数据供读出用；③文件中数据不够读进程用的；④没有足够空间供写进程使用。

在第 1 种情况下，允许写进程按常规方式写入数据，但每次写过之后都自动增加文件的长度，而不是写到文件的末尾才增加其长度。如果 10 个盘块写完，核心就把文件写指针调整为指向 pipe 的开头，保证不会出现后面信息冲掉前面未读取信息的情况，因为向文件写入以前要检查 pipe 的容量。同时，核心最后唤醒等待从中读取数据而睡眠的进程。

在第 2 种情况下，允许读进程按常规方式读出信息。每读一块，按读出的字节数减小该文件的长度。当读完数据后，核心唤醒所有睡眠的写进程，把当前读指针放在 I 节点中。

在第 3 种情况下，读进程睡眠，等待写进程唤醒它。

在第 4 种情况下，写进程睡眠，等待读进程唤醒它。

9.7　文件系统的可靠性

文件系统受到破坏所造成的损失往往比计算机自身受到破坏的损失大。如果计算机系统中的终端、内存，甚至 CPU 由于物理原因（如火灾、雷击、短路等）受到破坏，可以花钱再买一台机器取代它，不必过于着急。如果计算机的文件系统由于硬件或软件的原因造成关键信息丢失，其损失是无可挽回的，即使有时能够利用数据修复工具恢复一些信息，但也很困难的。这个问题在大型系统或关键部门中显得尤为重要。为此，文件系统必须采取某些保护措施，预防此种情况的发生。这就是文件系统的可靠性问题。

通常，造成数据丢失或数据损坏的原因有多种：第 1 种原因是用户误操作，强行删除或覆盖一些重要的文件；第 2 种原因是硬件发生故障，导致数据的丢失；第 3 种原因是因为软件本身存在故障而造成的数据丢失。系统中数据的丢失和损坏，轻则破坏用户关键数据，重则导致系统不能正常工作。

为了提高文件系统的可靠性，通常采用以下一些常用的有效办法。

9.7.1　磁盘坏块管理

磁盘经常有坏块，有的坏块是从一开始就存在的（如硬盘中），有的是在使用中出现的。由于硬盘修复价格昂贵，所以多数硬盘制造商给出每个驱动器的坏块清单。解决坏块问题有硬件和软件两种方案。

硬件方案是在磁盘的一个扇区上记载坏块清单。当控制器第 1 次进行初始化时，它会读取坏块清单，并且挑选多余的块（或者磁道）取代有缺陷的块，在坏块清单中记下这种映像。以后用到坏块时就由对应的多余块代替。软件方案需要用户或文件系统仔细地构造一个文件，它包含全部坏块。这样把这些坏块从自由链中清除，使之不出现在数据文件中。只要不对坏块文件进行读写，就不会出现问题。但是，在磁盘后备时要格外小心，避免读这个文件。

9.7.2　后备

大家越来越认识到保护文件系统中数据免受损坏的重要性。虽然可以采取种种安全措施预防人为侵害或自然灾害，但万一出现数据破坏或丢失的故障怎么办？如果预先制做了这些数据的备份，若发生问题，可以利用备份数据进行恢复。

备份要花费很长时间和占用大量存储空间，应当尽量使备份工作高效简便。预先需要指定备份起围，是对整个文件系统备份，还是仅对其中一部分备份。实际上，机器中很多可执行程序保存在文件系统树的有限部分，这些文件不必后备，因为可从销售商那里买到相应的光盘，重新安装一遍就行了。

定期进行系统和用户数据的备份是系统管理员的基本职责之一。进行文件系统备份应当考虑备份介质、备份策略和备份工具的选择。

（1）备份介质

备份介质的选择比较直观。目前比较常用的备份介质有软盘、磁带、光盘和硬盘等。软盘比较适合少量数据备份；光盘（CD-R 或 CD-RW）适合大量数据备份，不过这些介质的写入次数有限；磁带适合大量数据备份，性能价格比较好，但是磁带机是脚本存取设备，不能随机存取；硬盘适合各种数据类型的备份，不过价格较贵。

（2）备份策略

根据使用环境选择适当备份策略是相当关键的。通常有以下三种备份策略：

① 完全备份

完全备份也称简单备份，即每隔一定时间就对系统做一次全面备份，这样在备份间隔期间出现数据丢失或破坏，可以使用上一次的备份数据将系统恢复到上一次备份时的状态。

这也是最基本的系统备份方式。但是每次都需要备份所有的系统数据。这样每次备份的工作量相当大，需要很大的存储介质空间。因此，不可能太频繁地进行这种系统备份，只能每隔一段较长的时间（例如一个月）才进行一次完全备份。在这段相对较长的时间间隔内（整个月），一旦发生数据丢失现象，所有更新的系统数据都无法恢复。

② 增量备份

在这种备份策略中，首先进行一次完全备份，然后每隔一个较短的时间段进行一次备份，但仅仅备份在这段时间间隔内修改过的数据。当经过一段较长的时间后，再重新进行一次完全备份……依照这样的周期反复执行。

由于只在每个备份周期的第一次备份中进行完全备份，其他备份只对修改过的文件做备份，因此工作量较小，也能够进行较为频繁的备份。例如，可以将一个月作为备份周期，每个月进行一次完全备份，每天下班后或业务量较小时进行当天的增量数据备份。这样，一旦发生数据丢失或损坏，首先恢复前一个完全备份，然后按照日期依次恢复每天的备份，一直恢复到前一天的状态为止。所以，这种备份方法比较经济，也较为高效。

③ 更新备份

这种备份方法与增量备份相似。首先每隔一段时间进行一次完全备份，然后每天进行一次更新数据的备份。不同的是：增量备份是备份当天更改的数据，而更新备份是备份从上次进行完全备份后至今更改的全部数据文件。一旦发生数据丢失，首先可以恢复前一个完全备份，然后再使用前一个更新备份恢复到前一天的状态。

更新备份的缺点是，每次做小备份工作的任务比增量备份的工作量要大。其好处在于，增量备份每天都保存当天的备份数据，需要过多的存储量；而更新备份只需要保存一个完全备份和一个更新备份就行了。在进行恢复工作时，增量备份需要顺序进行多次备份的恢复，而更新备份只需要恢复两次。因此，更新备份的恢复工作相对较为简单。

（3）备份工具

选定备份策略后，可以利用系统提供的备份工具软件备份数据。如在 UNIX、Linux 系统中，备份软件有 tar、cpio、dump 等。

将磁盘上的数据转储到磁带上有物理转储和逻辑转储两种方式。

物理转储是从磁盘上第 0 块开始，把所有的盘块按照顺序写到磁带上，当复制完最后一块时，转储结束。这种方式实现起来简单，主要缺点是无法跳过选定的目录，以便执行增量转储，也无法根据需要恢复单个文件。

逻辑转储方式是从一个或多个指定的目录开始，递归地转储自某个日期以来被修改过的所有文件和目录。利用逻辑转储方式可在转储带上得到一系列精心标识的目录和文件，从而根据需要，很容易恢复一个特定文件或目录。

9.7.3　文件系统和一致性

对文件进行操作时，文件系统往往需要读取盘块内容，在内存修改它们之后把它们写出去。如果在所有修改过的内容写出去之前系统崩溃了，那么，文件系统处于不一致的状态，即该文件有一部分是新内容，而其余的是老内容。如果某些未更新的内容是有关 I 节点、目录或空闲盘块链表等信息，那么问题会很严重。为了解决文件系统的不一致性问题，多数计算机系统都有一个实用程序，用来检查文件系统的一致性，如 UNIX 系统的 fsck，Windows 系统的 scandisk 。

每当系统进行引导，特别是崩溃之后，都要运行它。

在 UNIX 系统中需要检查两类一致性：盘块一致性和文件一致性。

（1）盘块一致性检查

检查程序建立两个表格，即使用表和空闲表。每个盘块在两个表中各对应项，其实，各表项就是一个计数器。使用表记载各个盘块在文件中出现的次数，而空闲表记录各个盘块在自由链（或空闲块位示图）中出现的次数。所有表项的初值都为 0。

检查程序读取全部 I 节点，从而建立相应文件所用盘块号的清单。每读到一个盘块号，使用表中对应项加 1。把所有 I 节点处理完之后，检查空闲链或位示图，找出所有未用盘块，每找到一个，空闲表对应项就加 1。

检查之后，如果文件系统是一致的，那么每个盘块在两个表中对应顶的值加在一起是 1，即每个盘块或者在文件中使用，或者处于空闲，如图 9-24（a）所示。如果系统失败，会造成盘块丢失现象，如图 9-24（b）所示，其中盘块 4 在两个表中都未出现。解决办法很简单：把丢失的盘块添加到空闲链中。

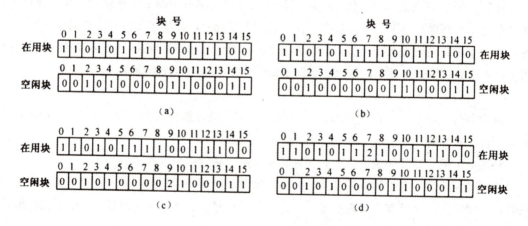

图 9-24　文件系统状态

还可能出现图 9-24（c）所示情况，即盘块 9 在空闲链中出现两次。其解决办法是重建空闲链。

最麻烦的情况是同一数据块在两个或更多文件中出现，如图 9-24（d）所示，盘块 7 在使用表中计数值为 2。如果删除其中一个文件，则该块就同时出现在两个表中；如果删除这两个文件，则它在空闲表中的计数就是 2。对此，可让系统分配一个空闲块，把盘块 7 的内容复制到其中，并且把该复制插入一个文件中。如果个盘块既在使用表中，又在空闲表中，就把它从空闲链中去掉。

（2）文件一致性检查

系统检查程序查看目录系统，也使用计数器表，每个文件对应一个计数器。从根目录开始，沿目录树递归向下查找。对于每个目录中的每个文件，其 I 节点对应的计数器值加 1。当检查完毕后，得到一个以 I 节点号为下标的列表，说明每个文件包含在多少个目录中。然后，把这些数目与存放在 I 节点中的链接计数进行比较。如果文件系统保持一致性，那么两个值相同；否则，出现两种错误，即 I 节点中的链接计数太大或太小。

如果 I 节点中的链接计数大于目录项个数，即使所有文件都从全部目录中删除，该计数也不会等于 0，从而无法释放 I 节点。该问题并不太严重，只是浪费了盘空间。对此可把该计数置为正确值。如正确值为 0，则应删除该文件。

如果该计数太小，比如有两个目录项链接到一个文件，但 I 节点链接计数却是 1，只要其中有一个目录项删除，I 节点链接计数就变为 0。此时，文件系统标记它不可使用，并释放其全部盘块。结果导致还有一个目录指向不可用的 I 节点，它的盘块可能分给另外的文件，这就造成了严重的后果。解决办法是，使 I 节点链接计数等于实际的目录项数。

为了提高效率，可把检查盘块和检查文件这两种操作集成在一起进行。当然，文件系统还会出现其他不一致现象，如 I 节点模式异常（不允许文件主访问，而其他用户却可以读写此文件），文件放在普通用户目录中，却被特权用户拥有等，对此要根据具体情况做具体处理。

第 10 章　GDI+ 编程

10.1　GDI+ 绘图基本知识

10.1.1　坐标系统

窗体、控件或者打印机都包含坐标。通常的情况是二维图形绘制，即具有 x 和 y 坐标。默认情况下，x 坐标代表从绘图区左边边缘（Left）到某一点的距离，y 坐标代表从绘图区上边边缘（Top）到某一点的距离。

（1）坐标原点：在窗体或控件的左上角，坐标为（0，0）。

（2）正方向：x 轴正方向为水平向右，y 轴正方向为垂直向下。

（3）单位：在设置时，一般以像素为单位，像素（Pixe l）是由 Picture（图像）和 Element（元素）这两个单词的字母组成的，是用来计算数码影像的一种单位。把影像放大数倍，会发现这些连续色调其实是由许多色彩相近的小方点所组成，这些小方点就是构成影像的最小单位像素。图形的质量由像素决定，像素越大，分辨率也越大。

10.1.2　System.Drawing 命名空间

System.Drawing 命名空间提供了对 GDI+ 基本图形功能的访问，其中一些子命名空间提供了更高级的功能。该命名空间中的常用类和结构如表 10-1 和表 10-2 所示。

表 10-1　System.Drawing 命名空间中的常用类

类	说明
Bitmap	封装 GDI+ 位图，此位图由图形图像及其属性的像素数据组成。Bitmap 是用于处理由像素数据定义的图像的对象

续 表

类	说明
Brush	定义用于填充图形形状（如矩形、椭圆、饼形、多边形和封闭路径）的内部的对象
Font	定义特定的文本格式，包括字体、字号和字形属性。无法继承此类
Graphics	封装一个 GDI+ 绘图图面。无法继承此类
Pen	定义用于绘制直线和曲线的对象。无法继承此类
Region	指示由矩形和路径构成的图形形状的内部。无法继承此类

表 10-2　System.Drawing 命名空间中的常用结构

结构	说明
Color	表示 RGB 颜色
Point	表示在二维平面中定义的点、整数 X 和 Y 坐标的有序对
Rectangle	存储一组整数，共 4 个，表示一个矩形的位置和大小。对于更高级的区域函数，请使用 Region 对象
Size	存储一个有序整数对，通常为矩形的宽度和高度

10.1.3　Graphics 类

Graphics 类封装了一个 GDI+ 绘图界面，提供将对象绘制到显示设备的方法，使用 GDI+ 创建图形图像时，需要先创建 Graphics 对象，即在哪里画图。该类无法继承。有 3 种类型的绘图界面：

（1）窗体和控件。

（2）打印机。

（3）内存中的位图。

Graphics 类不能直接实例化，创建图形对象的方法有 3 种：

（1）控件类的 OnPaint() 方法参数 PaintEventArgs 获取 Graphics 对象。

（2）窗体类或控件类中的 CreateGraphics() 方法获得 Graphics 对象。

（3）从位图对象（Bitmap）产生一个 Graphics 对象。

Graphics 类的常用方法及属性如表 10-3 所示。

表 10-3　Graphics 类的常用方法

名称	说明
Dispose	释放由 Graphics 使用的所有资源
DrawEllipse	绘制一个由边框（该边框由一对坐标、高度和宽度指定）定义的椭圆
Draw Arc	绘制弧形
Draw Line	绘制一条连接由坐标对指定的两个点的线条
DrawPolygon	绘制由一组 Point 结构定义的多边形
DrawRectangle	绘制由坐标对、宽度和高度指定的矩形
Draw Pie	绘制一个扇形，该形状由一个坐标对、宽度、高度以及两条射线所指定的椭圆定义
DrawCurse	绘制曲线，由参数 Point 数组指定
FillEllipse	填充边框所定义的椭圆的内部，该边框由一对坐标、一个宽度和一个高度指定
FillRegion	填充 Region 的内部
Scale Transform	将指定的缩放操作应用于此 Graphics
TanslateTransform	平移更改坐标系统的原点

10.2　绘图工具类

10.2.1　Pen 类

Pen 类可以设置笔的颜色、线条的粗细和线条的样式（实线、虚线等）。笔是绘画的工具，Graphics 对象是绘画的场所，这样，我们就可以在允许的界面上绘制各种图形。

案例：在窗体上画出各种形状

本次实验的目标是使用图形与画笔类直接在窗体上绘制基本形状。

① 新建 Windows 应用程序，添加一个 Button 控件，单击按钮时，在窗体正中画一条和窗体相同长度的直线。

② 双击"直线"按钮，进入按钮单击事件的事件处理程序，画一条与窗体相同宽度的直线，画笔颜色为黑色，线宽默认为 1，代码如下：

```
private void buttonl_Click(Object sender, EventArgs e)
    {
```

```
Graphics g=this.CreateGraphics();
Pen p=new Pen(Color.Black);
g.DrawlLine(p, 0, this.Height I 2, this.Width, this.Height I 2) ;
p.Dispose();
g.Dispose();
}
```

③ 双击"矩形"按钮，进入代码编辑器，画一个宽 100 像素、高 200 像素的矩形；如图 10-1（a）所示），代码如下：

g.DrawRectangle(p, 50, 50, 200 , 100);

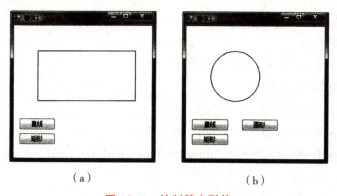

（a）　　　　　　　　　　　　　（b）

图 10-1　绘制基本形状

④ 双击"圆形"按钮，进入代码编辑器，画一个半径为 50 像素的圆，如图 10-1（b）所示，代码如下：

g.DrawEllipse (p, 50, 50, 100, 100);

画圆的方法为 DrawEllipse，参数需指定一个矩形区域，在该范围内画一个椭圆，如果矩形区域为正方形，即参数 3 = 参数 4，则画出的是一个圆。

10.2.2 Brush 类

Brush 类（画刷），用于填充图形。该类是一个抽象基类，不能直接实例化，可以通过派生类设置笔刷的样式、颜色及线条的粗细。这里所谓的区域即在什么范围内使用画刷。Brush 类的派生类如表 10-4 所示。

表 10-4　Brush 类的派生类

名称	说明
ImageBrush	图像绘制区域
LinearGradientBrush	线性渐变绘制区域

227

续 表

名称	说明
RadialGradientBrush	径向渐变绘制区域，焦点定义渐变的开始，椭圆定义渐变的终点
SolidColorBrush	单色绘制区域
VideoBrush	视频内容绘制区域

案例：在窗体上为各种形状填充不同的颜色

本次实验的目标是使用图形与画刷类为窗体上的基本形状填充颜色。

① 填充矩形，直接使用画笔作为笔刷，设置为红色单色刷。添加功能源代码如下：

Pen p=new Pen(Color . Red , 3) ; // 设置笔刷的宽度

Brush b=p . Brush ;

Rectangle r=new Rectangle(S0 , 50 , 200 , 100);

g . FillRectangle(b, r);

② 用线性渐变画刷绘制圆形，修改代码如下：

Rectangle r=new Rectangle(150 , 50 , 2 00 , 200) ;

LinearGradientBrush brush=new LinearGradientBrush (r, Color . Orange, Color . Purple, 90) ;

g . FillEllipse (brush , r) ;

效果如图 10–2 所示。

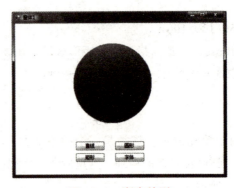

图 10–2　渐变笔刷

10.2.3　Font 类

绘制文本时，可设置字体的样式、大小以及字体的种类。还可以通过图形对象，调用 Graphics 类 DrawString 方法，在窗体或控件上直接画出。在调用方法前需先设置字体的选项。需要注意的是，不同的字体绘制出的文本宽度不同。

实验：在窗体上直接写出"Windows 应用程序设计"，使用隶书、斜体，调整汉字显示的位置，修改源代码如下：

Font f=new Font（"隶书"，24, FontStyle. Italic);

Pen p=new Pen(Color.Blue);

g.DrawString（"Windows 应用程序设计"，f, p.Brush,50,50);

实践练习：使用线性渐变笔刷在窗体上写出艺术字效果。效果如图 10-3 所示。

图 10-3

10.2.4 坐标的平移与缩放

我们看到，前面的例子都是默认以绘图界面的左上角作为原点，坐标值以像素为单位，画图以左上角为参照点，绘制每一点都要重新计算，并不方便。实际上，可以使用 Graphics 类中对于坐标系统操作的几个方法进行坐标变换。

案例：坐标平移

简单改变坐标原点，在不同位置调用相同方法绘制图形。添加功能源代码如下：

```
/// <summary>
        /// 绘制新界面
        ///</summary>
        ///<param name="sender"></param>
        ///<param name="e "></param>
        private void Form4 Paint(Object sender, PaintEventArgs e)
        {
                Graphics g=this.CreateGraphics();
                g.Clear(Color.White);
                Pen myPen=new Pen(Color.Red, 3);
                g.DrawRectangle(myPen, 0, 0, 200, 100);
                g.DrawEllipse(myPen, 0, 0, 200, 100);
                g.Dispose();
```

```
            my Pen.Dispose();
        }
///<summary>
    /// 坐标移动
    ///</summary>
    private void buttonl Click(Object sender, EventArgs e)
    {
        Graphiccs g=this.CreateGraphiccs();
        g.Clear(Color.White);
        Pen myPen=new Pen(Color.Red, 3);
        g.TranslateTransform(30, 120);
        g.DrawRectangle(myPen, 0, 0, 200, 100);
        g.DrawEllipse(myPen, 0, 0, 200, 100);
        g.Dispose();
        myPen.Dispose();
    }
```
效果如图 10-4 所示。

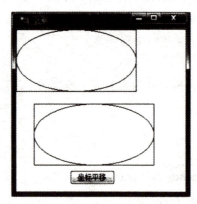

图 10-4　坐标平移

案例：坐标缩放

改变两个坐标轴向上的缩放比例，将横轴放大 1.5 倍，纵轴放大 2 倍。功能源代码如下：

```
///<summary>
    /// 坐标缩放
    ///</summary>
    private void buttonl Click(Object sender, EventArgs e)
```

```
        {
                Graphics g=this.CreateGraphics();
                g.Clear(Color.White);
                Pen myPen=new Pen(Color.Red, 3);
                g. ScaleTransform ( 1. 5, 2) ; // 将横轴放大 1.5 倍，纵轴放大 2 倍
                g.DrawRectangle(myPen, 0, 0, 200, 100);
                g.DrawEllipse(myPen, 0, 0, 200, 100);
                g.Dispose();
                myPen.Dispose();
        }
```

　　为了看得清楚，先将坐标轴平移之后进行缩放，相同的绘制图形代码，坐标缩放之后可以看到图形也随之缩放，如图 10-5 所示。

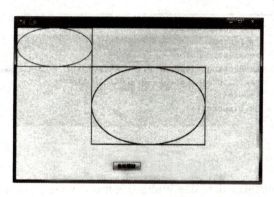

图 10-5　坐标缩放

10.3　GDI+ 绘制图形

10.3.1　绘制曲线

　　对于基本形状的绘制，我们可以从图形类提供的方法中找到解决方案，比如三角形即为三条相互连接的直线，心形则依次画几个半圆形组合，关键问题是找准其中的连接点位置，常见图形都可以通过基本方法调用画出。但是一些数学曲线的处理就较为烦琐，不是标准的形状组成，需要两点一线逐一绘制，这里我们以一些常用曲线及图表为例进行介绍。

　　案例：制正弦曲线 $y=\sin(x)$

　　本次实验的目标是掌握绘制曲线的基本要领。可以在任意窗体或控件上找到各相关点，计算绘制曲线，以正弦曲线为例，首先应找到坐标原点，然后找到每一个曲线上的对应点的

坐标，在两点之间画一条直线，如此反复直到曲线终点。

（1）定制坐标轴，确定坐标原点，依次画两条直线分别作为 x 轴、y 轴。因为窗体的左上角坐标为（0，0），在代码中使用的坐标定位都是相对的，相对于窗体的左上角位置。为了看得清楚，在窗体的四周留出了一部分边缘，使用绝对像素值，将坐标原点定位在（30，-100），按钮的上方。随着窗体大小的变化，横坐标轴根据窗体高度绘制在不同位置，如图10-6所示。

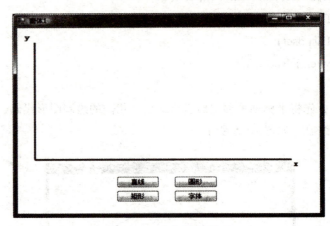

图10-6　坐标轴的绘制

（2）修改源代码如下：

```
Pen myPen=new Pen(Color.Blue, 3);
Point 001=new Point(30, this.ClientSize.Height-100);
Point 002=new Point(this.ClientSize.Width-50, this.ClientSize.Height-100);
g.DrawLine(myPen, 00l, 002);
Point 003=new Point(30, 30);
g.DrawLine(myPen, 00, 003);
Font f=new Font（"宋体"，12,FontStyle.Bold);
g.DrawString ("x ", f, myPen.Brush, 002);
g.DrawString (" y ", f, myPen.Brush, 10,10);
```

这里也可以通过坐标平移直接指定坐标原点，然后从原点画出两条直线。这种方法更为简单。

（3）接着在坐标轴上画出正弦曲线，以坐标轴的原点为起点，如图10-7所示。

因为窗体中纵坐标的正方向是垂直向下的，和我们在数学中画坐标轴的方向相反，因此，需对纵坐标的值做一些修改。在上面的代码后面添加如下代码：

```
x1=x2=0 ;
y1=0;y2=this.ClientSize.Height-100;
for (x2=0; x2<this.ClientSize.Width ; x2++)
```

```
    {
    a=2 *Math.PI* x2/(this.ClientSize.Width);
    y2=Math.Sin(a);
    y2=(1−y2) * (this.ClientSize.Height−100)/2;
    g.DrawLine(myPen, x1+30 , (float)y1, x2+30 , (float)y2);
    x1=x2 ;
    y1=y2
    }
```

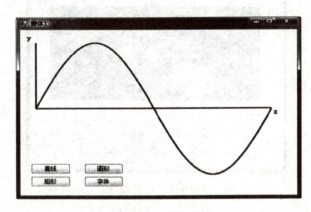

图 10-7   正弦曲线

这里通常 $a=2\pi x/$ 坐标轴宽度，实现坐标轴的放大。因为直接根据 $y=\sin x$ 中的 x 范围画图，画出的正弦曲线很窄，x 取值范围是从以 $0{\sim}2\pi$ 为一个周期，也就是几个像素，因此需通过改变横坐标来将曲线拉宽。

10.3.2   图形控件的使用

Picturebox 控件

图片框是操作图形图像的基本控件，主要用于显示、保存图形图像信息，其主要属性和方法定义如表 10-5 所示。

表 10-5   PictureBox 控件的属性及方法

属性	说明
Image	设置或获取与该控件显示的图像
SizeMode	指示如何显示图像
方法	说明
Load	显示图像

案例：在图形框中打开并添加文字、保存

本次实验的目标是在图像上添加文字或自定义图形，并保存到文件。界面如图 10-10 所示。

① 如图 10-8 所示，从工具箱中拖曳 PictureBox 控件到窗体上，设置 SizeMode 属性为 StretchImage，使图片适应图形框控件大小，可以使用 OpenFileDialog 控件，在代码中添加打开文件操作，从界面选择文件打开，也可以直接指定文件路径。

图 10-8　打开图像

② 双击"在图片上添加文字"按钮，进入 .cs 文件编辑状态准备进行开发，代码如下：

```
private void 添加文字 _Click( object sender , Event Args e)
{
Graphic s g=Graphics .Fromimage (pictur eBoxl . Image);
Font f=new Font ( " 隶书 ", 80 , FontStyle.Italic );
Pen p=new Pen(Color . OrangeRed);
g . DrawString ( " 花开花落 ", f, p . Brush , 0 , 0 );
p . Dispose();
g . Dispose( );
}
```

第 11 章　三维图像处理

11.1　三维图形基础

在使用三维图形这个术语之前，先来了解一下它的定义。根据维基百科的定义，三维计算机图形（相对于二维计算机图形而言）是使用三维表示将几何数据存储在计算机中（通常采用笛卡儿坐标系），用于计算和渲染二维图像。这些图像将存储起来以备后续查看或者实时展示。

三维计算机图形的定义可分解成 3 个部分：① 数据在三维坐标系中的表示；② 最终以二维图像形式渲染出来，如计算机显示器（或者在 VR 的示例中，为每只眼睛提供一幅单独的二维图像）；③ 当使用者对三维数据设置动画或操作时，三维数据会发生变化，所绘制的图像应该立即更新，并且察觉不到有延迟（实时）。第 3 部分对于创建交互式应用至关重要，相关技术领先的公司（如 NVIDIA、ATI 和 Qualcomm）都已经投入数亿资金来研发专门的硬件以支持三维图形实时绘制。

11.1.1　三维坐标系

如果熟悉二维笛卡儿坐标系，例如在 Windows 桌面或者 iOS 手机 APP 中使用的窗口坐标系，那么就很容易理解 x、y 值。这在二维坐标中决定了子窗口和用户界面在一个窗口的位置，或者在使用画图 APP 时虚拟的"笔"和"刷子"在窗口的位置。相似地，三维图形绘制是在添加了描述深度的 z 轴的三维坐标系中进行，换言之，可知所看的对象在屏幕里面还是外面，与屏幕的距离有多远。如果熟悉二维坐标系的概念，那么转换到三维坐标系应该是很直接的。

本书使用的坐标系如图 11-1 所示，x 轴水平从左到右，y 轴垂直从下到上，z 轴垂直于屏幕。这些轴的方向是根据习惯规定的。在某些系统中，也可能使用 z 轴作为垂直轴，而使用 y 轴在屏幕内外延伸。

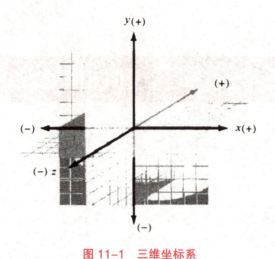

图 11-1   三维坐标系

Unity3D 是在生成本章示例时使用的工具，遵循图 11-1 中描绘的坐标系：z 轴是垂直于屏幕的轴，越向屏幕内延伸，z 值越大。此坐标系也被称为左手坐标系，与在 OpenGL 应用中经常使用的右手坐标系对应。在右手坐标系中，z 轴向外为正。

11.1.2   网格、多边形和顶点

三维图形有多种表示方法，其中三维网格是最为常见的一种。一个网格就是一个对象，它包含了一个或多个多边形，每个多边形由顶点连接而成。顶点是一个三元组（x, y, z），表示该顶点在三维空间中的位置。网格中最常使用的多边形是三角形和四边形。三维网格也常被称为模型。

图 11-2 展示了一个三维多边形网格。深色线条给出了四边形的轮廓，这些四边形组成网格，确定了脸的形状。网格顶点的 x、y 和 z 只确定几何形状；网格的表面性质，如颜色和光照。

图 11-2   三维多边形网格

11.1.3 材质、纹理和光照

除了顶点的三维位置（x, y, z），网格表面的绘制结果还取决于其他一些属性。表面可以是简单的纯色，也可以是很复杂、由很多信息决定的复色。例如，光线是如何被对象反射的或者对象看起来有多亮。表面也可以使用一张或多张位图来表示，这样的位图被称为纹理。纹理可以定义网格表面的颜色细节（如印刷在 T 恤衫上的图案），也可以与其他纹理结合来实现复杂的效果，如凹凸感、颜色混合等。在大多数图形系统中，网格表面属性一般是指一系列的材质。材质的表现取决于场景中存在的一个或多个光源，这些光源定义了该场景中的对象是如何被照亮的。

图 11-2 展示的头部模型的材质由模型颜色和来自模型左侧的光源形成的光照组成，注意脸部右侧的阴影。

11.1.4 变换和矩阵

三维网格是由其顶点位置来确定的。将网格从视域的一个位置移动到另外一个位置，可以通过改变网格的顶点位置来实现。但是每次移动网格都要改变网格上每个顶点的位置，这过于麻烦，尤其是在网格持续变化时。因此，大多数三维图形系统支持变换，它是指对网格移动一个相对量，而无须改变每个顶点的位置。变换允许网格的缩放、旋转和移动，并没有真正改变其顶点的坐标值。

图 11-3 给出了动画中的三维变换，在这个场景中可以看到三个立方体，每一个对象都是一个含有相同位置顶点的立方体网格。这里对网格的移动、旋转或缩放，都没有直接调整顶点，而是进行了变换。左边的立方体向左移动 4 个单位（在 x 轴上 -4），并且以 x 轴和 y 轴为中心进行旋转（注意，旋转值以弧度单位表示，该单位指一个单位圆的圆周长，360° 等于 2π）。右边的立方体向右移动 4 个单位，并且在三个维度上放大 1.5 倍。中间的立方体没有被变换。

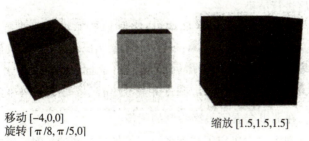

移动 [-4,0,0]
旋转 [π/8, π/5,0]　　　　　　　　缩放 [1.5,1.5,1.5]

图 11-3 变换：平移、旋转和缩放

三维变换通常向变换矩阵来表示，它是一个包含一系列用来计算变换后顶点位置值的数学实体。大多数三维变换使用 4×4 矩阵，由 16 个数字组成一个 4 行 4 列的阵列。图 11-4 表示 4×4 矩阵的布局。x、y 和 z 对应的平移量存储在元素 m_{12}、m_{13} 和 m_{14} 中。x、y 和 z 的放缩尺度值存储在元素 m_0、m_5 和 m_{10} 中（称为矩阵的对角线）。旋转变换值则存储在元素 m_1、m_2（x 轴）、m_4、m_6（y 轴）、m_8 和 m_9（z 轴）中。三维向量乘以这个矩阵就可以计算出变换后的值。

Left（x）轴 Up（y）轴 Forward（z）轴变换。

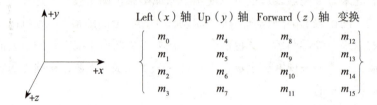

图 11-4　一个 4×4 的变换矩阵确定了平移、旋转和缩放

如果读者熟悉线性代数，可能会自然地接受这个观点。如果不熟悉，本书使用的 Unity3D 和其他工具，可以让大家像对待黑盒子一样对待变换矩阵：仅需说出指令"平移""旋转""缩放"，正确的操作就会发生。但是对于有求知欲的读者，了解表面现象下到底发生了什么是非常有益的。

11.1.5　相机、透视投影、视口与投影

渲染每个场景都需要建立一个观察点，用户将从这里观察场景。三维系统通常使用一个称为相机的对象来表示观察点。相机确定了用户的位置和朝向，以及其他一些属性，如视域的大小，它定义了透视关系（远处的物体显得更小）。相机的各种属性一起作用，最终将一个三维场景渲染转变成向窗口或画布确定的视口中的二维图像。

相机通常是借助一些矩阵来表示的。第一个矩阵确定相机的位置和朝向，与用于变换的矩阵相似。第二个矩阵比较特殊，它将相机的三维位置变换到二维空间的视口中，称为投影矩阵。这里涉及一些数学表示。相机矩阵的细节被很好地封装在 Unity3D 中，因此可直接放置相机，摆好朝向后进行渲染。

图 11-5 描绘了相机、视口和投影的核心概念。在左下方可以看到一只眼睛的图标，代表相机的位置。x 轴正向指向右侧（在图 11-5 中标注为 z 轴）代表相机的朝向。立方体代表场景中的对象。两个矩形分别代表近裁剪平面和远裁剪平面，这两个平面确定了一个称为视景体或视域的三维空间的边界。实际上，只有视景体内的对象才会被绘制到屏幕上。把视口放在近裁剪平面上，在那里会看到最终绘制的图像。

相机的功能非常强大，它决定了观察者与三维场景之间的关系，并且提供了真实感。它为动画制作提供了另一种武器：通过在用户周围动态地移动相机可以创造出影院效果，并控制用户的主观感受。当然，在虚拟现实体验中，相机控制必须在场景中移动用户和允许用户能够自由运动以传递存在感之间达到平衡。引擎即可。

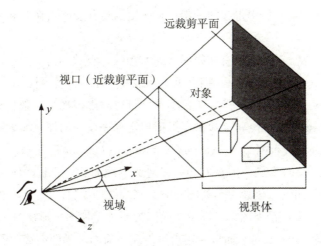

远裁剪平面

视口（近裁剪平面）

对象

y

x

z

视域

视景体

图 11-5

11.2　Unity3D：适合大众使用的游戏引擎

并非所有的虚拟现实应用都是游戏，但专业的游戏引擎已经成为一种研发虚拟现实应用的工具，因为引擎的功能和创建良好的虚拟现实应用的需求具有很高的契合度。游戏引擎提供了一系列功能，包括高质量的渲染、物理模拟、实时光照、脚本和强大的 WYSIWYG 编辑器等。

目前，市场上有很多优秀的游戏引擎，来自 Unity Technologies 的 Unity3D 以其良好的性价比而成为虚拟现实应用开发的首选，是独立游戏开发者和爱好者的偏好工具，其优点列举如下：

① 图形功能强大。Unity3D 播放器运行时提供了很多重要的图形功能，例如，基于物理绘制的材质系统、实时光照、基于物理的行为和基于脚本的行为。

② 可扩展性好。Unity3D 基于一个实体—组件模型，令系统更灵活、可扩展，具有可配置的用户脚本。编辑器的功能也可以被覆盖，允许自定义编辑工具。

③ WYSIWYG 编辑器灵活高效。Unity 编辑器看起来虽然比较复杂，但是一旦熟悉了，使用起来就非常简便。编辑器不仅支持很多功能和工作流程，还支持从其他专业工具中导入模型和场景，如 Autodesk Maya 和 3ds Max 。

④ 便携性良好。Unity3D 播放器的运行库可以在桌面平台（如 OS X、Windows、Linux 等）或流行的游戏机（如 Xbox 和 Play Station 等）上运行，也支持移动操作系统，包括 iOS 和 Android，还可以通过播放器插件运行在有 WebGL 支持的网页上。这意味着开发人员可以投入更多的时间去学习和掌握 Unity，并且确认他们可以将工作转移到其他平台上。

⑤ 性价比高。免费的 Unity 版本功能全面，方便初学者使用。对于商业用途，公司提

供了合理的授权条款，包括负担得起的月租费和适度的专利费（当在 Unity3D 上开发的应用是收费的情况下）。

⑥ 开发者团体丰富。Unity 拥有在线的 Asset Store，有数不清的主维模型、动画、代码包和特效。正因为 Asset Store，Unity 拥有了全球最多样化的开发者团体。

⑦ 支持虚拟现实应用系统的研发。Unity 引擎可以对虚拟现实渲染和头部跟踪技术给予支持。Oculus Ut ilities 的 Unity 包，提供了虚拟现实程序设计的样例场景和代码来帮助读者起步，可以从 Oculus 开发者网站（https：//developer.oculus. com）下载。

要使用本章所涉及的示例，需在 Unity 官网上下载 Unity 安装程序，根据说明进行安装。安装成功后运行 Unity，创建一个新的、空的三维图形项目。图 11-6 所示为 OS X 中的 Unity 界面。这是一个主场景视图，可以设置成四视图（左视图、顶视图、右视图和透视图）或者其他类型的布局。Hie rarchy 面板使用户可以在当前的场景中浏览对象。Project 面板展示了项目中现有的资源这些资源能够直接加载到当前的场景中。Inspector 面板提供了详细的属性信息，能为当前选择的对象编辑属性。

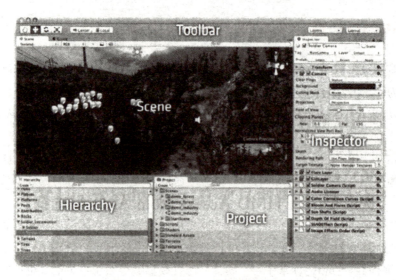

图 11-6　Unity3D 编辑器的界面

11.3　虚拟现实示例程序的创建

在项目中载入 Oculus Utilities 包后，就可以建立第一个桌面虚拟现实应用示例。包中有示例集，当完成导入之后，内容会显示在项目中，仅需几个步骤就可以在计算机上运行起来。将要创建的演示如图 11-7 所示，这是笔记本电脑中的屏幕截图，是一个在空间中有成百个上下漂浮的立方体的简单场景。当将 Oculus Rift 连接到计算机上时，就会沉浸在这个场景中。左右上下转动头部，会看到到处都是立方体。

下面就来创建并运行这个示例。

要把 Cubes World 应用程序的资源导入新项目，需要在 Unity 界面的 Project 面极中选择文件夹 Assets/OVR/Scenes。在 Detail 面板中，会看到一个名为 Cubes 的 Unity 场景图标，双击该图标，会看到在主编辑器中的场景。图 11-8 显示了 Unity 编辑器中立方体场景的四个视图（左视图、右视图、顶视图和透视图）。

在显示器上快速预览，先确认在 Game 窗口选择了"Maximize on Play"选项（四视图中的左下面板），然后点击 Unity 窗口上端的 Play 按钮，界面显示如图 11-9 所示。

图 11-7　在 Oculus Rift 上运行 Unity 的立方体演示程序

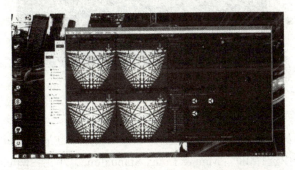

图 11-8　在 Unity3D 编辑器中看到的立方体场景

图 11-9　Unity 播放器的 Cubes World 预览

11.3.1 创建并运行应用程序

Unity 支持多种环境的游戏开发，包括普通的桌面平台、Web（使用专有的播放器插件）、WebGL（实验性的）、移动设备平台（如 iOS 和 Android 等）以及游戏机平行（如 Xbox 和 Play station 等）。在桌面平台上建立并运行 Cubes World 应用，选择 File → Build Settings 命令，打开如图 11-10 所示的对话框。

图 11-10　Unity3D Build 设置

接着执行下面的步骤，并确认记住这些步骤，以用于建立后续 Unity Oculus Rift 项目。

（1）在平台列表中选择 PC、Mac & Linux Standalone，单击 Switch Platform 按钮。

（2）确保在右侧的目标平台设置为 Windows。

（3）在 Build 中加入演示场景，顶部的 Scenes In Build 列表在启动时为空，需要加入当前场景。如果能够在 Editor 视图下看到它，单击 Add Current 按钮，场景就会加入列表，将会看到一个选中的条目 OVR/ Scenes/ Cubes. unity。

（4）单击 Player Setting 按钮，会弹出在 Inspector 面板上的一系列设置，选择底部的 Other Settings 子面板，并选取 Virtua l Reality Suppo rted 复选框，就打开了 Unity 的内置虚拟现实支持，它和 Oculus Utiliti es 包一起提供在 Unity 中运行的虚拟现实应用所需要的一切内容。

（5）返回 Build Settings 对话框，单击 Build And Run 按钮，根据提示输入一个文件名，保存可执行文件（这里将其命名为 Oculus Unity Test. exe）。

如果没有发生任何 Build 的错误，应用程序就可以启动。如果没有连接 Rift，将会看到

Cubes World 应用在单目模式下的全屏显示，但不响应鼠标等任何输入。这时，按 Alt + F4 键退出应用，连接 Rift 再尝试一遍。连接好 Rift，出现如图 11-11 所示的全屏模式的 Oculus VR 启动四面。按下任意键，将 Rift 戴好，即可开始。

可以使用 Unity 窗口顶部的 Play 按钮来预览这个应用，甚至使用虚拟现实模式。在预览模式下，会在主显示器上看到如图 11-9 所示的场景；在 Rift 上，将会看到根据头部跟踪的结果正确渲染的场景。

这样，就完成了第一个虚拟现实应用程序。

图 11-11　Cubes World 在个人计算机上成功运行时的启动画面

11.3.2　代码走查

使用 Unity 开发虚拟现实应用最简单的方法是通过载入 Oculus Utilities 包。这个包内有辅助对象和示例程序，特别是其中的 Camera Rig Prefab（Prefab 是 Unity 的一个专用名词，指一系列预生成的能被作为一个单元一起使用的对象）。Camera Rig Prefab 可用于 Unity 的 Build-in Oculus 的立体渲染、头部跟踪与应用程序之间的交叉，它们都是虚拟现实体验中不可或缺的元素。下面介绍它们是如何构建的。

在 Hierarchy 面板中点击 VRCamera Rig 对象右侧的向下箭头图标展开该对象。Camera Rig 中包含一个子对象 Tracking Space，展开后可以看到四个子对象，即 Left EyeAnchor、CenterEyeAnchor、RightEyeAnchor 和 Tracker Anchor。其中，CenterEyeAnchor 是核心对象，包括应用程序的相机设置，Build in Unity VR 将使用这些设置分别渲染左右眼的图像。Unity 引擎从 CenterEyeAnchor 的相机中获得相机参数，在渲染场景时给左右眼相机赋值。可以从 Inspector 面板选中 CenterEyeAnchor 对象，它包含带有投影、视景体范围、背景（用于渲染场景背景的颜色）等参数的相机对象。

Tracker Anchor 使得程序能够获取相机的当前位置和朝向，这在很多情况下十分有用。例如，要想将场景中某对象总是置于和相机保持相对固定距离的地方，以便能够根据相机的移动正确地放置对象；或者在创建一个多人联网游戏时，能确定每一个玩家正在寻找的方向。LeftEyeAnchor 和 RightEyeAnc hor 是为了信息的完整性所创建的，能够在需要的时候获得左右相机各自的位置和朝向。

为了感受这些 Anchor 对象是如何实现的，可以尝试查看一些 Unity 的脚本代码。在 Hierarchy 面板中再次选择 VRCameraRig，可以看到所包含的一些脚本组件。要查看 OVRCameraRig（Script）组件的属性，其脚本属性为 OVRCameraRig，双击它，MonoDevelop 将会从项目资源中打开 OVRCameraRig. cs 源文件。

MonoDevelop 是 Unity 为 C# 程序员提供的一个编辑器。

第 12 章　多媒体音频处理技术

12.1　声音的概念

12.1.1　声音

声音是人类接受外部信息的一个非常重要的媒体，是多媒体技术研究中的一个重要内容。声音的种类繁多，如人的语音、乐器声、动物发出的声音、机器产生的声音以及自然界的各种声音，如风声、雨声、雷声，等等。在用计算机处理这些声音时，既要考虑它们的共性，又要利用它们各自的特性。

声音是通过空气传播的一种连续的波，又称为声波，如图 12-1 所示。声音的强弱体现在声波压力的大小上，音调的高低体现在声音的频率上。当声音转换为电信号时，声音信号在时间和幅度上都是连续的模拟信号。

图 12-1　声音波形图

声音信号的两个基本参数是频率和幅度。频率是指信号幅度每秒钟变化的次数，用 Hz 表示。声音的频率体现音调的高低，幅度的大小体现声音的强弱。

声音的三要素：音调、音色、音强。

音调：反映了声音的高低。音调与频率有关，频率越高，音调越高。

音色：即特色的声音。声音分纯音与复音两种类型。所谓纯音是指振幅和周期均为常数的声音；复音则是具有不同频率和不同振幅的混合声音。大自然中的声音大多数是复音。在复音中，最低频率的声音是"基音"，它是声音的基调。其他频率的声音称为"谐音"，也称泛音。基音和泛音是构成声音音色的重要因素。各种声源都具有自己独特的音色，例如各种乐器的声音，每个人的声音，各种生物的声音等，通常是根据音色来辨别声源种类的。

音强：声音的强度，也称为声音的响度，常说的"音量"就是指音强。音强与声波的振幅成正比，振幅越大，音强越大。

12.1.2　声音信号的分类

根据声音信号的频率范围，可以将声音信号分为以下几类。

亚音信号：频率小于20Hz的信号称为亚音信号，或称为次音信号（Subsonic);

音频（Audio）信号：频率范围为20Hz ~ 20kHz的信号称为音频信号。

话音（Speech）信号：频率范围为300Hz ~ 3000Hz。虽然人的发音器官发出的声音频率大约是80Hz ~ 3400Hz，但人说话的信号频率通常为300Hz ~ 3000Hz，通常把介于这一种频率范围的信号称为语音信号。

超音频信号：频率范围高于20kHz的信号称为超音频信号，或称为超声波（Ultrasonic）信号。超音频信号具有很强的方向性，可以形成波束，在工业上得到广泛的应用，如超声波探测仪等就是利用这种信号。

在多媒体技术中，处理的声音信号主要是音频信号，它包括音乐、语音、自然音、机器音等。一般来说，人的听觉器官能感知的声音频率在20Hz ~ 20000Hz之间，在这种频率范围里感知的声音幅度在0 ~ 120dB之间。

12.2　音频基础

12.2.1　多媒体中的音频处理技术

多媒体涉及多方面的音频处理技术，如音频采集、语音编码／解码、文—语转换、音乐合成、语音识别与理解、音频数据传输、音频—视频同步、音频效果与编辑等。其中数字音频是个关键的概念，它是指一个用来表示声音强弱的数据序列，是音频信号用一系列的数字表示的。在计算机内的音频必须是数字形式的，因此必须把模拟音频信号转换成有限个数字表示的离散序列，即实现音频数字化。数字音频的特点是保真度高，动态范围大。在处理这种技术的过程中，要考虑采样、量化和编码的问题。计算机数字CD中存储的就是数字声音。考虑到音频信号用一系列的数字表示时数据量非常大，对数字化的音频编码进行压缩显得非常重要。

计算机录制和播放声音文件主要依靠声卡的数模转换。外部声音、发出的声音可以通过传声器或线路送到声卡中。声卡可以将它们进行采样、A/D转换、压缩处理，得到压缩的数字音频信号，再通过计算机将数字音频信号以文件的形式储存到磁盘中。而播放声音文件时，调出声音文件进行解压缩，再经过D/A转换器进行转换，获得模拟声音信号，然后经过放大，通过音频卡输出，再经过外接的功率放大器放大，推动扬声器发出声音，如图12-2所示。

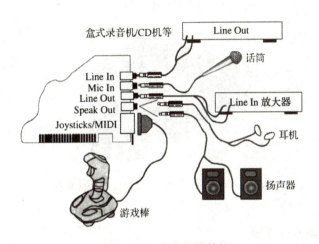

图 12-2　声卡数模转换

12.2.2　MIDI（乐器数字接口）的概念

现在用得最多的音频名词之一 MIDl（Musical Instrument Digital Interface）是作为"乐器数字接口"的缩写出现的，并用来泛指数字音乐的国际标准。MIDI是20世纪80年代初为解决电声乐器之间的通信问题而提出的。它是一个工业标准的电子通信协议，为电子乐器等演奏设备定义各种音符和弹奏码。由于MIDI定义了计算机程序、合成器以及其他电子设备交换信息和电子信号的方式，不同电子乐器间不兼容的问题便得以解决。另外，标准的多媒体PC平台能够通过内部合成器或连接到计算机MIDI端口的外部合成器播放MIDI文件，利用MIDI文件演奏音乐，且所需的存储空间最小。

至于MIDI文件，是指存储MIDI信息的标准文件格式。MIDI文件中包括音符、定时和多达16个通道的演奏定义。文件包括每个通道的演奏音符信息：键通道号、音长、音量和力度。MIDI文件是一系列指令，而不是波形，因此占用的磁盘空间非常小；并且现装载MIDI文件比波形文件容易得多。这样在设计多媒体节目时，我们可以指定什么时候播放音乐，灵活性很大。在以下几种情况下，使用MIDI文件比使用波形音频更合适：需要长时间播放高质量音乐。如想在硬盘上存储的音乐播放时间长于4分钟，而硬盘又没有足够的存储容量；需要以音乐作背景音响效果，同时从CD-ROM中装载其他数据。如图像、文字的显示；需要以音乐作背景音响效果，同时播放波形音频或实现文—语转换，以实现音乐和语音的同时输出。连接声卡上和电子设备上 MIDI 接口的操作是十分简单的。以电子琴和声卡的连接为例，如图 12-3 所示。

输入口（MIDIIn）：接收从其他 MIDI 装置传来的信息。

输出口（MIDIOut）：发送某装置生成的原始 MIDI 信息，向其他设备发送 MIDI 信息。

转发口（MIDIThru）：传送从输入口接收的信息到其他 MIDI 装置。向其他设备发送 MIDI 信息。

图 12-3　电子琴 MIDI 接口与声卡的连接线

12.2.3　常见的声音文件格式

常见的声音文件格式有 .wav(waveform)、.au(audio)、.aif(AudioTnterchangeableFileFormat）和 .snd(sound)。.wav 主要用在 PC 上，.au 主要用在 UNIX 工作站上，.aif 和 .snd 主要用在苹果机等工作站上。

下面介绍几种流行的多媒体声音文件。

WAVE，扩展名为 .wav：该格式是 Microsoft 公司的音频文件格式，它源于对声音模拟波形的采样。它记录声音的波形，只要采样率高、采样字节长、机器速度快，利用该格式记录的声音文件能够和原声基本一致，质量非常高，但这样做的代价就是文件太大。

MEPG-3，扩展名为保 .mp3：现在最流行的声音文件格式，因其压缩率高，在网络传输以及通信方面应用广泛，但和 CD 唱片相比，音质不能令人十分满意。

RealAudio，扩展名为 .ra：该格式可称为网络的灵魂，强大的压缩量和极小的失真使其在众多格式中脱颖而出。和 mp3 相同，它也是为了解决网络传输带宽资源而设计的，因此其初衷在于压缩比和容错性，其次才是音质。

CreativeMusicalFormat，扩展名为 .cmf：Creative 公司的专用音乐格式，和 MIDI 差不多，只是音色、效果上有些特色，专用于 FM 声卡，但其兼容性也相对较差。

CreativeVoice，扩展名为 .voc：Creative 公司波形音频文件格式，也是声霸卡 (Sound Blaster) 使用的音频文件格式。每个 .voc 文件由文件头块（HeaderBlock）和音频数据块（DataBlock）组成。

CDAudio 音乐 CD，扩展名为 .cda：唱片采用的格式，又称"红皮书"格式，记录的是波形流，绝对的纯正、HIFICHigh–Fidelity 的缩写，直译为"高保真"，即与原来的声音高度相似的重放声音）。缺点是无法编辑，文件长度太大。

AudioInterchange 和 Sound，扩展名为 .aif，.snd：苹果计算机的音频文件格式。Windows 的 Convert 工具可以把 .aif 和 .snd 格式的文件转换成 Microsoft 的 .wav 格式的文件。

MOD，扩展名为养 .mod、.st3、.xt、.s3m、.far、.669 等：该格式的文件里存放乐谱和乐曲使用的各种音色样本，具有回放效果明确、音色种类无限等优点。但它也有一些致命弱点，以至于现在已经被逐渐淘汰，目前只有 MOD 迷以及一些游戏程序中尚在使用。

MIDI，扩展名为 .mid：目前最成熟的音乐格式，实际上已经成为一种产业标准，其科学性、兼容性、复杂程度等都远远超过前面介绍的所有标准。除了交响乐 CD 外，其他 CD 往往都是利用 MIDI 制作出来的，它的 GeneralMIDI 就是最常见的通行标准。作为音乐工业的数据通信标准，MIDI 能指挥各音乐设备的运转，而且具有统一的标准格式，能够模仿原始乐器的各种演奏技巧，而且文件长度非常小。

总之，如果有专业的音源设备，那么要听一首曲子的 HIFI 程度高低依次是：原声乐器演奏 >MIDI>CD 唱片 >MOD> 声卡上的 MIDI>CMF，而 .mp3 及 .ra 要看它的节目源是采用 MIDI、CD 还是 MOD 了。

12.2.4　常见的声音处理软件

常见的声音处理软件是在声卡等硬件支持下，用来录音、放音、编辑和分析声音的。声音处理软件的种类很多，功能也相差很大，下面简单介绍几种常见声音处理软件。

（1）WindowsXP 自带的"声音—录音机"软件

在 WindowsXP 桌面上选择"开始"→"所有程序"→"附件"→"娱乐"→"录音机"命令之后就可以打开 Windows 录音机窗口。如图 12-4 所示。使用它可以在声卡上接入的麦克风输入声音信号进行录音，也可以打开声音文件，作简单的声音编辑，比如插入、删除等。

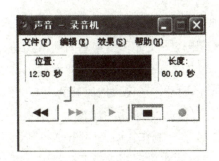

图 12-4　Windows 录音机软件界面

（2）声卡附加的声音处理软件

一般声卡都附带有声音处理软件。例如，声霸卡（SoundBlaster）带有几种声音处理软件，通常由用户自己安装。例如，像 WaveStudio 软件就是功能较强的音频处理软件。

（3）GoldWave 数码录音及编辑软件，如图 12-5 所示。

GoldWave 除了带有许多的效果处理功能外，还能将编辑好的文件存为 .wav、.au、.snd、.raw、.afc 等格式，而且可以不经由声卡直接抽取 SCSI 形式的 CD-ROM 中的音乐来录制编辑。GoldWave 是一款绿色工具，不需要安装，只要运行程序文件夹中的可执行程序即可。软件所占空间极少，约 600KB，可从 http://www.goldwave.com 网站上下载。

除此之外，GoldWave 还有如下特性：

① 直观、可制定的用户界面，使操作更简便。

② 多文档界面可以同时打开多个文件，简化了文件之间的操作。

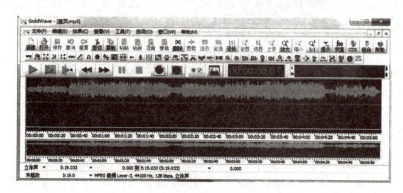

图 12-5　GoldWave 用户界面

③ 编辑较长的音乐时，GoldWave 会自动使用硬盘，而编辑较短的音乐时，GoldWave 就会在速度较快的内存中编辑。

④ GoldWave 允许使用多种声音效果，如倒转、回音、摇动、边缘、动态时间限制、增强和扭曲等。

⑤ 精密的过滤器（如降噪器和突变过滤器）帮助修复声音文件。

⑥ 批量转换命令可以把一组声音文件转换为不同的格式和类型。该功能可以转换立体声为单声道，转换 8 位声音到 16 位声音，或者是文件类型支持的任意属性的组合。如果安装了 MPEG 多媒体数字信号编解码器，还可以把原有的声音文件压缩为 .mp3 的格式，在保持出色的音质前提下使得声音文件的大小缩短为原有大小的十分之一左右。

（4）CakeWalk（音乐大师）音乐制作软件，如图 12-6 所示。

CakeWalk 音乐制作软件可以制作单声部或多声部音乐，可以在制作的音乐中使用多种音色。该软件可用于制作 MIDI 格式的音乐。用户可以方便地制作出规范的 MIDI 文件。在 2000 年以后，随着计算机技术的进步，CakeWalk 也向着更加强大的音乐制作工作站方向发展，并更名为 Sonar。它不仅可以很好地编辑和处理 MIDI 文件，在音频录制、编辑、缩混方面也得到了长足的发展，并达到甚至部分超越了同档次音频制作软件水平。到 2007 年，最新版本的 Sonarv7.0 已经完全成为一个功能强大的音乐制作工作站，可以完成音乐制作中从前期 MIDI 制作到后期音频录音、缩混、刻录的全部功能，同时还可以处理视频文件，如图 12-7 所示。Sonar 现在已经成为世界上最著名的音乐制作工作站软件之一。

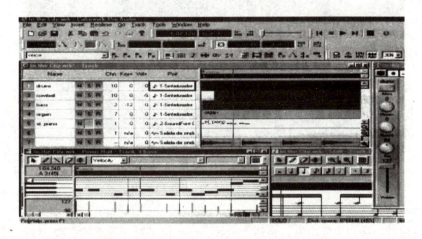

图 12-6　CakeWalk（音乐大师）界面

图 12-7　Sonarv7.0 ProducerEdition 界面

（5）CoolEditPro 数字音频处理软件。

CoolEditPro 是著名的 Syntrillium 公司开发的音乐编辑软件，非常流行，它是一个多轨音频编辑软件，最多可支持 128 个音轨，能高质量地完成录音、编辑、合成等多种任务。不少人把 CoolEditPro 形容为音频"绘画"程序，可以用声音来绘制音调、歌曲的一部分、声音、弦乐、颤音、噪音或是调整静音等。而且它还提供了多种特效为作品增色：放大、降低噪音、压缩、扩展、回声、失真、延迟等。可以同时处理多个文件，轻松地在几个文件中进行剪切、粘贴、合并、重叠声音操作。使用它可以生成噪音、低音、静音、电话信号等多种声音。该软件还包括 CD 播放器等其他功能。另外，CoolEditPro 还可以在 .aif、.au、

.mp3、.pcm、.sam、.voc、.vox、.wav 等文件格式之间进行转换，并且能够保存为
RealAudio 格式，如图 12-8 所示。

图 12-8 CoolEditPro 中文版界面

CoolEditPro 的主要特点如下：

① 支持的音频格式十分丰富，多达十余种，还提供了对 5 种不同类型 .wav 文件支持。

② 提供丰富的特效。包括 3D 混响、降噪、滤波、音频缩放、合声、延迟、变形、反转、静音等。

③ 提供了强大的 DSPC 数字信号处理能力。能够同时处理 64 条音轨，支持录音、回放、混音、音频编辑。借助它，能够方便地制作出自己想要的任何特殊音效，并添加到各种类型的多媒体作品中。

④ 操作界面设计简洁方便。在工具栏中，提供了 56 个图形化按钮。几乎所有的编辑操作都能够方便地进行。

12.3 音频处理技术的应用

12.3.1 使用 Windows 系统的录音机程序进行录音

1.思路分析

首先应检验一下声卡和麦克风设备是否完好，并对录音设备进行设置。从 Windows 程序中将录音机程序打开，开始录音，并最终保存为 .wav 的波形文件。具体操作步骤如下。

2.方法步骤

第一步：录音机设置

（1）将麦克风插入声卡的 MIC 插孔中。

（2）用鼠标选择桌面右下角的声音控制图标并单击鼠标右键，在打开的快捷菜单中选择"打开音量控制"命令，弹出"音量控制"对话框，如图12-9所示。

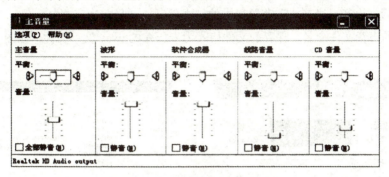

图12-9 "音量控制"对话框

（3）选择"音量控制"菜单栏中的"选项"→"属性"命令，打开"属性"对话框，如图12-10所示。

（4）在"属性"对话框中，单击选择"录音"单选按钮。在"显示下列音量控制"窗口中勾选"麦克风音量"复选框，单击"确定"按钮，如图12-10所示。

（5）回到"音量控制"对话框中，选择适合的麦克风输入音量，并取消"静音"前面的勾选，如图12-11。关闭"音量控制"对话框，就完成了录音设备的设置工作。

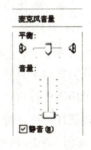

图12-10 "属性"对话框　　　图12-11 麦克风音量控制

第二步：使用录音机录音

（1）在桌面上单击"开始"→"程序"→"附件"→"娱乐"→"录音机"菜单命令，启动"录音机"应用程序，如图12-12所示。

（2）选择"文件"→"新建"命令，并单击"●"按钮，开始录音。

（3）完成录音后，单击"●"按钮，结束录制。

（4）录音结束，可单击"▶"按钮，试听录制的声音。

（5）最后"声音—录音机"菜单栏中的"文件"→"另存为"菜单命令，选择保存的位置，对录制的声音文件命名，保存的文件格式为未压缩的 .wav 波形文件，如图 12-13 所示。

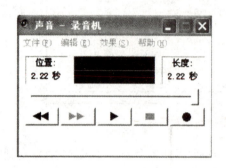

图 12-12　Windows 自带录音机软件

图 12-13　"另存为"对话框

综上，使用 Windows 录音机，可以在声卡上接入麦克风输入声音信号进行录音，并且还提供了对声音文件简单删剪、插入操作，音量的升降，添加回音及反转效果，以及对所播放的声音进行速度的减缓，形成快放或是慢放效果等。

12.3.2　使用 GoldWave 录制一段诗词

1.思路分析

首先应检查计算机声卡安装是否完好，麦克风连接是否正确，设置录音属性。准备需要录制的一段诗词，打开 GoldWave 软件进行录制，并设置文件名、保存类型以及选择音质，最终保存到指定文件夹。具体操作步骤如下。

2.方法步骤

第一步：录音设置

（1）检查计算机的声卡是否安装完好。

（2）将麦克风插入计算机声卡中"MIC"专用接口上。

（3）设置录音属性。用鼠标双击"控制面板"中的"声音和音频设备属性"图标，打开"音频"选项卡，如图 12-14 所示。

（4）在录音一栏中选择相应的录音设备。用鼠标单击"录音"设置区中的"音量"按钮，系统弹出"录音控制"对话框，如图 12-15 所示。

（5）用鼠标单击"录音控制"对话框中的"选项"→"属性"命令，打开"属性"对话框，选择列表中的"麦克风"选项，单击"确定"按钮，完成录音前期的设置。

第二步：使用 GoldWave 录制诗词

（1）安装绿色版的 GoldWave，并在桌面创建快捷方式。

（2）点击快捷方式图标启动 GoldWave 工作界面。如图 12-16 所示。

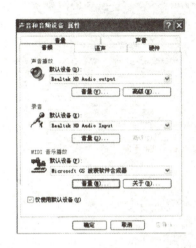

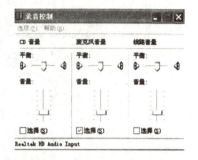

图 12-14 "声音和音频设备属性"对话框   图 12-15 "录音控制"对话框

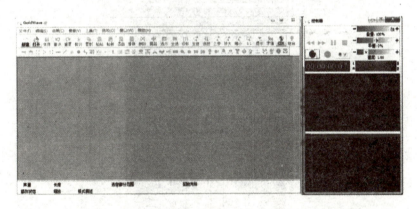

图 12-16 GoldWave 工作界面

（3）选择菜单栏中的"文件"→"新建"命令，新建一个声音文件。

（4）在"新建声音"对话框中设置录制声音文件的声道数、采样速率和持续时间等属性，单击"确定"按钮，准备好诗词，开始录音，如图 12-17 所示。

（5）单击"录音"按钮开始录音，可以在"工具"菜单栏下或是在工具栏中的"显示控制器窗口"打开控制器窗口，并在诗词录制完成后，单击"停止录音"按钮，结束录音，控制器窗口和主窗口如图 12-18、图 12-19 所示。

（6）选择"文件"→"保存"命令，弹出"保存声音为"对话框，在对话框中设置声音文件的保存位置、保存文件类型为".wav"、音质为"PCMsigned16bit, stereo"以及文件名，单击"保存"按钮，完成录制，如图 12-20 所示。

通过实例可以看到 GoldWave 提供丰富的音频效果制作命令，将录制的声音通过复制、剪切、删除、裁剪波形段进行编辑处理。除此之外，GoldWave 还有以下实用功能：

图 12-17　"新建声音"对话框

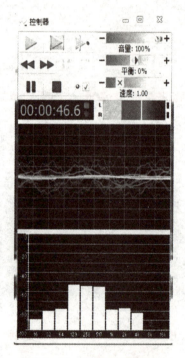

图 12-18　录音控制器窗口

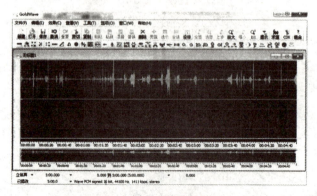

图 12-19　录音主窗口

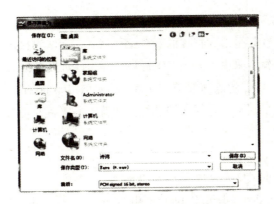

图 12-20　"保存声音为"对话框

（1）CD 抓轨

如果要编辑的音频素材在 CD 中，就不需要使用其他的音频抓轨软件了，直接选择 GoldWave "工具"菜单栏下的"CD 读取器"命令就可以直接完成抓轨。

（2）批量格式转换

GoldWave 中的批量格式转换功能可以同时打开多个它所支持格式的文件并转换为其他各种音频格式，运行速度快，转化效果好。进入"文件"下拉菜单栏选择"批处理"，选择文件来源及转换格式，单击"开始"即可完成，如图 12-21 和图 12-22 所示。

图 12-21　"批处理"对话框中的"选择文件"选项

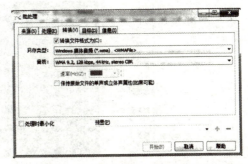

图 12-22　"批处理"对话框中的"转换格式"选项

（3）支持多种媒体格式

在 GoldWave 的"打开"命令对话框中可以发现，除了支持最基础的长 .wav 格式外，还可以直接打开关 .mp3 格式、苹果机的 .aif 格式，甚至是视频 .mpg 格式的音频文件。

12.3.3　利用 WindowsMediaPlayer 抓轨 CD 音频

1. 思路分析

CD 音频存放在音乐光盘上，通常利用 CD-ROM 进行播放。把 CD 上的音乐复制到硬盘中，就是我们所说的音频抓轨，这样既省去了频繁读取 CD 光盘，又可以在硬盘中删去不喜欢听的歌曲。但 CD 音频是一种特殊的音频记录格式，无法直接进行编辑处理。因此一般采用格式转换软件"抓轨"采集，得到 CD 音频文件，再对其进行编辑处理。

Windows 操作系统自带的媒体播放器（WindowsMediaPlayer）是一款出众的媒体播放工具，利用该播放器就能对 CD 音频文件进行"抓轨"采集，并将文件转换为所需的格式保存到指定的文件目录中。

2.方法步骤

第一步：将要采集的 CD 光盘放到 CD-ROM 中。

第二步：启动 WindowsMediaPlayer 应用程序。选择"开始"→"程序"→"附件"→"娱乐"→"WindowsMediaPlayer"命令，或直接用鼠标单击快速启动栏的快捷方式。

第三步：抓轨 CD 音频。

（1）用鼠标单击"WindowsMediaPlayer"工作界面中的"从 CD 复制"按钮。

（2）在中间的窗口中出现 CD 光盘的曲目。用鼠标单击每个曲目面前的方框，句选要采集的曲目，如图 12-23 所示。

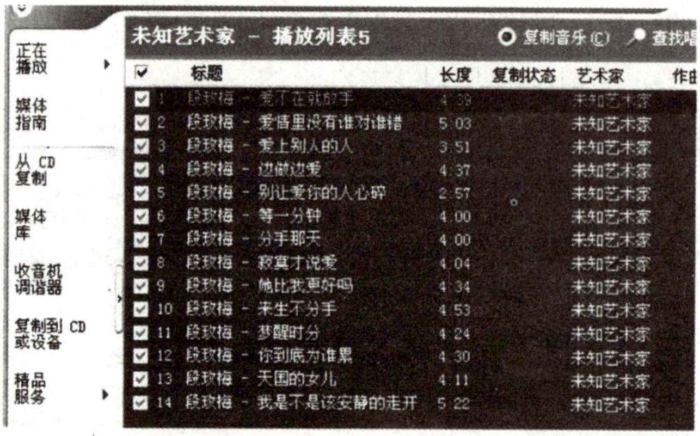

图 12-23　WindowsMediaPlayer"从 CD 复制"界面

（3）选择菜单栏"工具"→"选项"命令，弹出"选项"对话框，在对话框中用鼠标单击"翻录音乐"选项卡，指定文件保存的文件夹和文件压缩的"比特率"，然后单击"确定"按钮，如图 12-24 所示。

通过对 CD 光盘的抓轨，可以获取音频素材进行后期编辑，同时 Windows 自带的媒体播放器可以收听音乐、刻录音乐光盘、观看视频节目等，还可将音乐资料在计算机和便携式音频设备之间实现连接传送，顺畅地查找和下载数字媒体，在计算机上播放和欣赏。

图 12-24　"选项"对话框中设置 CD 复制的存放文件夹和比特率

12.3.4　利用 CoolEditPro2.0 打造自己的原声金曲

1.思路分析

唱歌需要有伴奏音乐，但对普通歌唱爱好者来说，有伴奏乐队是很难做到的，但如果从网上下载自己喜爱的 mp3 歌曲，将原唱的声音去掉，只保留伴奏音乐，制作成纯粹的卡拉 OK 伴奏曲，再把自己的歌声录制进去，这样也就打造出自己的原声金曲。

首先选择自己喜爱的 mp3 歌曲，然后利用 CoolEditPro2.0 判断歌曲是声道分离型还是声道混合型，在预置模板中选择 VocalCut（去除人声），将麦克风接到声卡上录制音乐，最后编辑和优化，保存歌曲，完成制作。具体操作步骤如下。

2.方法步骤

第一步：提取伴奏音乐素材

一般的 mp3 歌曲中有两种类型：一种是伴奏音乐和人声分开并分别存放于不同的声道；另一种是伴奏音乐和人声混合在一起的，左右声道中的声音是完全一样的。如何提取这两种类型歌曲的伴奏呢？下面我们将使用 CoolEditPro2.0 分别将两种类型的 mp3 歌曲的伴奏音提取出来。

（1）启动 CoolEditPro2.0 中文版，如图 12-25 所示。单击工具栏左侧第一个按钮，可在波形编辑界面及多轨界面之间切换，设置当前为多轨界面，在第 1 音轨空白处单击右键，从快捷菜单中选择"插入"→"音频文件"命令，在显示的对话框中找到选择的"最美的歌儿唱给妈妈——蒋大为.mp3"文件，并将 mp3 文件导入，使该文件的波形图显示在音轨中，如图 12-26 所示。另外一定要把倒立的黄色三角形游标拖到音轨的最左侧，因为插入的音频文件起点将以该游标的位置为准。后面的录音也是以游标的位置为起点的。

图 12-25　CoolEditPro2.0 打开音频文件

图 12-26　mp3 文件导入中

（2）按空格键播放导入的歌曲，然后在音轨 1 的波形图上右击鼠标，从快捷菜单中选择"调整音频块声相"命令，如图 12-27 所示，在打开的"声相"对话框中，先尝试将滑块移动到最左侧（即音箱左声道），再滑到最右侧（即音箱右声道）。可以确认这首歌曲是声道分离型的，其中左声道是伴奏音乐，右声道是人声。这里我们需要伴奏音乐，所以将滑块移到最左侧后，关掉该窗口返回 CoolEclitPro2.0 主界面，并停止播放音乐。

图 12-27　"调整音频块声相"命令

（3）声道混合型的歌曲，即左右声道的双轨音频波形一模一样，例如"屋顶 .mp3"文件，我们则需要对波形文件予以处理。单击工具栏上的"切换为波形编辑界面"（或按"F12"快捷键）。在左、右声道之间双击将两个声道全选，再选择菜单工具栏中的"效果"→"波形振幅"→"声道重混缩"命令，显示"声道重混缩对话框，如图 12-28 所示。

图 12-28　"声道重混缩"选项

在显示对话框的预置模板中选择 VocalCut（去除人声）选项，如图 12-29 所示。随后等待去除人声进度，如图 12-30 所示。待完成后对照去除人声前后的波形变化，如图 12-31 所示。同时可以播放试听效果，再保存去除人声后的文件，如图 12-32 所示。最后切换到多轨界面。这种方式虽可以消除大部分人声，但效果还不是十分理想。

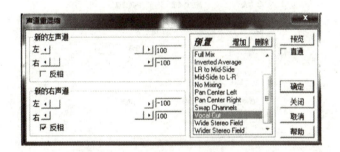

图 12-29　"声道重混缩"预置面板中选"VocalCut"去除人声选项

图 12-30　去除人声前后的波形变化

图 12-31　去除人声前后的波形变化

图 12-32　除去人声后保存伴奏音乐

第二步：录制自己的原声

（1）将麦克风接到声卡 MIC 接口上，在多轨编辑界面选择菜单栏下的"选项"→"再制调音台"命令，弹出"录音控制"窗口，适当调整"麦克风音量"，调整完毕后关闭该窗口回到 CoolEditPro2.0 界面中，如图 12-33 所示。

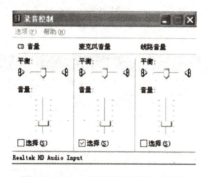

图 12-33　"录音控制"对话框

（2）单击音轨 2 中的红色 R 按钮，将其点亮，表示音轨 2 当前处于录音进行中。

（3）戴上耳机，使用麦克风录音，避免产生过多的噪音。单击主界面左下角的"录音"按钮，对着麦克风演唱，同时音轨 1 中的伴奏曲目也会同时播放，如图 12-34 所示。

（4）演唱完毕后，先单击 R 按钮再按"录音"按钮即可停止，如图 12-35 所示。

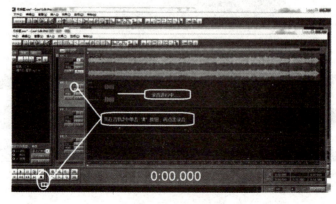

图 12-34　录制声音

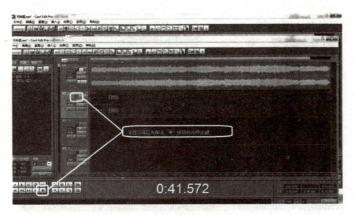

图 12-35 录制声音完成

第三步：编辑和优化音乐

（1）按空格键试播一下，如果觉得录制的声音过大或过小，可以鼠标右键单击新录制的声音波形，选择"调整音频块音量"命令，在打开的音量窗口上，将滑块上下拖动即可调整新录制声音的大小。如果伴奏音量需要调整，可以右击伴奏波形，选择"调整音频块音量"命令，上下调整滑块位置即可，如图 12-36 所示。

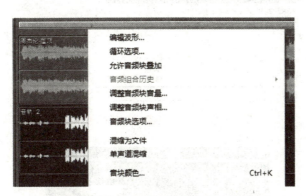

图 12-36 "调整音频块音量"命令

（2）无论录音环境多么安静，录音后都会有一些噪音，为了保证音质，需要将这些杂音过滤。可以在录制声音的音轨中，切换到波形编辑界面，执行"效果"→"噪音消除"→"降噪器"命令，如图 12-37 所示。在"降噪器"对话框中，参数设置一般按照默认数值即可，点击"噪音采样"选项，CoolEditPro2.0 会把噪音轮廓记录在灰色的噪音采样图形框中，水平方向表示频率，垂直方向表示噪音的量，如图 12-38 所示。最后单击"确定"按钮即可自动清除环境中的噪音，如图 12-39 所示。随意变动数值有可能会导致降噪后的人声出现较大的失真。

图 12-37 "降噪器"选项

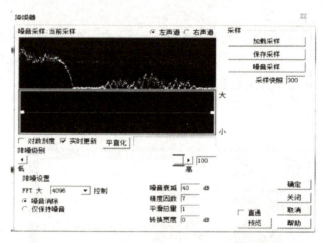

图 12-38 "噪音采样"后的波形图

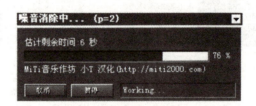

图 12-39 噪音清除中

（3）单击音轨 2 中刚刚录制的波形，切换到波形编辑界面，可以为声音添加多种特殊效果。选择左侧窗格上的"效果"选项卡，其中有一个效果列表，单击展开分类项，双击选定某种效果。如单击"常用效果器"左边的"＋"，选择"回声"项双击，打开"回声对话框"，如图 12-40 所示。既可以采用"预置"列表框内提供的各种预置回声特效，也可以自行对回声特性进行参数设置。单击对话框下方的"预览"按钮，可以欣赏加入回声特效后的效果。满意后，单击"确定"按钮，加入音效，同时关闭对话框。如希望实现电视或是广播中的一些非常卡通的人声特效，可以选择"变速器"选项来完成。

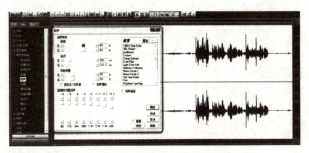

图 12-40　选择效果中的"回声"项

第四步：保存歌曲，完成录制

（1）切换到多轨界面中，首先执行菜单栏中的"文件"→"另存为"命令保存CoolEditPro2.0 工程文件，完整地保存了各个音轨的信息，方便以后修改，工程文件的文件名后缀为 .ses，如图 12-41 所示。

图 12-41　多轨工程界面

（2）再执行"文件"→"缩混另存为"命令，将制作的录音与伴奏合二为一，并将歌曲保存为 .wav、.mp3、.wma 等流行音频文件格式，就此完成制作任务，如图 12-42 所示。

图 12-42　"缩混另存为"对话框

265

充分利用 CoolEditPro2.0 软件，可以打造自己的原唱金曲。制作的关键在于正确地切换，选择多轨音频和波形编辑界面，通过左、右声道确定歌曲的类型是声道分离型还是声道混合型，再利用不同的方式消除原唱人声。再利用麦克风在第 2 音轨中录制自己的原声，同时通过在录制的声音中调整音量、消除噪音、添加特效等处理手段进一步完善效果。最终将两个音轨合并保存，完成制作。整个过程充分体现了 CoolEditPro2.0 软件对音频处理的出色性能，为个人的作品创作提供了方便。

12.3.5 利用 CoolEditPro2.0 制作配乐诗朗诵

1. 思路分析

利用音频编辑工具 CoolEditPro2.0 制作配乐诗朗诵。首先准备好录音设备，朗诵诗歌录制音频。再对录制的人声进行简单的降噪编辑处理，并配以背景音乐，同时调整背景音乐与诗歌朗诵的音量，再在背景音乐前后加入淡入淡出的效果，最后缩混另存文件，具体操作步骤如下。

2. 方法步骤

第一步：录制"再别康桥"诗词

（1）调试录音设备。准备麦克风或话筒，安装 CoolEditPro2.0 音频编辑软件，在 Windows 操作系统中调试麦克风或是话筒的音量和设置。将麦克风接到声卡 MIC 接口上，在多轨编辑界面选择菜单栏下的"选项"→"录制调音台"命令，弹出"录音控制"窗口，适当调整"麦克风音量"，之后关闭该窗口回到 CoolEditPro2.0 界面，如图 12-43 所示。

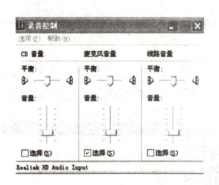

图 12-43 "录音控制"对话框

（2）利用 CoolEditPro2.0 软件录制诗词"再别康桥"，并保存为"再别康桥 .mp3"。单击音轨 1 中的红色 R 按钮，将其点亮，表示音轨 1 当前处于录音进行中。单击主界面左下角的"录音"按钮，对着麦克风朗诵。为避免录入的噪音太大，话筒距离要适当，如图 12-44 所示。

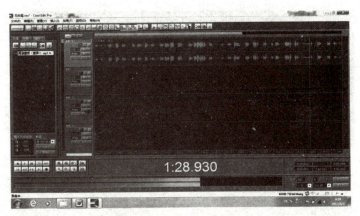

图 12-44　录制朗诵音

第二步：声音降噪处理

（1）新建文件。在 CoolEditPro2.0 界面菜单栏下选择"文件"→"新建工程"→"设置采样率"为 44100Hz，如图 12-45 所示。

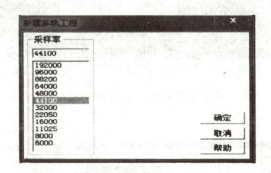

图 12-45

（2）进入多轨界面，选择第 1 音轨，右击"插入"→"音频文件"，选择"再别康桥 .mp3"，切换至波形编辑界面，选择噪音区域。点击左下方的波形水平放大按钮的两个（分别为水平放大和垂直放大）放大波形，在录制的声音文件波形中选取一段空白的波形，即高亮部分，来作为降噪的噪音采样的对象，如图 12-46 所示。但应注意如果试听时发现所录制的声音文件中录入了明显的伴奏音乐，那么降噪处理将对人声有较大的损害，易导致降噪后人声失真。

（3）点鼠标左键拖动，直至高亮区完全覆盖你所选的那一段波形。鼠标右键单击高亮区选"复制为新的"选项，将此段波形抽离出来，如图 12-47 所示。

（4）进行噪音采样。打开"效果"→"噪音消除"→"降噪器"进行噪音采样，降噪器中的参数按默认数值即可，随便更改，可能会导致降噪后的人声产生较大失真，如图 12-48 所示。

图 12-46 "再别康桥"朗诵音频波形水平放大

图 12-47 选取噪音采集波段，右键选"复制为新的"

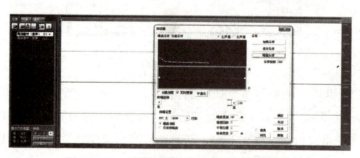

图 12-48 对选取的波段进行"噪音采样"

（5）保存采样结果，如图 12-49 所示。然后关闭降噪器，关闭并不保存这段波形，如图 12-50 所示。

（6）回到处于波形编辑界面的人声朗诵版文件，打开降噪器，加载之前保存的噪音采样进行降噪处理，点确定降噪前，可先点预览试听一下降噪后的效果（如失真太大，说明降噪采样不合适，需重新采样或调整参数，有一点要说明，无论何种方式的降噪都会对原声有一定的损害），如图 12-51 所示。

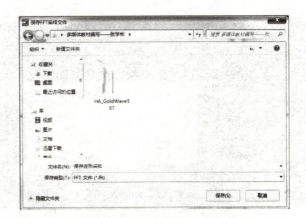

图 12-49　保存波形采样

图 12-50　关闭并不保存波形文件

图 12-51　加载采样，噪音消除中

第三步：插入背景音乐并调整音乐音量

（1）在音轨 2 中，添加伴奏音乐，单击鼠标右击选择插入音频文件，弹出对话框，找到音频文件的目录，选中"知道不知道（加长版）"伴奏，然后点击"打开"按钮，如图 12-52 所示。

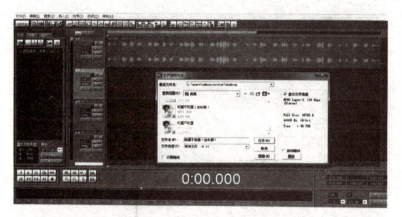

图 12-52 在音轨 2 中插入"知道不知道（加长版）"伴奏

（2）调整音乐音量。在第 2 音轨上单击鼠标右键，点击"调整音频块音量"命令，在弹出的调音面板上，向下拖动滑块至适当位置，–15 为宜，确保背景音量低于第 1 音轨的音量，以免喧宾夺主，如图 12-53 所示。第 1 音轨的录制声音可调至 +10。

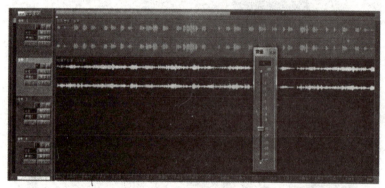

图 12-53 调节伴奏乐中"调整音频块音量"选项

第四步：对背景音乐进行音频编辑，添加淡入淡出效果

为"知道不知道（加长版）"的背景音乐做淡入淡出效果的处理。点击第 2 音轨，切换至"波形编辑界面"。选中音乐的开始五秒钟，右下角可以精确选取时间，选中部分呈反色显示，如图 12-54 所示。打开"效果"菜单，选择"波形振幅"，点击"渐变"→"波形振幅"→"FadeIn（淡入）"→"确定"，即完成音乐的淡入处理，如图 12-55 和图 12-56 所示。淡入处理后的音频波形呈现由小变大的趋势，如图 12-57 所示。淡出处理相似，最后完成伴奏音频的效果处理，如图 12-58 所示。

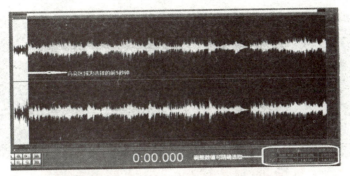

图 12-54 选择伴奏音乐的前五秒钟的波形

图 12-55 "效果"菜单中的"渐变"选项

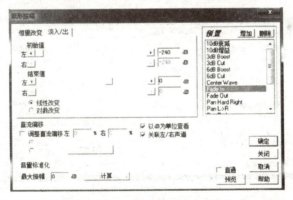

图 12-56 "振幅波形"对话框中的"FadeIn"选项

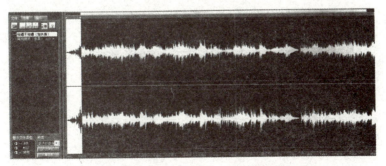

图 12-57 "FadeIn"处理后，前五秒钟的波形变化

271

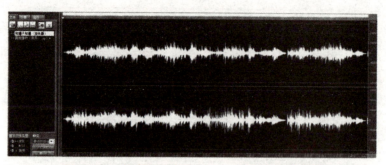

图 12-58　伴奏音乐加入淡入淡出后的波形效果图

第五步：缩混另存"再别康桥配乐诗朗诵"，并输出需要的音频格式

（1）将两个音轨的音频混缩输出为一个音频文件，即可完成音频的输出。返回到多轨界面→"文件"→"混缩另存为"→为文件命名并保存。

（2）音频的输出。将编辑好的配乐诗朗诵混缩输出为"再别康桥配乐版 .mp3"，如图 12-59 所示。

通过录制"再别康桥"诗朗诵并添加背景音乐，学会能够利用 CoolEditPro2.0 软件编辑数字音频，同时输出相应格式的音频。体会利用音频编辑工具，实现对音频录制、编辑、消除噪音、插入背景乐、音频格式输出等技术手段。

图 12-59　"缩混另存为"mp3 音频格式

第 13 章　流媒体技术

13.1　流媒体及流媒体技术的概念

人们平常使用的数字化多媒体信息方式有许多种，有的是存储在计算机或一些介质上，有的必须从网络下载并存储在计算机上才能使用，这种数字媒体称为本地媒体。相对而言，在流入计算机的同时进行播放的数字媒体则称为"流媒体"。所谓流媒体是指采用流式传输的方式在网络上播放的媒体格式，而流式传输方式是将音频/视频、3D 等多媒体信息经过特殊的压缩方式变为一个个压缩包，由音频/视频服务器向用户计算机连续、实时地传送。

网络上传输音频、视频等多媒体信息有两种方式，一种是 Http 或 FTP 下载；另一种是流式传输，在很长一段时间内一直采用的是下载。下载方式采用标准的 Http 或 FTP 协议，下载的音频或视频文件必须在下载前制作完成并放在网络服务器上，其信息量非常大，完整下载一个多媒体文件一般需要几分钟甚至几个小时的时间。这就导致人们很难在线观看网上直播的视频节目。而流式传输方式克服了上述问题，使得更多的网站采用此种传输方式传播信息，人们能在网上观看丰富多彩的现场直播的视频节目。

13.1.1　流媒体

互联网中使用流式传输技术的连续时基媒体就称为流媒体，如音频、视频或是其他多媒体文件。实现流媒体的关键技术是流式传输，其播放方式不同于网络下载。网络下载是将音频/视频文件下载到本地计算机后再播放。采用下载方式，用户必须考虑两个因素：对客户端的存储需求和播放启动延时。因为音频和视频文件一般都较大，所以需要的存储容量也比较大，同时受到网络带宽的限制，下载常常要花数分钟甚至数小时。流媒体的边下载边观看，这成为其最为显著的特点。流媒体在播放前并不下载整个文件，只是将开始部分内容存入内存储器，计算机对数据包进行缓存并实现媒体数据传输。流媒体的数据流随时传送随时播放，仅在开始时有一些缓冲。

本地媒体内容和流式媒体内容各自的优缺点。本地媒体不用连接网络就可以播放，但会占用大量的计算机存储空间。流式媒体不会占用计算机过多的空间，但是必须要连接网络才能播放。因此，可以说流媒体是一种面向网络的多媒体。

13.1.2 流媒体技术

流式传输主要指将整个音频／视频及三维媒体等多媒体文件经过特定的压缩方式解析成一个个压缩包，由视频服务器向用户顺序或实时传送。在采用流式传输方式的系统中，用户不必像采用下载方式那样等到整个文件全部下载完毕，而是只需经过几秒或几十秒的启动缓冲即可采用解压方式对压缩的多媒体文件解压并进行播放及观看。此时，多媒体文件的剩余部分将在后台的服务器内继续下载。该技术先在计算机上创造一个缓冲区，在播放前就预先下载一段资料作为缓存，当网络实际连线速度小于播放所要求使用资料的速度时，播放程序就会取用这一段缓冲区内的资料，这样就避免了播放时可能发生的中断，使得播放能够保质和连续。

13.2 流媒体的处理方法

13.2.1 预处理

预处理主要采用一种先进高效的压缩算法，将多媒体信息进行压缩。压缩后的编码资料可以利用多种形式（如文本、图形等）进行多路传输，并且被放在能够实现流式的文件结构中。这些文件具有时间标记及其他易于实现流的方式的特点，并在客户计算机端进行解码。编码过程还要考虑不同编码速度的定制性能、包损失的容错性与网络的带宽波动，最低速度下的播放效果、流式传送的成本、流的控制等问题。

13.2.2 缓存

流式传输的实现需要缓存。这是因为 Internet 以包传输为基础进行断续的异步传输，对一个实时多媒体文件，传输过程中被分解为许多包，且网络是动态变化的，各个包选择的路径有可能不同，所以到达客户端的时间也就不一样，甚至先发的数据包会后到达。因此，到达客户端的时间先后就会发生改变，甚至产生丢包的现象。

这就需用缓存技术来弥补数据的延迟，并重新对其进行排序，保证数据包的顺序正确，使媒体数据能连续输出，不会因为网络阻塞使播放出现停顿。通常高速缓存所需容量并不大，这是因为高速缓存采用的是环形链表结构来存储数据：通过除去已经播放的内容，"流"可以重新利用腾空的高速缓存空间来缓存后续尚未播放的内容。缓存的目的就是在某一时间段内存储需要使用的数据，数据存储在缓存中是暂时的，播放完的数据立即被清除，新的数据随即被存入。因此，在播放流媒体文件时，并不需要太大的磁盘空间。

13.2.3 传输过程

交换控制信息，以便把需要传输的实时数据从原始信息中检索出来，然后在客户端的Web浏览器启动客户程序，使用 Http 从 Web 服务器检索相关参数对客户程序初始化。这些参数可能包括目录信息、数据的编码类型和与检索相关的服务器地址。客户程序及服务器运行实时流协议（RTSP），以交换传输所需的控制信息。与 DVD 播放机的功能相似，RTSP提供了操纵播放、快进、快倒、暂停及录制等命令的功能。服务器使用 RTP/UDP 协议将数据传输给客户程序，一旦数据抵达客户端，客户程序即可播放输出。

13.3 流媒体传输技术实现

流媒体技术并不是一种单一的技术，它融合了多种网络技术和音频 / 视频技术。在网络中应用流媒体技术，需完成流媒体的制作、发布、传输和播放 4 个基本环节，因此，需要解决多项技术问题。

13.3.1 流媒体技术实现的前期处理

普通的多媒体数据信息必须进行处理才能用于流媒体传输。因为普通的多媒体文件的字节数量庞大，一般的网络带宽无法对其实现有效的传输。另外，普通的多媒体文件也不支持流式传输。因此，需要做前期的处理工作：

（1）采用多媒体数据压缩算法对原文件进行压缩，大大地减少文件的尺寸。

（2）向普通的多媒体文件中加入流式信息。

13.3.2 流媒体技术实现中的传输协议

流媒体在互联网上的传输需要合适的传输协议。由于互联网中的文件传输都是建立在TCP 协议的基础之上的，TCP 协议本身的特点决定了它并不适合传输实时数据信息。因此，对于流式媒体来说，流媒体在互联网上的传输必须采用合适的传输协议，才能充分发挥作用，保证流式传输的质量。

网上观看的电影或是电视文件，是一些 RTSP 或 MMS 开头的文件，这些和 Http 和 FTP一样，都是网络传输的协议，只是它们是专门用来传输流式媒体的协议而已。现在使用的主要流媒体协议有 RTP、RTCP、UDP、MMS、RTSP 等。这些都是支持流媒体传输的网络协议。流式传输的实现有特定的实时传输协议，其中包括互联网本身的多媒体传输协议，以及一些实时流式传输协议等。

（1）实时传输协议（RTP），是用于互联网上针对多媒体数据流的一种传输协议，其目的是提供时间信息和实现流同步，RTP 通常使用 UDP 来传送数据。RTP 本身并不能为按顺序传送的数据包提供可靠地传送机制，也不提供流量控制或是拥塞控制，它依靠 RTCP 提供这些服务。

（2）实时传输控制协议（RTCP），与 RTP 一起提供流量控制和拥塞控制服务。RTCP 包中含有已发送的数据包的数量、丢失的数据包的数量等统计资料。服务器可以利用这些信息动态地改变传输速率和类型。RTP 和 RTCP 配合使用，能以有效的反馈和最小的开销使传输效率最佳化，因而特别适合传送网上的实时数据。

（3）用户数据报协议（UDP），主要用来支持那些需要在计算机之间传输数据的网络应用。包括网络视频会议系统在内众多的客户 / 服务器模式的网络应用都需要使用 UDP 协议。它的主要作用是将网络数据流量压缩成数据包的形式。因此，UDP 是一项非常实用的网络传输层协议。

（4）实时流协议（RTSP），是一种确定一对多的应用程序如何有效通过 IP 网络传送多媒体数据，它使用 TCP 或 RTP 完成数据传输。RTSP 与 Http 相比，前者传送的是多媒体数据，后者传送 HTML，Http 请求由客户端发出，服务器作出响应，而使用 RTSP 时，客户端和服务器都可以发出请求，即 RTSP 是双向的。

13.3.3　流媒体技术实现中的其他协议

（1）微软媒体服务器协议 MMS（Microsoft Media ServerProtocol）。它是一种中文微软媒体服务器协议，用于访问并流式接受 WindowsMedia 服务器中 .asf 文件的一种协议。MMS 是连接 Windows Media 单播服务的默认方法。若用户在 Windows Media Player 中输入一个 URL（资据定位系统）以连接内容，而不是通过超链接访问，则它们必须使用 MMS 协议引用该流。如果连接到编人索引的 .asf 文件，想要快进、后退、暂停、开始和停止流，则必须使用 MMS，不能用 URL 路径快进或后退。

（2）超文本传输协议 Http(Hyper Text Transfer Protocol)。它用于传送 WWW 方式的数据。Http 协议采用了请求 / 响应模型。通常 Http 消息包括客户端向服务器的请求消息和服务器向客户机的响应消息。Http 流可以帮助客服防火墙障碍，因为大多数防火墙允许 Http 通过。Http 流可用来由媒体编码器通过防火墙到媒体服务器，并可用以连接被防火墙隔离的媒体服务器。

13.3.4　流媒体技术实现的流式视频格式

到目前为止，互联网上使用较多的流式视频格式主要有以下三种：

（1）Real Media。它是 Real Networks 公司所定制的音频视频压缩规范，是目前在互联网上相当流行的跨平台的客户 / 服务器结构的多媒体应用标准。其采用音频 / 视频流和同步回放技术实现在 Intranet 上全带宽地提供最优质的多媒体，同时能够在互联网上以 28.8kbps 的传输速度提供立体声和连续视频。

Real Media 包括三类文件：RealAudio、RealVideo 及 RealFlash，RealAudio 用于传输接

近 CD 音质的音频数据，RealVideo 用于传输连续视频数据，RealFlash 是 Real Networks 公司与 Macromedia 公司合作推出的一种高压缩比的动画格式。

（2）QuickTime。它是 Apple 公司的数字媒体，可以通过互联网提供实时的数字化信息流、工作流与文件回放功能。它由三个不同部分组成：QuickTime 电影（Movie）文件格式、QuickTime 媒体抽象层以及 QuickTime 内置媒体服务系统。

（3）Advanced Streaming Format（ASF，高级流格式）。它是 Microsoft 公司推出的一个独立于编码方式，是在互联网上实时传播多媒体的技术标准。Microsoft 公司希望用 ASF 取代 QuickTime 之类的技术标准以及 .wav、.avi 之类的文件扩展名，并打算将 ASF 用作将来的 Windows 版本中所有多媒体内容的标准文件格式。ASF 的主要优点包括：本地或网络回放、可扩充的媒体类型、部件下载、可伸缩的媒体类型、流的优先级化、多语言支持、环境独立性以及扩展性等。

（4）流媒体文件扩展名。实时的流媒体传输协议只适合较小的文件在网上实时传输，所以流媒体传输文件还要采用压缩算法进行压缩。比如：使用 Windows 操作系统时，在网上观看流媒体传输文件节目，扩展名一般是 .asf、.wma、.wmv。流媒体文件格式的扩展名很多，这里列举常用的 Windows Media 标准文件格式的扩展名如：.asf、.wma、.wmv。文件扩展名 .asf 通常用于使用 Windows Media Tools4.0 创建的基于 Microsoft Media 的内容。文件扩展名 .wma 和 .wmv 是作为 Windows Media 编码器的标准命名约定引人的，目的是使用户能够很容易地区别纯音频（.wma）文件和视频（.wmv）文件。

13.4　流媒体的播送技术

为了获得更好的网络传输效果，很好地在客户端清晰地播放，人们在技术上不仅对传输、协议、带宽等进行了提高和改进，而且在流媒体的播放技术上也下足了功夫。下面介绍几种流媒体的播放方式。

13.4.1　单播与多播

（1）单播。单播就是客户端与服务器之间需要建立一个单独的数据通道，是一种网络通信的连接方式。从一台服务器发出的每个数据包只能传送给一个客户端，每个用户必须分别对媒体服务器发送单独的查询，而服务器必须向每个用户发送所申请的数据包备份。发送端和接收端是一一对应的关系，这种传播方式称为单播。单播会造成服务器和网络带宽沉重的负担，长时间响应，甚至不能提供服务。单播发送流媒体只适应客户端数量较少的情况，适用于视频点播。

（2）多播。多播又称为组播。多播发送时，服务器将一组用户请求的流媒体数据发送到支持多播技术的路由器上，然后由路由器一次性将数据包根据路由表复制到多个通道上，再向用户发送。这时，媒体服务器只需要发送一个信息包，所有发出请求的客户端都共享同一信息包，并且信息可以发送到任意的客户端，没有请求的客户机不会收到。网络上传输的信息包的总量没有广播那么多，这大大提高了服务器和网络线路的利用率。发送端和接收端是一对多的关系，这种传播方式就是多播。多播技术可以让单台服务器为成千上万台客户端发送数据，并保证质量。多播技术也有局限性——不仅需要服务器支持，更需要有多播路由器乃至整个网络结构的支持，必须要求全网内具有支持多播技术的路由器，特别是对范围很大的广域网来说更是如此，否则许多用户是不能接受到数据的。多播技术比较适用于现场直播。

13.4.2　点播与广播

（1）点播。点播是用户从媒体服务器接收流信息的一种方式，是客户端与服务器之间主动的连接。在点播连接时，客户通过选择内容项目进行初始化的客户端连接。而内容是以媒体流的方式从服务器传到客户端，一个客户端从服务器接收一个媒体流，此时的连接是唯一的，其他客户不能占用。点播服务方式下，用户相互之间互不干扰，可以对点播内容的播放进行控制，用户能够对媒体进行开始、快进、后退、暂停、停止等操作，客户端拥有流的控制权，类似人们在观看 DVD 影像资料一样，灵活方便。因为每个客户端各自连接服务器，采用这种方式时，服务器需要对每个客户都建立起连接，所以占用服务器、网络资源较多，造成对服务器资源和网络带宽的需求巨大。

（2）广播。广播指的是客户被动接收流。这与点播正好相反。在广播过程中，客户端接收流，客户只观看播放的内容，不能控制流，不能快进、后退、暂停该流，不能对其进行控制。广播服务下，可以使用 ASF 文件作为媒体内容的来源，但实时的多媒体内容最适合使用广播服务方式。广播发送流和接收端是一对多的关系，但与多播一对多的关系有区别。由于广播方式的对象是所有客户，而不考虑客户的真实需求，于是会造成网络带宽和服务器资源的浪费。

13.5　流媒体技术的应用

流媒体系统基本上由编码器、服务器、播放器组成。流媒体编码器负责将原始的视频、音频文件转换为流媒体文件。服务器用于对数据的存放与控制。播放器是一种能够与服务器实现通信的软件，它提供对流的交互式的操作，如进行开始、后退、暂停、停止等，处理来自客户端的请求。

13.5.1　媒体服务器系统

媒体服务器系统 Windows Media Service 是由 ASF 文件制作工具、媒体服务器，媒体播放器 3 部分组成，分别对应制作、发布、播放 3 个基本过程。

（1）ASF 文件制作工具。媒体编码器（Windows Media Encoder）的主要任务是对输入的音频、视频信号进行编码生成 ASF 文件或 ASF 数据流。编码后形成的音频流和视频流既可以保存到本地计算机上，也可以用流媒体广播协议发送给媒体服务器。

（2）媒体服务器（Windows Media Server）是一个能适应多种网络宽带条件的流式多媒体信息的发布平台，包括了流式媒体的制作、发布、播放和管理一整套解决方案。

媒体服务器的核心是 ASF(Advanced Stream Format)。ASF 是一种数据格式，音频、视频、图像以及控制命令脚本等多媒体信息通过这种格式，以网络数据包的形式传输，实现流式多媒体内容发布。其中，在网络上传输的内容就称为 ASFStream。ASF 支持任意的压缩和解压缩编码方式，并可以使用任何一种底层网络传输协议，具有很大的灵活性。对外提供 ASF 流式媒体的网络发布服务，包括两大基本服务模块：单播模块和多播模块。

（3）媒体播放器。媒体播放器是用来播放声音或视频文件，有以下基本功能。

① 解压缩：几乎所有的声音和视频都是经过压缩之后存放于存储器中的，因此无论播放来自存储器还是来自网络的声音和视频都需要解压缩。

② 去抖动：在媒体播放器中使用缓存技术限制抖动，把声音或者视频数据先存放在缓冲存储器中，经过一段延时之后再播放。

③ 错误处理：在互联网上往往会出现让人不能接受的信息传送拥堵，信息包流中的部分信息包在传输过程中就可能会丢失。如果连续丢失的信息包太多，收到的声音和视频图像质量就会极差。往往采取重传的办法。

④ 用户控制接口：用户直接控制媒体播放器的实际接口。媒体播放器为用户提供的控制功能通常包括声音的音量大小调节、暂停、开始等等。

13.5.2　利用 Windows Media 编码器制作流媒体文件

第一步：安装 Windows Media 编码器

可以到 Microsoft 官方网站上下载 Window Media 编码器中文版，再进行安装。

（1）双击运行 Windows Media 编码器安装文件，弹出"安装向导"对话框，如图 13-1 所示。

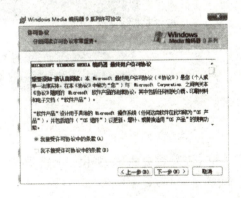

图 13-1　安装向导　　　　　　　　图 13-2 许可协议

279

（2）单击"下一步"，显示"许可协议"对话框，选择"我接受许可协议中的条款（A）"，如图 13-2 所示。

（3）单击"下一步"，显示"安装文件夹"对话框，选择要安装的位置，如图 13-3 所示。

（4）单击"下一步"，显示"准备安装"对话框，点击"安装（I）"按钮，最后单击"完成"按钮，如图 13-4 所示。

图 13-3

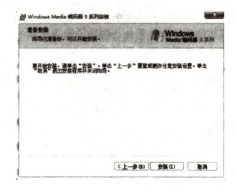

图 13-4

第二步：将音频信号进行编码并保存到本地计算机

（1）选择"开始"→"程序"→选择 Windows Media 程序→启动"Windows Media 编码器"，如图 13-5 所示。

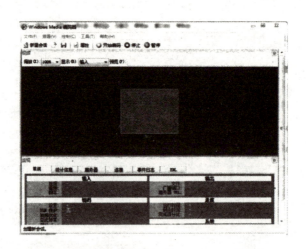

图 13-5　Windows Media 编码器界面

（2）单击"新建会话"，弹出"新建会话对话框，选择"转换文件"选项，单击"确定"按钮，如图 13-6 所示。

图 13-6 "新建会话"对话框

（3）在"新建会话向导"中点击"浏览"按钮，选择"源文件"找到要转换的文件，选择"一个像夏天一个像秋天 .mp3"并确定"输出文件"的位置，如图 13-7 所示。

（4）单击"下一步"，选择"要如何分发内容？"列表框中的"Windows Media 服务器（流式处理）"，如图 13-8 所示。

图 13-7 "新建会话向导"对话框

图 13-8 "分发内容"的选择

（5）单击"下一步"，在"比特率"列表中选择 70Kbps（比特率越高音质越好），如图 13-9 所示。

（6）单击"下一步"，在"显示信息"对话框中输入"标题"和"作者"等信息，如图 13-10 所示。

（7）单击"下一步"检查无误后，点击"完成"按钮开始转换，如图 13-11 所示。转换结束后，弹出"编码结果"对话框，如图 13-12 所示。此时可以单击"播放输出文件（P）"按钮，试听转换后的效果。

第三步：将视频信号进行编码并保存到本地计算机

（1）基本操作与音频编码类似。首先启动 WindowsMedia 编码器，在"新建会话"对话框中选择"转换文件"命令。

（2）在"源文件"和"输出文件"中选择视频文件"一个像夏天—一个像秋天"和输出路径。单击"下一步"，在分发内容列表框中选择"WindowsMedia 服务器（流式处理）"。

图 13-9　"编码选项"中比特率的选择

图 13-10　填写"显示信息"栏

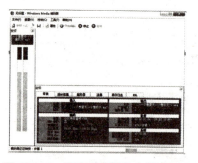

图 13-11　转换为流媒体文件过程中

图 13-12　显示"编码结果"对话框

在"编码选项"中"视频"下拉菜单中选择"低带宽视频（CBR）"，总比特率在160Kbps，在"显示信息"栏中填入标题和作者，如图 13-13 ～ 图 13-16 所示。

图 13-13　选择视频"源文件"和指定输出路径

图 13-14　分发内容选择流式处理

图 13-15　选择输出流媒体视频的比特率　　　　图 13-16　填写显示信

（3）"完成"后开始转换，结束时出现"编码结果"对话框，并可单击"播放输出文件"在默认的流媒体播放器中观看转换后的效果，如图 13-17、图 13-18 所示。

图 13-17　正在转换流媒体格式

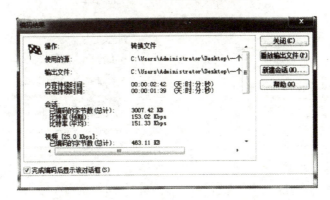

图 13-18　最后的视频编码转换结果

13.5.3　流媒体转换技术及流媒体文件的编辑

下面通过"格式工厂"软件，介绍流媒体转换技术及文件编辑。

1. "格式工厂"软件的安装

下载"格式工厂 2.96"的软件版本并安装，具体步骤如图 13-19 ~ 图 13-21 所示。

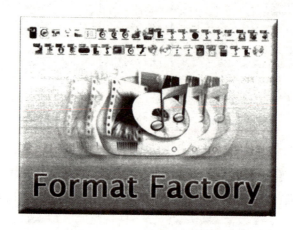

图 13-19　"格式工厂"安装界面

图 13-20　选择安装路径

图 13-21　"格式工厂 2.96"版本安装完成

2. 音频格式的转换

（1）点击桌面"开始"→"所有程序"→"格式工厂"，打开"格式工厂 2.96"软件，如图 13-22 所示。

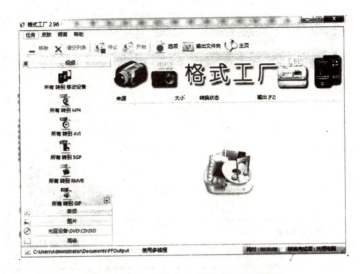

图 13-22 "格式工厂"的工作界面

（2）点击左边工具栏里的选项，选择"音频"选项，在下拉的图标按钮中选择想要转换的音频格式，如图 13-23 所示。下面还是以"一个像夏天一个像秋天"歌曲为例，利用格式工厂软件将 WMA 格式转换为 MP3 音频格式。

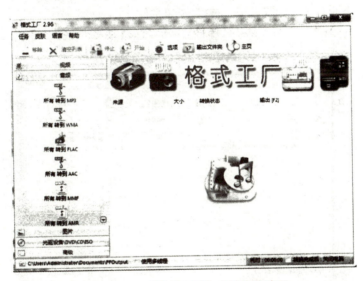

图 13-23 "格式工厂"中的音频选项

（3）点击"音频"选项中的"所有转到 MP3"按钮，弹出"所有转到 MP3"对话框，如图 13-24 所示。

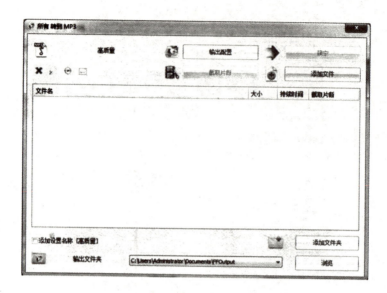

图 13-24　"所有转到 MP3"对话框

（4）在"添加文件"按钮选择想要转换的 WMA 文件，也可以点击"输出配置"按钮来改变音频配置，再选择"输出文件夹"的设置路径，完成后点击确定，如图 13-25 所示。

（5）点击"开始"按钮，开始转换音频文件，如图 13-26 所示。最后，从保存路径中寻找完成的"一个像夏天一个像秋天 .mp3"音频文件。

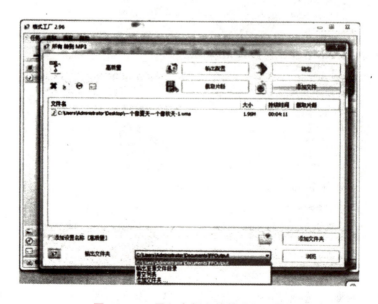

图 13-25　导入音频文件并进行设置

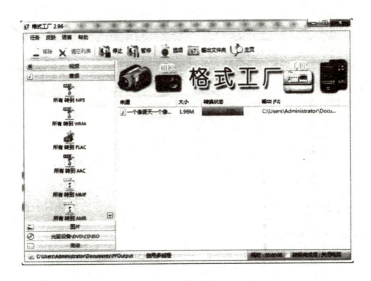

图 13-26 转换音频文件的过程中

3. 视频转换工具

流媒体视频的转换方式和音频转换基本上是一致的。以"一个像夏天一个像秋天"的MV为例，利用格式工厂软件将 WMV 的流媒体格式转换成 MV 的视频播放格式，如图 13-27、图 13-28 所示。

4. 流媒体文件的编辑

通过软件"格式工厂"，可以对流媒体文件进行简单的剪切、合并、混流等编辑处理。下面选择一段视频为例，简单地讲述如何利用"格式工厂"分割音视频文件。

（1）选择"视频"选项下拉菜单中的"所有转到 MP4"，选择源文件，添加到"格式工厂"中，再选中文件，点击"选项"按钮，如图 13-29 所示。

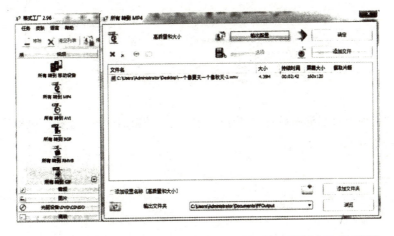

图 13-27 选择"视频"选项下拉菜单中的"所有转到 MP4"按钮

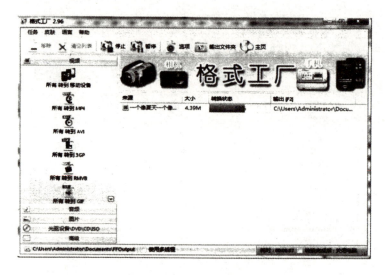

图 13-28　视频转换过程中

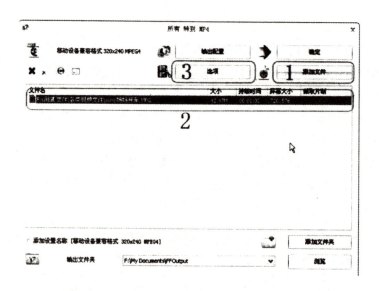

图 13-29　源文件添加界面

（2）在"选项"对话框中设置"开始时间"和"结束时间"，点击"确定"完成截取任务，如图 13-30 所示。

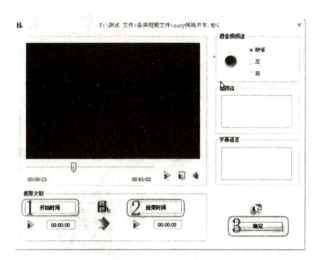

图 13-30　多媒体片断截取界面

13.5.4　网络流媒体的下载技术

现在在线影院越来越多，绝大多数在线影院都是只能看，不能下载的，即影片只能在线观看，不能直接保存到本地磁盘。其主要是因为这些网站播放影片时使用的不是普通的 FTP 或者 Http 协议，而是 RSTP、MMS 等的流媒体协议，所以要用特殊的方法或下载工具下载才行。当服务器以这种协议向计算机提供文件时，数据只能一小段一小段地送过来，而且只放在内存中不写入磁盘，播放之后就被从内存中清除，这就是所谓流媒体。下面我们将介绍几种流媒体的下载方法，大家不妨尝试一下。

1. 从 Windows 临时文件夹中提取网络流媒体文件

当在网络上观看视频时，此时的视频文件已经开始存入到临时文件夹中，当缓冲视频完整地下载完成后，可以采用两种方法去查找文件。

（1）从系统盘（一般为 C 盘）文件夹中查找

操作系统为 WindowsXP 时：打开"我的电脑"→"工具"菜单栏→"文件夹选项"，弹出"文件选项"对话框，点击"查看"选项卡，在"高级设置"中点选"显示所有文件和文件夹"，单击"确定"按钮。在 C:\DocumentsandSettings\Administrator\LocalSettings\TemporaryInternetFiles 里面就是所找的临时文件夹，里面有上网存储的临时文件，还有同时缓冲的流媒体视频。

操作系统为 WIN7 时：临时文件夹是默认隐藏的，要取消隐藏受保护的系统文件才能查看。在"计算机窗口"→"组织"→"文件夹和搜索选项"→"查看"→在"高级设置"中去掉"隐藏受保护的操作系统文件（推荐）"的勾选，点选"显示隐藏文件、文件夹和驱动器"→点击"确定"。WIN7 临时文件夹路径在 C：\ 用户（Users）\ 用户名 \AppData\Local\Microsoft\Windows\TemporaryInternetFiles，如图 13-31~ 图 13-33 所示。

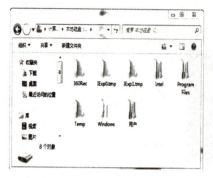

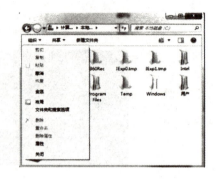

图 13-31　打开系统盘 C 盘　　　　　图 13-32　选择"文件夹和搜索选项"

图 13-33　"文件夹选项"对话框

在文件夹中，文件将按照大小和时间顺序排列，即可清晰地找到所需的流媒体视频文件。选中该文件，可以将这个视频文件剪切或复制，再用播放器播放即可，如图 13-34 所示。

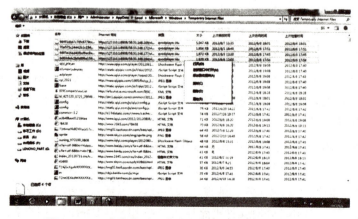

图 13-34　查找临时文件中的流媒体视频文件并复制

（2）在 IE 浏览器"Internet 选项"中查找流媒体文件

在 IE 窗口中选择"工具"→"Internet 选项"→点击"设置"→"查看文件"。为方便查看，可在窗口空白处，右击鼠标→"排列方式"→点选"大小"，从列表中查找流媒体格式的视频文件，可以将这个流媒体视频文件剪切、复制或删除，如图 13-35 ~ 图 13-37 所示。

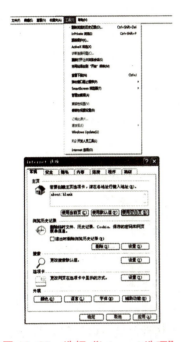

图 13-35　选择"Internet 选项"　　图 13-36　"Internet 临时文件和历史记录设置"对话框

图 13-37　查看临时文件中的流媒体视频文件

2. 从网页源文件中查找流媒体文件

下载流媒体的困难之处在于找到它的 URL，即链接地址，如果找到了它，那就什么问题都解决了。在 IE 的菜单"查看"中，点击"源文件"选项，用记事本打开源文件，点记事本的"编辑"菜单中的"查找"，然后输入流媒体文件的后缀名 .swf，.wmv、.rm、.asf、.avi，当找到这些文件格式的尾缀时，就看到了下载的链接地址。将其复制到 Flashget 或是迅雷软件中，就可以顺利下载想要的流媒体文件了，如图 13-38、图 13-39 所示。

图 13-38　网页"源文件"选项

图 13-39　查找源文件中的流媒体 URL 地址

3. 看属性查找法

先打开网站，然后在播放影片的链接上点右键，看它的属性，就可以找到下载的链接地址了，这种通常是 MMS 或 PNM 等协议的，把地址复制到下载工具中，就可以下载了。

4. RAM 或 ASX 中查找

有时找到地址下载后，用播放软件打开却不能看，查看文件大小只有几百 kb，一部电影怎么可能这么小呢？原来 RAM 或 ASX 是一种代替 RM 或 ASF 的文本，用记事本打开 ASX 或 RAM 文件，就可以找到电影的地址了。

第 14 章   数据库应用

14.1   使用数据库

数据库是永久的、结构化的数据仓库。有许多不同种类的数据库，但存储和查询业务数据的最常见类型是关系数据库，如 Microsoft SQL Server 和 Oracle。关系数据库使用 SQL 数据库语言（SQL 代表结构化查询语言，Structured Query Language）来查询操纵它们的数据。传统上，使用这样的数据库至少需要知道一些 SQL 知识，以便在编程语言中嵌入 SQL 语句，或在面向 SQL 的数据库类库中把包含 SQL 语句的字符感传递给 API 调用或方法。

虽然有些复杂，但因为有了 VisualC#2015，可以使用 CodeFirst 方法在 C# 中创建对象，存储在数据库中，并使用 LINQ 查询对象，而不必使用另一种语言，比如 SQL。

要运行本章中介绍内容，必须安装 Microsoft SQL Server Express，这是 Microsoft SQL Server 的免费轻量级版本。我们将使用 LocalDB 选项与 SQL Server Express，以允许 VisualStudio2015 直接创建和打开数据库文件，而不必连接到单独的服务器上。

带有 LocalDB 的 SQL Server Express 支持的 SQL 语法与完整的 Microsoft SQL Server 相同，所以它是适合于初学者的版本。

如果熟悉 SQL Server，拥有 Microsoft SQL Server 实例的访问权限，就可以跳过这个安装步骤，但需要改变连接信息，以匹配自己的 SQL Server 实例。如果从未使用过 SQL Server，就安装 SQL Server Express。

14.2   Entity Framework

.NET 中支持 Code First 的类库是 Entity Framework 的最新版本。这个名字来源于一个数据库概念：实体关系模型。其中实体是数据对象（如客户）的抽象概念，它与关系数据库中的其他实体（如订单和产品）相关，例如客户订下了某产品。

Entity Framework将C#程序中的对象映射到关系数据库的实体上。这就是所谓的对象—关系映射。对象—关系映射是将 C# 中的类、对象和属性映射到构成关系数据库的表、行和列的代码。手工创建这个映射代码非常繁杂、耗时，但 Entity Framework 使它很容易完成。

Entity Framework 建立在 ADO.NET 的基础上，而 ADO.NET 是基于 .NET 的低层数据访问库。ADO.NET 需要一些 SQL 的知识，但幸运的是，Entity Framework 已经自动处理了这个问题，用户可以专注于 C# 代码。

Entity Framework 还带有 LINQ to Entities，这是 Entity Framework 的 LINQ 提供程序，使用它很便于在 C# 中查询数据库。下面就开始在数据库中创建一些对象。

14.3　Code First 数据库

下面的例子使用 Code First 和 Entity Framework 在数据库中创建一些对象，然后使用 LINQ to Entities 查询创建的对象。

按照以下步骤在 Visual Studio2015 中创建例子：

（1）在目录 C:\BegVCSharp\Chapter21 下创建一个新的控制台应用程序项目 Beg VCSharp_21_1_CodeFirstDatabase。

（2）单击 OK 以创建项目。

（3）为了添加 Entity Framework，选择 Tools|NuGet Package Manager|Manage NuGet Packages for Solution，如图 14-1 所示。

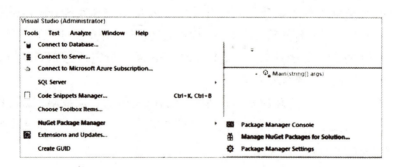

图 14-1

（4）取消 Include Prerelease 复选框的选择，获得 Entity Framework 的最新稳定版本，如图 14-2 所示。点击 Install 按钮。

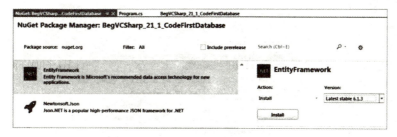

图 14-2

（5）在 Preview 对话框中单击 OK，如图 14-3 所示。

图 14-3

（6）现在 Entity Framework 的 License Acceptance 对话框如图 14-4 所示。单击 IAccept 按钮。

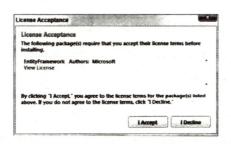

图 14-4

（7）现在，Entity Framework 及其引用已添加到项目中。在 Solution Explorer 的 References 部分可以看到它们，如图 14-5 所示。

（8）打开 Program.cs 主源文件，并添加以下代码。首先在文件顶部、其他 using 子句的下面添加 Entity Framework 名称空间：

usingSystem.Data.Entity;

（9）接下来，给数据注解添加另一个 using 子句，以便给 Entity Framework 提示如何建立数据库。最后，与之前的例子相同，添加 System.Console 名称空间：

usingSystem.ComponentModel.DataAnnotations;

usingstaticSystem.Console;

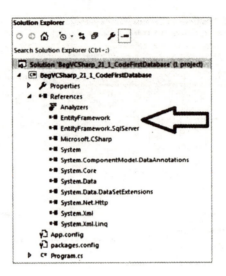

图 14-5

（10）接下来添加一个 Book 类，Code 字段前的 [Key] 特性是一个数据注解，告诉 C#
使用这个字段作为数据库中每个对象的唯一标识符。

```
namespaceBegVCSharp_21_1_CodeFirstDatabase
{
    publicclassBook
    {
        publicstringTitle{get;set;}
        publicstringAuthor{get;set;}
        [Key]publicintCode{get;set;}
    }
}
```

（11）现在添加 DbContext 类（数据库上下文），来管理创建、更新和删除数据库中的
书籍表：

```
publicclassBookContext:DbContext
{
publicDbSet<Book>Books{get;set;}
}
```

（12）接下来，在 Main() 函数中添加代码，创建两个 Book 对象，并保存到数据库中：

```
classProgram
{
staticvoidMain(string[]args)
{
```

```
using(vardb=newBookContext())
{
Bookbook1=newBook{Title="BeginningVisualC#2015",
Author="Perkins,Reid,andHammer"};
db.Books.Add(book1);
Bookbook2=newBook{Title="BeginningXML",
Author="Fawcett,Quin,andAyers");
db.Books.Add(book2);
db.SaveChanges();
```

（13）最后，为一个简单 LINQ 查询添加代码，列出创建后数据库中的书籍：

```
        varquery=frombindb.Books
                    orderbyb.Title
                    selectb;
        WriteLine("Allbo。ksinthedatabase:");
        foreach(varbinquery)
        {
            WriteLine"{b.Title)by{b.Author},code={b.Code}"};
}
WriteLine("Pressakeytoexit...");
ReadKey();
}
```

（14）编译并执行程序（可以按自开始调试）。书籍数据库的信息如图 14-6 所示。

图 14-6

14.4　ADO.NET 数据服务

14.4.1　数据服务基础

在数据访问方面，CRUD 是我们所学习的第一个概念。CRUD 是一个缩写，分别代表 4

个基本的数据访问操作：

- Create（创建）
- Read（读取）
- Update（更新）
- Delete（删除）

在 SQL 语言中，这些操作分别对应于 INSERT、SELECT、UPDATE 和 DELETE 语句。在标准的 Web 服务模型中，每种语句必须在 Web 服务中通过一组方法暴露出来。通常，这些方法是用于创建、更新和删除的方法，还包括大量处理数据读取的方法。ADO.NET 数据服务采用了一种完全不同的方式。

与 Web 服务不同的是，ADO.NET 数据服务通过"具象状态传输"（Representation State Transfer,REST）的概念来创建基于 URI 的数据 API（应用程序编程接口）。Web 服务则通过基于 XML 封套（envelope）的 API 来调用服务。基于 URI 的方法要更简单，但灵活性较低。如果采用基于 URI 的方法，调用服务要求将整个请求用 URI 表示。URI 的语法由两部分组成：资源路径和查询字符串（querystring）。路径是特定端点的简单路径。

假设创建一个名为"Customers"的端点（后面的"服务的创建"一节将介绍具体步骤），则可以使用这样的 URI 来请求所有客户的信息：http://yourdomain.com/YourService.svc/Customers。值得注意的是，这个 URI 包含数据服务（YourService.svc）及资源（Customers）的路径。为什么要特别注意这一点呢？URI 的语法很重要，因为在进行请求时，必须使用超文本传输协议（HTTP）找来执行 GET。HTTP 定义了四个动词（verb）——GET、POST、PUT 和 DELETE，可以发送给任何兼容 HTTP 的 Web 服务器。这样，在请求数据服务时，要向服务器发送 GET，通过 URI 来指定要获取（GET）哪个资源。此时要用到基于 REST 的 API:ADO.NET 数据服务，实际会将 4 种 HTTP 动词与四种数据访问操作（或者说 SQL 语句）映射起来（表 14–1）。

表 14-1　HTTP 动词与数据访问 CRUD 间的映射

HTTP 动词	数据访问操作	SQL 语句
GET	Read	SELECT
POST	Update	UPDATE
PUT	Insert	INSERT
DELETE	Delete	DELETE

也就是说，如果向同一 URI 发送 POST（回发），则表示希望对数据层中的数据执行 UPDATE 操作。如果向同一 URI 执行发送 DELETE，则表示希望删除数据层中的数据。我们稍后会看到这种方法的强大之处。

对于 ADO.NET 数据服务所使用的数据，如何暴露这些数据的端点呢？答案是，ADO. NET 数据服务会使用语言集成查询（LINQ）来支持这些端点。ADO.NET 数据服务负责受理传入的 Http 请求，并将该请求传递给 LINQ 数据提供程序。这意味着，任何支持 LINQ 的对象会同时将支持 ADO.NET 数据服务。图 14-7 展示了一个典型的 ADO.NET 数据服务实现中各层次之间的关系。

如图 14-7 所示，应用程序通过 Internet 直接与 ADO.NET 数据服务交互。数据服务会受理请求，并将其发送至底层的 LINQ 提供程序。最后会由 LINQ 提供程序来实际执行所有操作。也就是说，ADO.NET 数据服务并不是另一个特殊的数据访问层，而是一个传输层。这个传输层基于的是现有的技术——WCF 对 REST 的支持。创建 ADO.NET 数据服务会添加两个文件——标记（markup）文件和代码隐藏（code-behind）文件。标记文件（扩展名通常为 .svc）只不过是 ServiceHost 标记文件，用于处理 REST 请求，并将请求转交给代码隐藏文件。代码隐藏文件包含的才是数据服务的实现。

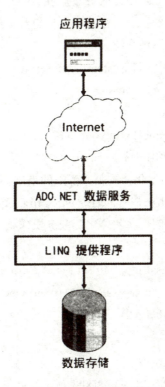

图 14-7　ADO.NET 数据服务的层组关系

ADO.NET 数据服务另一个让人困惑的问题是服务的数据格式。ADO.NET 数据服务支持两种数据格式：Atom 和 Java Script 对象表示法（Java Script Object Notation,JSON）。Atom 是一种基于 XML 的格式（RFC4287 对其作了定义），旨在支持 Web 内容联合（syndicatio nofco cotent）。对于托管代码，Atom 更易于使用和解析，而 JSON 更适合基于

Web 的方案（如网站）。ADO.NET 数据服务采用与 HTTP 兼容的方式来决定数据的格式。在所有 Http 请求中，可以指定一组 Accept 标头，通知数据服务我们所希望使用的数据类型。ADO.NET 数据服务会通过 Accept 标头来决定返回的格式。也就是说，如果在 Web 浏览器中直接调用该服务，则会返回 Atom，因为它是一种常见的格式，受客户端的广泛支持。此外，如果通过 Java Script 调用，那么该服务会返回 JSON。换言之，同一请求返回的数据类型，取决于通过 URI 调用服务的客户端，而不是 URI 本身。了解过这些基础知识后，下面我们便可以创建服务了。

14.4.2　服务的创建

为创建服务，需要有一个 ASP.NET3.5 网站或"Web 应用程序"项目。此外，应为项目建立支持 LINQ 的数据层。下面的示例假定已存在一个暴露两个实体的 Enticy Framework 模型，分别是来自 Video Game Store 数据库（可以在配套资源中找到）的 Products 和 Product Types。具备以上前提条件后便可以创建服务了。在 Visual Studio 中，要通过"添加新项"菜单项来创建 ADO.NET 数据服务。这会创建两个构成数据服务的文件。标记文件在创建后一般不需要修改，因而这里对其不做介绍。

代码隐藏文件包含一个派生自 System.Data.Services.DataService 的类。新建的 Data Service 类不完整且无法被编译，如下所示：

PublicClassVidoeGameService

　　'TODO:replace [[class name]]with your data class name

　　Inherits Data Service（Of[[classs name]]）

　　' 仅调用此方法一次以初始化涉及服务范围的策略。

　　Public Shared Sub Initialize Service(By Valconfig As[Data Service Configuration])

　　'TODO：设置规则以指明哪些实体集和服务操作是可见的、可更新的，等等。

　　' 示例：

　　'config.SetEntitySetAccessRule("MyEntityset",EntitySetRights.AllRead)

　　'config.SetServiceOperationAccessRule("MyServiceOperation",

　　　　ServiceOperationRights.All)

　　EndSub

EndClass

public class Video Game Service:Data Service < /*rooo：在此设置数据源类名 */〉

{

　　// 仅调用此方法一次以初始化涉及服务范围的策略。

　　public static void Initialize Service(IData Service Congiguration config)

　　{

　　　　//TODO：设置规则以指明哪些实体集和1服务操作是可见的、可更新的，等等。

```
// 示例：
//config.SetEntitySetAccessRule("MyEntityset",EntitySetRights.AllRead);
//config.SetServiceOperationAccessRule("MyServiceOperation",
    ServiceOperationRights.All);
}
}
```

正如我们所看到的，Data Service 要求我们填入一个泛型参数。这个泛型参数可以是任何暴露若干 IEnumerable<T>（或派生自 IEnumerable<T> 的类型，如 IQueryable<T>）属性的类。通常，这个类是数据层中以可查询端点的形式暴露模型某部分的类。对于这个 Entity Framework 示例，我们使用 Video Game Entities 类。

现在，我们编译这个数据服务，并运行当前服务文件（.svc），以便在浏览器查看服务的基本 AtomXML 格式（如图 14-8 所示）。

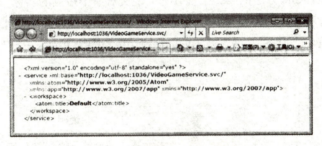

图 14-8 浏览器中的数据服务

随着内容的深入，读者将逐步认识 Atom 源的格式。数据服务的主服务端点（.svc）文件旨在描述可用的资源（如果存在数据，也可以对其进行描述）。虽然这个服务可以运行，但它尚未暴露任何数据。

14.4.3 模型的保护

我们已为数据服务类提供了暴露数据的类，那么在这个服务中为什么仍看不到数据呢？原因是，在默认情况下，服务不暴露模型的任何部分。之所以这样是因为，当前使用的数据模型所包装的数据模型比希望在 Internet 暴露的数据模型的范围要大。最好能够确定在 Internet 上使用哪些数据，而使用其余的数据可能会不安全（如敏感数据 Employee）。为暴露数据，ADO.NET 数据服务要求在 Initialize Service 方法中显式地配置服务。除指定要暴露的数据外，还必须确定客户端能够对该数据执行哪些操作。在数据保护方面，服务的配置允许我们指定名词（数据）和动词（对数据执行的操作）。

在进行这种配置时，我们需要使用传入静态成员 Initialize Service 的 IData Service Configuration 接口。该接口支持多种数据保护方式，但我们至少要调用 Set Entity Set

301

AccessRule 方法来设置动名词组合。例如，可以调用 Set Entity Set Access Rule 来启用 Products 实体的只读访问权限：

```
'VB
PublicSharedSubInitializeService(ByValconfigAsIDataServiceConfiguration)
    config.SetEntitySetAccessRule("Products",EntitySetRights.AllRead)
EndSub
//C#
publicstaticvoidInitializeService(IDataServiceConfiguratiohconfig)
{
    config.SetEntitySetAccessRule("Products"，EntitySetRights.AllR~ad);
}
```

添加此配置后，便可以通过服务来使用 Products 实体了，但还不能使用 Product Types。Set Entity Set Access Rule 方法的第一个参数为上下文对象中端点的名称，第二个参数是若干个 Entity Set Rights 枚举值。将第一个参数指定为一个星号（＊）可以暴露整个模型，但不建议这么做，因为模型的不同部分一般涉及不同的操作。Entity Set Rights 允许结合多个操作。

表 14-2　列出了 Entity Set Rights 枚举的成员

成员	说明
All	指示授予完全的读取和写入访问权限
AllRead	指示授予完全的读取访问权限
AllWrite	指示授予完全的写入访问权限
ReadSingle	指示只能够读取单个数据项
ReadMultiple	指示能够读取一组数据
WriteAppend	指示能够添加新数据项
WriteDelete	指示能够删除数据项
WriteMerge	指示能够合并数据项
WriteReplace	指示能够替换整个数据项
None	只是拒绝所有数据访问请求

可以多次调用 Set Entity Set Access Rule 方法来配置多组数据。每次调用单独指定 Entity Set Rights。这样，不同的数据项便会采用不同的访问规则。例如，可以分别为 Products 和 ProductTypes 各调用一次。

'VB

config.SetEntitySetAccessRule（"Products",EntitySetRights.All)

config.SetEntitySetAccessRule（"ProductTypes",EntitySetRights.AllRead)

//C#

config.SetEntitySetAccessRule("Products",EntitySetRights.All);

config.SetEntitySetAccessRule("ProductTypes",EntitySetRights.AllRead);

在配置完服务后，导航至该服务便会（以 Atom 格式）报告多个端点（如图 14-9 所示）。

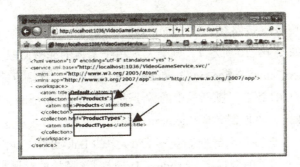

图 14-9　经过配置的服务

14.4.4　服务的查询

至此，我们已经配置好了服务，下面让我们看看如何导航至该服务。Products 和 Product Types 会显示在服务的描述中。应注意图中被圈出的部分，这是 Atom 对数据项的引用——href。这些 href 看起来像数据项的名称，但它们实际上是资源的相对 URI。也就是说，我们可以修改服务的 URI（例如，http://localhost/VideoGameService.svc）来导航至获取产品信息的相对 URI（例如, http://localhost/VideoGameService.svc/Products）（如图 14-10 所示）。

图 14-10　服务返回的结果

从图中不难发现，Atom序列化方式稍显冗长，但它表达了可由服务暴露的实体的所有信息。通过服务暴露的实体都包含于"entry"元素中，如图14-10所示。不要对这种消息格式感到困惑，因为在实践当中，我们不会使用这种原始的格式。

图14-10中的URI调用的是Products端点，理解这一点很重要。端点是可查询的，这正是ADO.NET数据服务的微妙之处。假设我们要在开发中使用图14-10中的URI，那么项目中的SQL语句则类似SELECT*FROM Products。这样能够查看大量数据，但在实践中，我们很少这样做。

ADO.NET数据服务支持路径语法（path syntax），允许我们对实体进行导航。例如，如果查看ID元素（如图14-10所示），则会发现单个实体的完整URI。仔细观察那个URI（http://localhost/VideoGameService.svc/Products(4)）会发现，该端点的最后有一对圆括号。这是获取单个元素的URI语法。圆括号中的数字表示主键(primarykey)值。这种语法还支持多部键（multipartkey）和非数字键（nonumerickey）。

此外，路径语法还支持关系导航。观察entry中的link元素（如图14-10所示）会发现那个链接引用了一个相关的数据项（Product Type）。该链接的标题实际为Product Type。href属性的值是服务的相对URI，指向相关的数据项。在浏览器中使用这个URI会导航至当前Product的Product Type（如图14-11所示）。

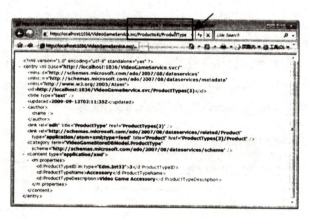

图14-11　关系的导航

事实上，这个端点是可查询的。也就是说，我们可以向URI字符串添加语法元素对返回的数据进行修整、筛选和排序。例如，在这个端点URI后追加一个查询字符串（http://localhost/VideoGameService.svc/Products?$orderby=ProductName）便可以实现对结果的排序（如图14-12所示）。

图 14-12　带排序的查询

表 14-3 列出了端点支持的查询选项。

表 14-3　查询选项

查询选项	说明
$filter	用于根据谓词限定结果
$orderby	用于对结果进行排序（升序或降序）
$skip	用于在返回结果之前跳过指定数目的数据项
$top	用于限定结果的数目
$expand	用于指示以内联形式嵌入相关的实体，而不提供链接

$filter 查询选项支持谓词语法，允许我们创建复杂的查询（虽然功能并不像完整的 LINQ 语法那么强大）。例如，可以通过 $filter 搜索定价低于 60 的所有产品：

http://localhost/VideoGameService.svc/Products?$filter=ListPrice%20lt%2060

$filter 的值实际为 ListPriceIt60（由于 URL 经过编码，空格被转换为 %20）。其完整的含义为"将 ListPrice（实体属性的名称）与 60 进行比较"。比较方式为 It，代表运算符"小于"（lessthan）。

筛选表达式中也可以使用文本形式的值，但为使 ADO.NET 数据服务确定其类型，须采用特殊的格式。表 14-4 列出了所有文本形式的类型，并说明了其在 URI 查询语法中对应的格式。

表 14-4 查询字符串中的文本格式

.NET 中对应的类型	格式规则	实例
Int32	整个数字	42
Int64	后缀为 "L" 的整数	42L
Double	.NET 定义的实数（INF 表示无穷大 [Infinity],NaN 表示非数字 [NotaNumber]）	15.5
Single	同 Double，但后缀为 "f"	15.5f
Decimal	同 Double，但后缀为 "M"	15.5M
DateTime	带引号的 XML 架构定义（XSD）风格的日期或时间，并带有 "datetime" 前缀	datetime' 2008-04-24' 或 datetime' 11:24:00Z'
Boolean	"true" 或 "false"	true
null（在 VB 中为 Noing）	"null"	null
Guid	32 位数字的全局唯一标识符（GUID）格式，带引号，并添加 "guid" 前缀	guid' 12345678-1234-1234-1234-1234567890AB'
Binary	带引号的十六进制数据，并添加 "guid" 前缀	guid' 0FFFFFFF'

我们可以使用多个分隔的查询字符串参数来组合查询选项。例如，为对 ListPrice 进行筛选，并对结果进行排序，可以这样组合 $filter 和 $orderby 参数：

http://localhost/VideoGameService.svc/Products?$filter=ListPrice%201t%2060&$orderby=ProductName

这种谓词语法支持逻辑运算符、数学运算符和表达式函数。通过组合这些内容，可以在 ADO.NET 数据服务中创建功能强大的查询。表 14-5、表 14-6 和表 14-7 分别列出了这些运算符和表达式函数。

表 14-5 逻辑运算符

运算符	说明
and	如果两边都为 true，则表达式为 true
or	表达式为 true，当且仅当至少有一边为 true

运算符	说明
not	如果操作数为 false，则表达式为 true
eq	如果两边的值相等，则表达式为 true
ne	如果两边的值不相等，则表达式为 true
It	如果左边小于右边，则表达式为 true
gt	如果左边大于右边，则表达式为 true
le	如果左边小于或等于右边，则表达式为 true
ge	如果左边大于或等于右边，则表达式为 true

表 14-6　算数运算符

运算符	说明
add	用于执行加法运算
sub	用于执行减法运算
mul	用于执行乘法运算
div	用于执行除法运算
Mod	能够返回除法的余数

表 14-7　表达式函数

函数名称	说明
substringof	检查指定的字符串是否完全包含于另一个字符串
Endswith	检查指定的字符串是否以一组特定的字符序列结尾
Startswith	检查指定的字符串是有以一组特定的字符序列开头
length	能够返回字符串的长度
indexof	能够返回指定的字符串在另一个字符串中的位置编号
Insert	用于对字符串执行插入操作
remove	用于从字符串中删除字符
replace	用于替换字符串中的字符
substring	能够返回现有字符串的一部分

续　表

函数名称	说明
tolower	能够返回字符串的小写版本
toupper	能够返回字符串的大写版本
trim	用于移除字符串首尾的空白
Concat	用于连接多个字符串
day	能够返回日期中的日
month	能够返回日期中的月
Year	能够返回日期中的年
hour	能够返回时间中的时
minute	能够返回时间中的分
second	能够返回时间中的秒
round	用于对数值进行四舍五入
floor	用于对数值进行向下取整
ceiling	用于对数值进行向上取整
isof	用于检验实体类型是否为指定的类型
Cast	如果实体支持指定的类型，则按该类型处理实体

查询语法还能够将相关的实体嵌入单个结果中，以这种方式对查询的结果进行修整。为此，我们要使用 $expand 查询选项。$expand 查询选项允许我们指定要以内联方式载入结果的关系属性。并非所有的 LINQ 提供程序都支持此语法，但 Entity Framework 支持。例如，如果要获取一个的特定的 Product（其 ID 为码，并以内联方式嵌入 Product Type），则可以这样做：

http://localhost/VideoGameService.svc/Products(4)?$expand=ProductType

这个查询的结果是，Product Type 会以嵌入特定 Product 的形式返回（如图 14-13 所示）。

注意，Product 的结果已将 Product Type 链接的位置以内联的形式替换为整个 Product Type 实体。

基于 URI 的查询语法允许我们在获取数据的同时对结果进行筛选、排序和修整。然而，有时使用既定的查询不如在服务中完整而直接地描述查询。幸运的是，ADO.NET 服务可以实现该功能。

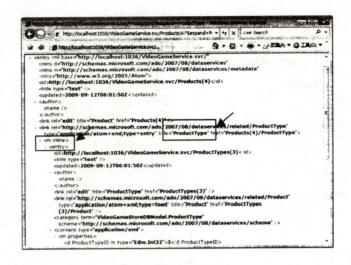

图 14-13　查询运算符 $expand 的结果

14.4.5　服务操作

我们有时可能要在服务中预先创建查询。虽然 ADO.NET 数据服务旨在使特例变为规则，但它也允许我们直接在服务中创建查询。这类似于数据库中视图或存储过程的概念。为创建"服务操作"（Service Operation），要为服务类添加公共方法。该方法要使用 Web Get Attribute 或 Web lnvoke Attribute 进行修饰，以便使数据服务知道应以服务操作的形式暴露此方法。

服务操作要求具有以下 3 种返回值之一。

• 无返回值在 Visual Basic 中使用 Sub，或者在 C# 中使用 void 返回类型。服务操作的调用会触发操作的执行。

•IEnumerable<T> 这种返回类型允许我们执行操作并返回一组固定的结果。

•IQueryable<T> 这种返回类型允许我们执行操作，可以应用查询选项来对服务操作的结果做进一步的筛选、排序和修整。

如果希望返回尚未发布的产品列表（如产品的发布日期 [Release Date] 在未来），则可以在 DataService 类中添加这样的服务操作：

```
'VB
PublicClassVideoGameServerce
    InheritsDataService(OfVideoGameEntities)
'...

    <WebGet()>_
PublicFunctionFutureProducts()AsIQueryable(OfProduct)
```

```
        Dimqry=FrompInMe.CurrentDataSource.Products_
            Wherep.ReleaseDate>DateTime.Today_
            OrderByp.ReleaseDateDescending_
            Selectp
    Returnqry
  EndFunction
EndClass
//C#
publicclassVideoGameService:DataService<VideoGameEntities>
{
    //…
    [WebGet]
    publicIQueryable<Product>FutureProducts()
    {
        varqry=frompinthis.CurrentDataSource.Products
            wherep.ReleaseDate>DateTime.Today
            orderbyp.ReleaseDatedescending
            selectp;
        returnqry;
        }
}
```

14.4.6 额外的数据服务

Data Service 类初始化函数中的配置对象还允许我们配置服务的运行方式。这些额外的初始化操作如下。

• Use Verbose Errors 指示为客户端返回服务器端详细的错误信息。默认值为 false。

• Max Batch Count 用于指定每批次对服务器执行调用的最大次数。

• Max Changeset Count 用于指定在通过批调用（batchcall）向数据库保存数据时允许处理的最大更改数。

• Max Expand Count 用于指定 $expand 查询选项能够展开的最大层数。

• Max Expand Depth 用于指定 $expand 查询选项支持的嵌套表达式的最大数目。

• Max Results Per Collection 用于指定通过请求服务器而返回的实体的最大数目。

14.5　数据库的位置

创建的数据库位于哪个位置？我们永远不会指定文件名或文件夹位置——好奇怪！在 Visual Studio2015 中通过 Server Explorer 可以看到它。进入 Tools IConnectto Database.Entity Framework 将创建一个数据库，放在它在计算机上找到的第一个本地 SQL Server 实例中。

如果计算机里以前从来没有任何数据库，VisualC#2015 就会自动创建一个本地 SQL Server 实例（localdb）\MSSQLLocaIDB。要连接到该数据库，在 Server Name 字段中输入（localdb）\MSSQLLocalDB，如图 14-14 所示。

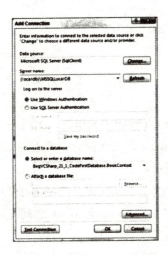

图 14-14

假设在例子中输入的名字与本章所示完全相同，则包含数据的数据库称为BegVCSharp_21_1_CodeFirstDatabase.BookContext。花点时间连接后，它会出现在Selector entera database name 字段中。

现在可以按下 OK，数据库将出现在 VisualC#2015 的 Server Explorer Data Connections 窗口中，如图 14-15 所示。

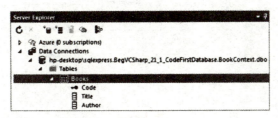

图 14-15

311

现在就可以直接探索数据库。例如，可以右击 Books 表，并选择 Show Table Data，看到自己输入的数据，如图 14-16 所示。

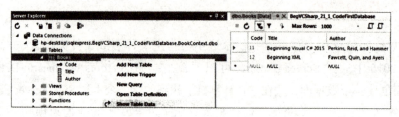

图 14-16

14.6 导航数据库关系

Entity Framework 最强大的一个方面是它能够自动创建 LINQ 对象，帮助找到数据库中相关的表之间的关系。

下面的示例将添加两个与 Book 类相关的新类，生成一个简单的书店库存报告。新类称为 Store（代表每个书店）和 Stock（代表在商店货架上的书和从出版商那里订购的书）。这些新类和关系的图如图 14-17 所示。

每个商店都有名称、地址和库存集合 [由一个或多个 Stock 对象组成，每个 Stock 对象对应书店中每本不同的书（书名）]。Store 和 Stock 之间是一对多的关系。每个 Stock 记录正好与一本书有关。

Stock 和 Book 之间是一对一的关系。需要库存记录，因为一个商店可能有三本相同的书，但另一个商店可能有六本相同的书。

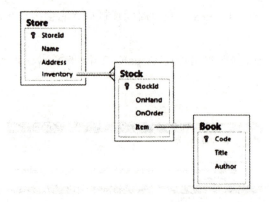

图 14-17

有了 Code First，就只需要创建 C# 对象和集合，而 Entity Framework 会自动创建数据库结构，以便你轻松地导航数据库对象之间的关系，然后在数据库中查询相关对象。

按照以下步骤在 Visual Studio2015 中创建例子：

（1）在目录 C:\BegVCSharp\Chapter21 下创建一个新的控制台应用程序项目 BegVCSharp_21_2_DatabaseRelations。

（2）单击 OK 以创建项目。

（3）使用 NuGet 添加 Entity Framework，与前面的例子一样。选择 Tools|NuGet Package Manager|Manage NuGet PackagesforSolution。

（4）在 NuGet Package Manager 中，选择 Entity Framework，取消选中 Include Prerelease 复选框，获得 Entity Framework 最新的稳定版本。点击 Install 按钮。它不需要下载，因为前一步已经下载了它。单击 Preview Changes 上的 OK，单击 LicenseAcceptance 对话框中的 IAccept 按钮。

（5）打开 Program.cs 主源文件。与前面的示例一样，给 System.Console、System.Data. Entity 和 Data Annotations 名称空间添加 using 语句，以及创建 Book 类的代码：

```
usingSystem.Data.Entity;
usingSystem.ComponentModel.OataAnnotations;
usingstaticSystem.Console;
namespaceBegVCSharp_21_2_DatabaseRelations
{
    publicclassBook
    {
    publicstringTitle{get;set;}
    publicstringAuthor{get;set;}
    [Key]
    publicintCode{get;set;}
}
```

（6）现在声明 Store 和 Stock 类，如下所示。确保 Inventory 和 Item 声明为 virtual。后面会说明其原因。

```
publicclassStore
{
    [Key]
    publicintStoreid{get;set;}
    publicstringName{get;set;}
    publicstringAddress{get;set;}
    publicvirtualList<Stoclt>Inventory{get;set;}
```

```
        }
        publicclassStock
{
[Key]
        publicintStockid{get;set;}
        publicintonHand{get;set;}
        publicintOnOrder{get;set;}
        publicvirtualBookItem{get;set;}
```

（7）接着给 Db Context 类添加 Stores 和 Stocks：

```
    publicclassBookContext:DbContext
    {

        publicDbSet<Book>Books{get;set;}
        publicDbSet<Store>Stores{get;set;}
        publicDbSet<Stock>Stocks{get;set;}
}
```

（8）现在将代码添加到 Main() 方法中，以使用 Book Context，创建 Book 类的两个实例，与前面的例子一样：

```
    classProgram
    {
     staticvoidMain(string[]args)
     {
      using(vardb=newBookContext())
      {
        Bookbook1=newBook
        {
            Title="BeginningVisualC#2015",
            Author="Perkins,Reid,andHammer"
}

        db.Books.Add(book1);
        Bookbook2=newBook
{
Title="BeginningXML",
        Author="Fawcett,Quin, andAyers"
};
```

```
        db.Books.Add(book2);
}
```

（9）现在，在 using(vardb=newBookContext()) 子句中给第一个书店添加实例及其库存：

```
varstore1=newStore
{
            Name = "MainStBooks",
            Address="123MainSt",
            Inventory=newList<Stock>()
}

        db.Stores.Add(storel);
        Stockstorelbook1=newStock
        {Item=book1，OnHand=4,OnOrder=6};
         store1.Inventory.Add(storelbook1);
      Stockstorelbook2=newStock
       {Item=book2，OnHand=1，OnOrder=9};
     store1.Inventory.Add(store1book2);
```

（10）给第二个书店添加实例及其库存：

```
            varstore2=newStore
            {
              Name = "CampusBooks",
              Address="321CollegeAve",
              Inventory=newList<Stock>()
};

            db.Stores.Add(store2);
            Stockstore2book1=newStock
            {Item=book1,OnHand=7,OnOrder=23};
            store2.Inventory.Add(store2book1);

            Stockstore2book2=newStock
            {Item=book2,OnHand=2,OnOrder=8};
            store2.Inventory.Add(store2book2);
```

（11）接着保存数据库的修改，与前面的例子相同：

```
db.SaveChanges();
```

（12）现在在所有的书店上创建一个 LINQ 查询，并输出结果：

```
varquery=fromstoreindb.Stores
```

```
                orderbystore.Name
                selectstore;
```

（13）最后添加代码，输出查询的结果，并暂停：

```
WriteLine("BookstoreInventoryReport:");
        foreach(varstoreinquery)
        {

                WriteLine（$"{store.Name}locatedat{store.Address}");
                foreach(Stockstockinstore.Inventory)
                {
                    WriteLine($"-Title:{stock.Item.Title}");
                    WriteLine($"-CopiesinStore:{stock.OnHand}"）;
                    WriteLine($"-CopiesonOrder:{stock.OnOrder}");
                }
}
}
WriteLine("Pressakeytoexit..."),
ReadKey();
}
}
}
}
```

（14）编译并执行程序（可以按目，开始调试）。书店库存的信息如图14-18所示。

图 14-18

按任意键结束程序，关闭控制台屏幕。如果使用 Ctrl+F5（开始但不调试），就可能需要按回车键两次。结束程序的运行。

14.7 处理迁移

开发代码时，难免有改变想法的时候。属性可能有更好的名称，或者发现需要一个新的类或关系。如果通过 Entity Framework 改变类中连接到数据库的代码，第一次运行改变了的程序时，就会遇到如图 14-19 所示的 Invalid Operation Exception。

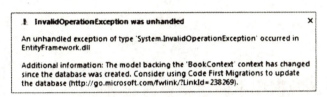

图 14-19

使数据库与改变的类保持一致是很复杂的，但有了 Entity Framework，步骤会相对容易。错误消息显示，需要向程序添加 Code First Migrations 包。

为此，进入 Tools|NuGet Package Manager|Package Manager Console。这将打开一个命令窗口，如图 14-20 所示。

要启用把数据库自动迁移到更新的类结构中，应在 Package Manager Console 的 PM> 提示下输入如下命令：

Enable-Migrations-Enable Automatic Migrations

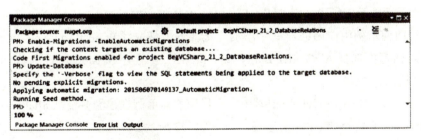

图 14-20

这会把 Migrations 类添加到项目中，如图 14-21 所示。

Entity Framework 会比较数据库和程序的时间戳，当数据库与类不同步时，建议同步。要更新数据库，只需要在 Package Manager Console 的 PM> 提示下输入如下命令：

Update-Database

图 14-21

14.8 在已有的数据库中创建和查询 XML

XML 通常用于在客户机和服务器之间的数据通信或多层应用程序的"层"之间的数据通信。我们常常要在数据库中查询一些数据，然后从该数据中生成一个 XML 文档或片段，传递到另一层。

下面的示例将创建一个查询，在前面的示例数据库中查找一些数据，使用 LINQ to Entities 查询数据，然后使用 LINQ to XML 类把数据转换为 XML。这是一个 Database First 示例，而不是 Code First 编程例子，它利用现有的数据库，并从中生成 C# 对象。

按照以下步骤在 Visual Studio2015 中创建例子：

（1）在目录 C:\BegVCSharp\Chapter21 下创建一个新的控制台应用程序 BegVCSharp_21_3_XMLfromDatabase。

（2）如前面的示例所述，把 Entity Framework 添加到项目中。

（3）给前面示例中使用的数据库添加连接，方法是选择 Project|Add New Item，在 Add New Item 对话框中选择 ADO.NET Entity Data Model，把名字从 Model1 改为 Book Context，如图 14-22 所示。

（4）在 Entity Data Model Wiza 时中，选择到前面示例创建的 BegVCSharp_21_2DatabaseRelations.Book Context 数据库的连接，如图 14-23 所示。

（5）打开 Program.cs 主源文件。

（6）在 Program.cs 的开头添加对 System.Xml.Linq 名称空间的一个引用，如下所示：

usingSystem;

usingSystem.Collections.Generic;

usingSystem.Linq;

usingSystem.Xml.Linq;

usingSystem.Text;

usingstaticSystem.Console;

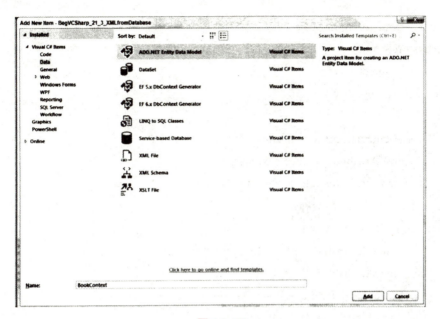

图 14-22

图 14-23

（7）在 Program.cs 中给 Main() 方法添加如下代码：

staticvoidMain(string[]args)

```
{
using(vardb=newBookContext())
{
varquery=fromstoreindb.Stores
orderbystore.Name
            selectstore;
    foreach(varsinquery)
    {
        XElementstoreElement=newXElement("store",
        newXAttribute("name",s.Name),
        newXAttribute("address",s.Address),
        fromstockins.Stocks
        selectnewXElement("stock",
            newXAttribute("StockID",stock.Stockid),
          newXAttribute（"onHand",
            stock.OnHand),
          newXAttribute（"onOrder",
            stock.OnOrder),
    newXElement("book",
    newXAttribute("title",
        stock.Book.Title),
    newXAttribute("author",
        stock.Book.Author)
    )//endbook
    )//endstock
 )//enddstore
WritcLine(storeElement);
}
Write("Programfinished,pressEnter/Returntocontinue:"};
ReadLine();
}
 }
```

（8）编译并执行程序（可以按时，开始调试）。输出如图 14–24 所示。

接回车键退出程序，关闭控制台屏幕。如果使用 Ctrl+F5（开始但不调试），就可能需要按回车键两次。

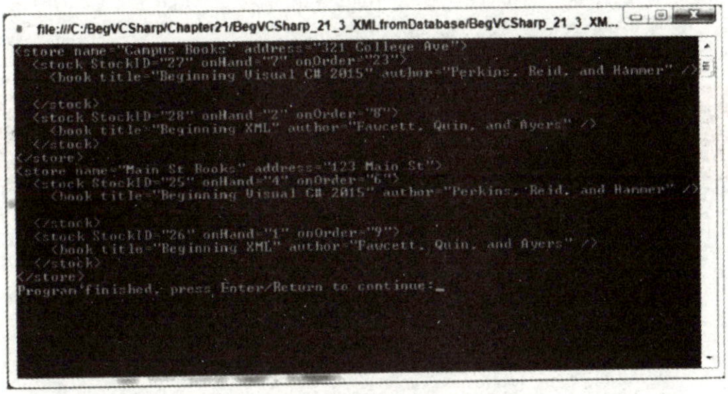

图 14-24

第 15 章　LINQ 技术

15.1　使用 LINQ to XML

LINQ to XML 也是用于 XML 的一组附加类，以使用 LINQ to XML 数据，如果以前没有使用 LINQ，LINQ to XML 还可以更方便地对 XML 执行某些操作。

15.1.1　LINQ to XML

可在代码中用 XMLDOM 创建 XML 文档，而 LINQ to XML 提供了一种更便捷的方式，称为函数构建方式（functional construction）。在这种方式中，构造函数的调用可以用反映 XML 文档结构的方式嵌套。下面的示例就使用函数构造方式建立了一个包含顾客和订单的简单 XML 文档。

按照下面的步骤在 Visual Studio2015 中创建示例：

（1）在 C:\BegVCSharp\Chapter20 目录中创建一个新的控制台应用程序 BegVCSharp_20_1_LinqToXmlConstructors。

（2）打开主源文件 Program.cs。

（3）在 Program.cs 的开头处添加对 System.Xml.Linq 名称空间的引用，如下所示：

usingSystem;

usingSystem.Collections.Generic;

usingSystem.Linq;

usingSystem.Xml.Linq;

usingSystem.Text;

usingstaticSystem.Console;

（4）在 Program.cs 的 Main() 方法中添加如下代码：

staticvoidMain(string[]args)

{

322

```
        XDocument xdoc=new XDocument(
            new XElement（"customers",
                new XElement("customer",
                    new XAttribute（"ID", "A"),
                    new XAttribute（"City", "New York"），
                    new XAttribute("Region", "North America"),
                    new XElement("order",
                        new XAttribute("Item","Widget"),
                        new XAttribute("Price",100)
                    )
                    new XElement("order",
                        new XAttribute("Item","Tire"),
                    new XAttribute("Price",200)
                )
            )
        new XElement("customer",
            new XAttribute("ID","B"),
            new XAttribute("City", "Mumbai"），
            new XAttribute("Region","Asia"),
            new XElement（"order",
                new XAttribute("Item","Oven"),
                new XAttribute("Price",501)
            )
            )
        )
);
WriteLine(xdoc);
Write("Program finished,press Enter/Return to continue:");
Read.Line();
}
```

（5）编译并执行程序（按下自键即可开始调试），输出结果如下所示：

```
<customers>
  <customerID="A"City="NewYork"Region="NorthAmerica">
    <orderItem="Widget"Price="100"/>
    <orderItem="Tire"Price="200"/>
```

```
    </customer>
    <customerID="B"City="Mumbai"Region="Asia">
      <orderItern = "Oven"Price="501"/>
    </customer>
  </customers>
```

Programfinished,pressEnter/Returntocontinue:

输出屏幕上显示的 XML 文档包含前面示例中顾客 / 订单数据的一个简化版本。注意，XML 文档的根元素是句 <customers>，它包含两个嵌套的 <customer> 元素，这两个元素又包含许多假套的 <order> 元素。<customer> 元素具有两个特性：<City> 和 <Region>,<order> 元素也有两个特性：<Item> 和 <Price>。

按下回车键，以便结束程序，关闭控制台屏幕。如果使用 Ctrl+F5 组合键（启动时不使用调试功能），就需要按回车键两次。

15.1.2　处理 XML 片段

与一些 XMLDOM 不同，LINQ to XML 处理 XML 片段（部分或不完整的 XML 文档）的方式与处理完整的 XML 文档几乎完全相同。在处理片段时，只需将 XElement（而不是 XDocument）当作顶级 XML 对象。

下面的示例会加载、保存和处理 XML 元素及其子节点，这与处理 XML 文档一样。

按照下面的步骤在 Visual Studio2015 中创建示例：

（1）在 C:\BegVCSharp\Chapter20 目录中修改上一个示例或者创建一个新的拉制台应用程序 begVCSharp_20_2 _ XMLFragments。

（2）打开主源文件 Program.CS。

（3）在 Program.cs 开头处添加对 System.Xml.Linq 名称空间的引用，如下所示：

```
usingSystem;
usingSystem.Collections.Generic;
usingSystem.Xml.Linq;
usingSystem.Text;
usingstaticSystem.Console;
```

如果正在修改上一个示例，则已经引用了这个名称空间。

（4）把上一个示例中的 XML 元素（不包含 XML 文档构造函数）添加到 Program.cs 的 Main() 方法中：

```
staticvoidMain(string[]args)
{
    XElement xcust=
        new XElement("customers",
```

```
new XElement("customer",
    new XAttribute("ID","A"),
new XAttribute("City","New York"),
new XAttribute("Region","North America"),
new XElement("order",
    new XAttribute("Item","Widget"),
    new XAttribute("Price",100)
)
new XElement("order",
    new XAttribute("Item","Tire"),
    new XAttribute("Price",200)
)
)
new XElement("customer",
    new XAttribute("ID","B"),
    new XAttribute("City","Mumbai"),
    new XAttribute("Region","Asia"),
    new XElement("order",
        new XAttribute("Item","Oven"),
        new XAttribute("Price",501)
    )
)
)
)
}
```

（5）在上一步添加了 XML 元素构造函数代码后，添加下面的代码，以便保存、加载和显示 XML 元素：

```
stringxmlFileName=
@"c:\BegVCSharp\Chapter20\BegVCSharp_20_2_XMLFragments\fragment.xml";
xcust.Save(xmlFileNarne);
XElementxcust2=XElement.Load(xmlFileNarne);
WriteLine("Contentsofxcust:");
WriteLine(xcust);
Write("Programfinished,pressEnter/Returntocontinue:");
ReadLine();
```

（6）编译并执行程序（按下 F5 键即可开始调试），控制台窗口中的输出结果如下所示：

ContentsofXElementxcust2:

```
<customers>
  <customerID="A"City="NewYork"Region="NorthAmerica">
    <orderItem="Widget"Price = "100"/>
    <orderItem="Tire"Price="200"/>
  </customer>
  <customerID="B"City="Mumbai"Region="Asia">
    <orderItem="Oven"Price="501"/>
  </customer>
</customers>
```

Programfinished,pressEnter/Returntocontinue:

按下回车键，以便结束程序，关闭控制台屏幕。如果使用 Ctrl+F5 组合键（启动时不使用调试功能），就需要按下回车键两次。

XElement 和 XDocument 都继承自 LINQ to XML 类 XContainer，它实现了一个可以包含其他 XML 节点的 XML 节点。这两个类都实现了 Load() 和 Save() 方法，因此，可以在 LINQ to XML 的 XDocument 上执行的大多数操作都可以在 XElement 实例及其子元素上执行。

这里只创建了一个 XElement 实例，它的结构与前面示例中的 XDocument 相同，但不包含 XDocument。这个程序的所有操作处理的都是 XElement 片段。XElement 还支持 Load() 和 Parse() 方法，可以分别从文件和字符串中加载 XML。

15.2　LINQ 提供程序

LINQ to XML 只是 LINQ 提供程序的一个例子。Visual Studio2015 和 .NET Framework4.5 有许多内置 LINQ 提供程序，为不同类型的数据提供了查询解决方案：

•LINQ to Objects：对任何类型的 C# 内存中对象提供查询，比如数组、列表和其他集合类型。

•LINQ to XML：如前所述，它使用与其他 LINQ 变体相同的语法和通用查询机制，来创建和操纵 XML 文档。

•LINQ to Entities：Entity Framework 是 .NET4 中最新的数据接口类，Microsoft 建议使用它进行新的开发工作。本章给 VisualC# 项目添加一个 ADO.NET Entity Framework 数据源，然后使用 LINQ to Entities 查询它。

•LINQ to DataSet：Dataset 对象在 .NET Framework 的第一版引入。这个 LINQ 变体支持使用 LINQ 方便地查询旧 .NET 数据。

•LINQ to SQL：这是另一个 LINQ 接口，取代了 LINQ to Entities。

•PLINQ：PLINQ 是并行 LINQ。用并行编程库扩展了 LINQ to Objects，可以拆分查询，让它们在多核处理器上同时执行。

•LINQ to JSON：这个库支持使用与其他 LINQ 变体相同的语法和通用查询机制，来创建和操纵 JSON 文档。

有这么多种类的 LINQ，其语法和方法适用于所有的种类。接下来使用 LINQ to Objects 提供程序介绍 LINQ 查询语法。

15.3　LINQ 查询语法

15.3.1　用 var 关键字声明结果变量

LINQ 查询首先声明一个变量，以包含查询的结果，这通常是用 var 关键字声明一个变量来完成的：

varqueryResult=

var 是 C# 中的一个新关键字，用于声明一般的变量类型，特别适于包含 LINQ 查询的结果。var 关键字告诉 C# 编译器，根据查询推断结果的类型。这样，就不必提前声明从 LINQ 查询返回的对象类型了——编译器会推断出该类型。如果查询返回多个条目，该变量就是查询数据源中的一个对象集合（从技术角度看，它并不是一个集合，只是看起来像是集合而已）。

另外，query Result 名称是随意指定的，可以把结果命名为任何名称，例如，names Beginning WithS 或者在程序中有意义的其他名称。

15.3.2　指定数据源：from 字句

LINQ 查询的下一部分是 from 子句，它指定了要查询的数据：

fromninnames

本例中的数据源是前面声明的字符串数组 names。变量 n 只是数据源中某一元素的代表，类似于 foreach 语句后面的变量名。指定 from 子句，就可以只查找集合的一个子集，而不必迭代所有的元素。关于迭代，LINQ 数据源必须是可枚举的 / 即必须是数组或集合，以便从中选择出一个或多个元素。

数据源不能是单个值或对象，例如，单个 int 变量。如果只有一项，就没必要查询了。

15.3.3　指定条件：where 子句

在 LINQ 查询的下一部分，可以用 where 子句指定查询的条件，如下所示：

wheren.StartsWith("S")

可以在 where 子句中指定能应用于数据源中各元素的任意布尔（true 或 false）表达式。实际上，where 子句是可选的，甚至可以忽略，但大多数情况下，都要指定 where 条件，把结果限制为我们需要的数据。where 子句称为 LINQ 中的限制运算符，因为它限制了查询的结果。

这个示例指定 name 字符串以字母 S 开头，还可以给字符串指定其他条件，例如，长度超过 10(wheren.Length>10）或者包含 Q[wheren.Contains（"Q"）]。

15.3.4　选择元素：select 子句

最后，select 子句指定结果集中包含哪些元素。select 子句如下所示：

selectn;

select 子句是必需的，因为必须指定结果集中有哪些元素。这个结果集并不是很有趣，因为在结果集的每个元素中都只有一项 name。如果结果集中有比较复杂的对象，使用 select 子句的有效性就比较明显，不过我们还是首先完成这个示例。

15.3.5　完成：使用 foreach 循环

现在输出查询的结果。与把数组用作数据源一样，像这样的 LINQ 查询结果是可以枚举的，即可以用 foreach 语句迭代结果：

WriteLine("NamesbeginningwithS:");

foreach(variteminqueryResults){

WriteLine(item);

}

在本例中，匹配了 5 个名称：Smith、Smythe、Small、Singh 和 Samba，所以它们会显示在 foreach 循环中。

15.3.6　延迟执行的查询

foreach 循环实际上并不是 LINQ 的一部分，它只是迭代结果。虽然 foreach 结构并不是 LINQ 的一部分，但它是实际执行 LINQ 查询的代码。查询结果变量仅保存了执行查询的一个计划，在访问查询结果之前，并没有提取 UNQ 数据，这称为查询的延迟执行或迟缓执行。生成结果序列（即列表）的查询都要延迟执行。

现在回过头来看看代码。由于输出了结果，所以程序结束：

Write("Programfinished,pressEnter/Returntocontinue:");

ReadLine();

这些代码仅确保在按下一个键（甚至可以按下 F5 键，而不是 Ctrl+F5 组合键）之前，控制台程序的结果始终显示在屏幕上。在大多数其他 LINQ 示例中也使用这种结构。

15.4　LINQ 方法语法

15.4.1　LINQ 扩展方法

LINQ 实现为一系列扩展方法，用于集合、数组、查询结果和其他实现了 IEnumerable<T> 接口的对象。在 Visual Studio Intelli Sense 特性中可以看到这些方法。例如，在 Visual Studio2015 中打开 FirsLINQquery 程序中的 Program.cs 文件，在 name 数组的下面输入对该数组的一个新引用：

string[]names="Alnoso"，"Zheng"，"Smith"，"Jones"，"Smythe"，"Small"，

"Ruiz","Hsieh","Jorgenson","Ilyich","Singh","Samba","Fatimah"};

names.

输入 names 后面的句点后，就会看到 Visual Studio InteUi Sense 列出的可用于 names 的方法。

Where<T> 方法与大多数其他方法都是扩展方法（在 Where<T> 方法的右边显示了一个文档说明，它以 extension 开头）。因为如果在顶部注释掉 using System.Linq 指令，Where<T>、Union<T>、Take<T> 和大多数其他方法就会从列表中消失。上一个示例使用的 from..where..select 查询表达式由 C# 编译器转换为这些方法的一系列调用。使用 LINQ 方法语法时，就直接调用这些方法。

15.4.2　查询语法和方法语法

查询语法是在 LINQ 中编写查询的首选方式，因为它一般更容易理解，最常见的查询使用它们也更简单。但是，一定要基本了解方法语法，因为一些 LINQ 不能通过查询语法来使用，或者使用方法语法比较简单。

大多数使用方法语法的 LINQ 方法都要求传送一个方法或函数，来计算查询表达式。方法 / 函数参数以委托形式传送，它一般引用一个匿名方法。

LINQ 很容易完成这个传送任务。使用 Lambda 表达式就可以创建方法 / 函数，它以优雅的方式封装委托。

15.4.3　Lambda 表达式

Lambda 表达式很容易随时创建在 LINQ 查询中使用的方法。它使用操作符，它在一行代码中声明方法的参数后跟方法的逻辑。

例如下面的 Lambda 表达式：

n=>n<0

这个语句声明了一个带单一参数 n 的方法。如果 n 小于 0，该方法就返回 true，否则返回 false。这是非常简单的。不需要方法名、返回语句，也不需要用花括号将任何代码括起来。

像这样返回 true/false 值是 LINQ 的 Lambda 表达式中的方法常用的方式，但这不是必需的。例如，下面的 Lambda 表达式创建了一个方法，它返回两个变量的值。这个 Lambda 表达式使用了多个参数：

(a,b)a+b

这个语句声明一个带两个参数 a 和 b 的方法。方法逻辑返回 a 和 b 的和。不必声明 a 和 b 的类型是什么。它们可以是 int、double 或 string。C# 编译器会推断出类型。

最后考虑下面的 Lambda 表达式：

n=>n.StartsWith("S")

如果 n 以字母 S 开头，这个方法就返回 true，否则返回 false。

15.5　排序查询结果

用 where 子句 [或者 Where() 方法调用] 找到了感兴趣的数据后，LINQ 还可以方便地对得到的数据执行进一步处理，例如，重新排列结果的顺序。

下面的示例将按字母顺序给第一个查询的结果排序。

按照下面的步骤在 Visual Studio2015 中创建示例：

（1）可以修改 Query Syntax 示例，或者在 C:\BegVCSharp\Chapter20 目录中创建一个新的控制台应用程序项目 BegVCSharp_20_5_OrderQueryResults。

（2）打开主源文件 Program.cs。与以前一样，Visual Studio2015 会自动在 Program.cs 中包含 using System.Linq；名称空间指令。

（3）在 Program.cs 的 Main() 方法中添加如下代码：

```
staticvoidMain(string[]args)
{
        string[]names="Alonso", "Zheng", "Smith", "Jones", "Smythe",
"Small","Ruiz", "Hsieh", "Jorgenson", "Ilyich", "Singh", "Samba", "Fatimah"} ;
        varqueryResults=
            fromninnames
            wheren.StartsWith("S")
            orderbyn
            selectn;
        WriteLine("NamesbeginningwithSorderedalphabetically:");
```

```
foreach(variteminqueryResults){
        WriteLine(item);
}

        Write("Programfinished,pressEnter/Returntocontinue:");
        ReadLine();
}
```

（4）编译并执行程序。结果是以 S 开头的 names 列表，且按字母顺序排序，如下所示：

NamesbeginningwithS:

Samba

Singh

Small

Smith

Smythe

Programfinished,pressEnter/Returntocontinue:

此程序与前一个程序几乎相同，只是在查询语句中增加了一行代码：

varqueryResults=

        fromninnames

        wheren.StartsWith("S")

        orderbyn

        selectn;

参考文献

[1] [美]ChrisH.Pappas, WiuiamH.Murray.C# 精髓 [M]. 周良忠 , 译 . 北京 : 人民邮电出版社 , 2002.

[2] 程杰 . 大话设计模式 [M]. 北京 : 清华大学出版社 , 2008.

[3] 郑阿奇 , 梁敬东 , 钱晓军 , 朱毅华 . C# 使用程序设计 [M]. 北京 : 电子工业出版社 , 1995.

[4] 王石 . VisualC#2005 语言基础——数据库系统开发 [M]. 北京 : 人民邮电出版社 , 1997.

[5] 张立 . C#2.0 宝典 [M]. 北京 : 电子工业出版社 , 2007.

[6] 孟庆昌 . 操作系统教程——UNIX 实例分析 (第二版上)[M]. 西安 : 西安电子科技大学出版社 , 1997.

[7] 孟庆昌 . 操作系统 [M]. 北京 : 中央广播电视大学出版社 , 2000.

[8] AndrewS.Tanenbaum. ModemOperatingSystems(SecondEdition)[M]. USA:Prentice Hall,2001.

[9] Abraham Silberschatz. OperatingSystemConcepts(SixthEdition)[M]. USA:JohnWiley&Sons,Inc,2002.

[10] William Stallings. OperatingSystems:InsterialsandDesignPrinciples(ThirdEdition)[M].USA: PrenticeHall,1998.

[11] AndrewS.Tanenbaum. OperatingSystems:DesignandImplementation(SecondEdition)[M]. USA:Prentice Hall,1997.

[12] 孟庆昌 . UNX 教程 (修订本)[M]. 北京 : 电子工业出版社 , 2000.

[13] 孟庆昌 . Linux 教程 [M]. 北京 : 电子工业出版社 , 2002.

[14] 毛德操 . Linux 内核源代码情景分析 [M]. 杭州 : 浙江大学出版社 , 2001.

[15] 李善平 . 边干边学——Linux 内核指导 [M]. 杭州 : 浙江大学出版社 , 2002.

[16] 汤子赢 . 计算机操作系统 [M]. 西安 : 西安电子科技大学出版社 , 1996.

[17] [美]HellenCuster.WindowsNT 技术内幕 [M]. 程渝荣 , 译 . 北京 : 清华大学出版社 , 1993.

[18] 孟庆余 . 电子数字计算机实时操作系统 [M]. 北京 : 国防工业出版社 , 1991.

[19] 刘尊全 . 计算机病毒防范与信息对抗技术 [M]. 北京 : 清华大学出版社 , 1991.

[20] 杨学良 . UNIXSystemV 内核剖析 [M]. 北京 : 电子工业出版社 , 1990.

[21] PaulCassel. Windows2000Professional 实用全书 [M]. 伟峰 , 译 . 北京 : 电子工业出版社 , 2001.

[22] 王兆青 . 网络操作系统 [M]. 北京 : 中央广播电视大学出版社 , 2001.

[23] 徐国平 . UNIX 网络管理实用教程 [M]. 北京 : 清华大学出版社 , 2002.